图解建设工程细部施工做法系列图书

图解建筑工程现场细部施工做法

闵玉辉　主编

化学工业出版社

本书以"示意图和现场图、注意事项、施工做法详解、施工总结"这四个步骤为主线，对建筑工程现场细部施工做法进行详细讲解。全书内容共分为7章，以土建现场施工技术为重点，详细介绍了土建各分部分项工程的施工方法、施工总结以及施工注意事项等知识，具体包括土方工程、地基与基础工程、防水工程、砌筑工程、钢筋混凝土结构工程、屋面工程、季节性施工。本书从建筑工程施工现场出发，以一个个的工程现场细节做法为基本内容，并对所有的细节做法都配有施工节点图、现场施工图片以及标准化的施工做法，从而将施工规范、设计做法、实际效果三者很好地结合在一起，让很多从事现场施工不久的技术人员能够看得懂，并有一定的具体认知，具有很好的实际指导价值。

本书可供从事土建工程施工的技术员、施工管理人员以及大中专院校相关专业师生参考。

图书在版编目（CIP）数据

图解建筑工程现场细部施工做法/闵玉辉主编. —北京：化学工业出版社，2015.8（2023.4重印）
（图解建设工程细部施工做法系列图书）
ISBN 978-7-122-24232-7

Ⅰ.①图… Ⅱ.①闵… Ⅲ.①建筑工程-工程施工-图集 Ⅳ.①TU7-64

中国版本图书馆CIP数据核字（2015）第123839号

责任编辑：彭明兰　　装帧设计：张　辉
责任校对：吴　静

出版发行：化学工业出版社（北京市东城区青年湖南街13号　邮政编码100011）
印　　装：北京天宇星印刷厂
787mm×1092mm　1/16　印张11½　字数285千字　2023年4月北京第1版第13次印刷

购书咨询：010-64518888（传真：010-64519686）　售后服务：010-64518899
网　　址：http://www.cip.com.cn
凡购买本书，如有缺损质量问题，本社销售中心负责调换。

定　　价：38.00元

前 言

随着我国建筑行业的快速发展，市场对现场施工人员的需求也越来越多，而每一位施工人员的技术水平、处理现场突发事故的能力直接关系着工程的质量、成本、安全以及工程项目的进度，这就对现场施工技术人员提出了更高的要求。土建施工人员是完成土建施工任务最基层的技术管理人员，更是施工现场生产一线的组织者和管理者。

本书以“示意图和现场图、注意事项、施工做法详解、施工总结”这四个步骤为主线，对建筑工程现场细部施工做法进行详细讲解。全书内容共分为7章，以土建现场施工技术为重点，详细介绍了土建各分部分项工程的施工方法、施工总结以及施工注意事项等知识，具体包括土方工程、地基与基础工程、防水工程、砌筑工程、钢筋混凝土结构工程、屋面工程、季节性施工。本书从建筑工程施工现场出发，以一个个的工程现场细节做法为基本内容，并对所有的细节做法都配有施工节点图、现场施工图片以及标准化的施工做法，从而将施工规范、设计做法、实际效果三者很好地结合在一起，让很多从事现场施工不久的技术人员能够看得懂，并有一定的具体认知，具有很好的实际指导价值。

本书由闵玉辉主编，参与编写的有：刘向宇、陈建华、陈宏、蔡志宏、邓毅丰、邓丽娜、黄肖、黄华、何志勇、郝鹏、李卫、林艳云、李广、李锋、李保华、刘团团、李小丽、李四磊、刘杰、刘彦萍、刘伟、刘全、梁越、马元、孙银青、王军、王力宇、王广洋、许静、谢永亮、肖冠军、叶萍、杨柳、于兆山、张志贵、张蕾。

本书在编写过程中参考了有关文献和一些项目施工管理经验性文件，并且得到了许多专家和相关单位的关心与大力支持，在此表示衷心感谢。

由于编写时间和水平有限，尽管编者尽心尽力，反复推敲核实，但难免有疏漏及不妥之处，恳请广大读者批评指正，以便做进一步的修改和完善。

编 者

2015 年 5 月

目 录

第一章 土方工程

第二章 地基与基础工程

第三章 防水工程

第四章 砌筑工程

第五章 钢筋混凝土结构工程

第六章 屋面工程

第一章 土方工程

第一节 施工准备与辅助工作

1. 示意图和现场图

现场开挖示意图和土方开挖准备现场照片分别见图1-1和图1-2。

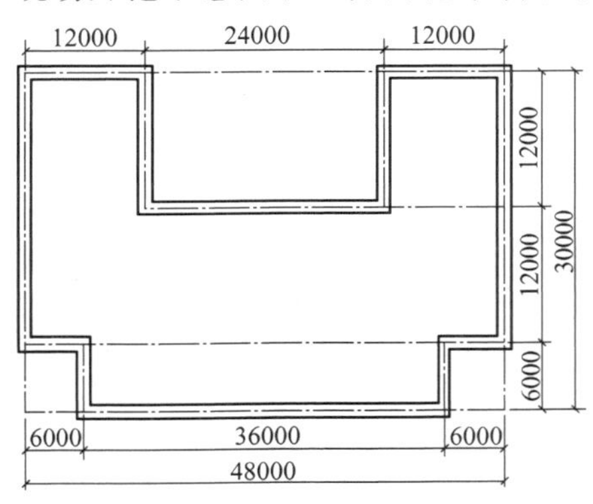

图1-1 现场开挖示意图

图1-2 土方开挖准备现场照片

2. 注意事项

① 山区施工，应事先了解当地地层岩性、地质构造、地形地貌和水文地质等。

② 在陡峻山坡脚下施工，应事先检查山坡坡面情况，如有危岩、孤石、崩塌体、古滑坡体等不稳定迹象时，应做妥善处理。

③ 在夜间施工时，应合理安排工序，防止错挖或超挖。

3. 施工做法详解

施工工艺流程：施工准备→设置控制桩→设临时排水沟。

（1）主要机具

测量仪器、铁锹（尖、平头）、手锤、手推车、梯子、铁镐、撬棍、龙门板、土方密度检查仪等。

（2）作业条件

① 土方开挖前，应摸清地下管线等障碍物，并应根据施工方案的要求，将施工区域内

的地上、地下障碍物摸清楚和处理完毕。

② 建筑物或构筑物的位置或场地的定位控制线（桩），标准水平桩及按方案确定的基槽的灰线尺寸，必须经过检验合格，并办完预验手续。

③ 场地表面要按施工方案确定的排水坡度清理平整，在施工区域内，要挖临时性排水沟。

④ 开挖基底标高低于地下水位的基坑（槽）、管沟时，应根据工程地质资料，在开挖前采取措施降低地下水位，一般要降至低于开挖底面 500mm，然后再开挖。

4. 施工总结

① 土方开挖前，应编制施工方案，并经审批，向操作人员进行技术安全交底。

② 土方工程应在定位放线后，方可施工。在城市规划区域内，应根据城市规划部门测放的建筑界限、街道控制桩和水准点测量。

③ 在施工区域内，有碍施工的已有建筑物和构筑物、道路、沟渠、管线、坟墓、树木等，应在施工前妥善处理。

④ 施工机械进入现场所经过的道路、桥梁和卸车设施等，应先做好必要的加宽、加固等准备工作。

1. 示意图和现场图

现场平整场地示意图和现场平整场地照片分别见图 1-3 和图 1-4。

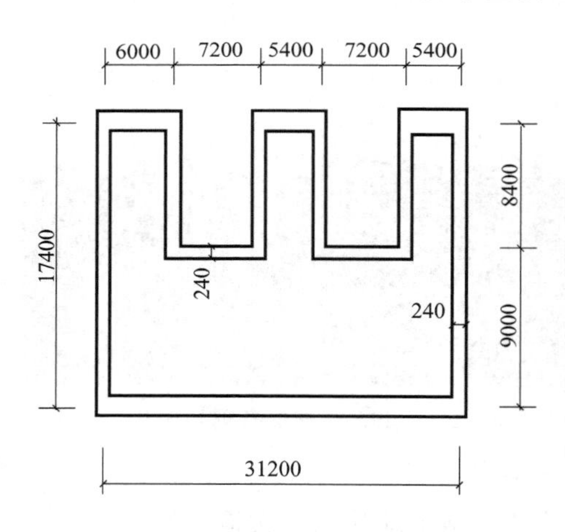

图 1-3　现场平整场地示意图

图 1-4　现场平整场地照片

2. 注意事项

场地平整应经常测量和校核其平面位置，水平标高和边坡坡度是否符合设计要求。平面控制桩和水准控制点应采取可靠措施加以防护，定期复测和检查，土方不应堆在边坡边缘。

3. 施工做法详解

施工工艺流程：场地勘察→对现场规划→场地平整施工。

① 当确定平整工程，施工人员首先应到现场进行勘察，了解场地地形、地貌和周围环境。根据总平面图及规划了解并确定平整场地的大致范围。

② 平整前必须把现场平整范围内的障碍物如树木、电线、电杆、管道、房屋、坟墓等清理干净。场地如有高压线、电杆、塔架、地上和地下管道、电缆、坟墓、树木、沟渠以及

旧有房屋、基础等进项拆除或搬迁、改建、改线；对附近原有建筑物、电杆、塔架等采取有效的防护和加固措施，可利用的建筑物应充分利用。在黄土地区或有古墓地区，应在工程基础部位，按设计要求位置，用洛阳铲进行详探，发现墓穴、土洞、地道、地窖、废井等应对地基进行局部处理。

③ 场地平整时，需要标定平整范围，适宜采用网格式施工方法。在施工过程中，需要经常复核标高。

4. 施工总结

① 平整场地的表面坡度应符合设计要求，如无设计要求时，一般应向排水沟方向做成不小于0.2%的坡度。

② 平整后的场地表面应逐点检查，检查点为每100～400m^2 取一点，但不少于10个点；长度、宽度和边坡均为每20m取一点，每边不少于1个点。

第二节　土方施工

（坑）

1. 示意图和现场图

人工挖基槽（坑）示意图和现场照片分别见图1-5和图1-6。

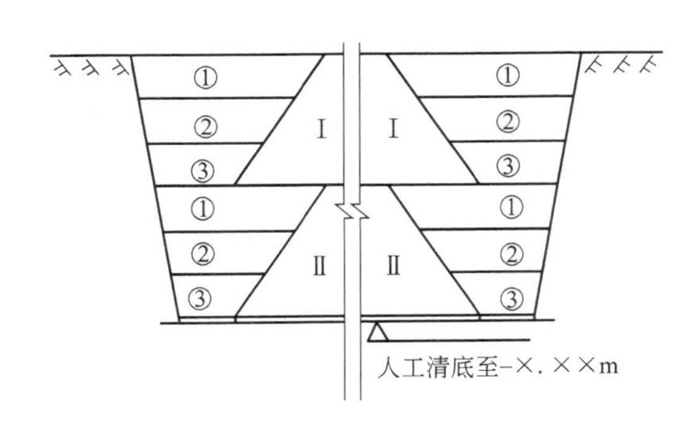

图1-5　现场人工挖基槽（坑）示意图

图1-6　现场人工挖基槽（坑）现场照片

2. 注意事项

① 定位桩、轴线引桩、水准点、龙门板不得碰撞，必须用混凝土筑护。

② 对邻近建筑物、道路、管线等除了规定的加固外，应随时注意检查、观测。

③ 距槽边600mm挖200mm×300mm明沟，并有2‰坡度，排除地面雨水，或筑450mm×300mm土硬挡水。

3. 施工做法详解

施工工艺流程：测量放线→定桩位→基槽开挖。

① 开挖浅的条基，如不放坡时，应先沿灰线直边切除槽轮廓线，然后自上至下分层开挖。每层深500mm为宜，每层应清理出土，逐步挖掘。

② 在挖方上侧弃土时，应保证边坡和直立壁的稳定，抛于槽边的土应距槽边1m以外。

③ 在接近地下水位时，应先完成标高最低处的挖方，以便在该槽处集中排水。

④ 挖到一定深度时，测量人员及时测出距槽底 500mm 的水平线，每条槽端部开始，每隔 2～3m 在槽边上钉小木橛。

⑤ 挖至槽底标高后，由两端轴线引桩拉通线，检查基槽尺寸，然后修槽清底。

⑥ 开挖放坡基槽时，应在槽帮中间留出 800mm 左右的倒土台。

4. 施工总结

① 严禁超挖，发生超挖后，不得随意填平，须经设计处理。

② 桩群上开挖，应在打完桩间隔一段时间后对称开挖。

③ 尽量减少对基底的扰动，如不及时施工，应在底标高以上留 300mm 的土层待以后开挖。

④ 应防止漏钎和步数不够。

（槽）

1. 示意图和现场照片

机械挖基坑（槽）示意图和现场照片分别见图 1-7 和图 1-8。

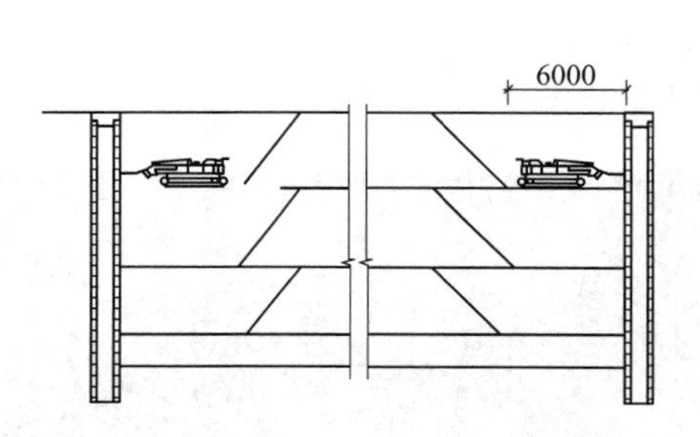

图 1-7　机械挖基坑（槽）示意图

图 1-8　机械挖基坑（槽）现场照片

2. 注意事项

① 挖土方时应注意保护定位标准桩、轴线引桩、标准水准点，并定期复测检查定位桩和水准基点是否完好。

② 开挖施工时，应保护降水措施、支撑系统等不受碰撞或损坏。挖土时应对边坡支护结构做好保护，以防碰撞损坏。

③ 基底保护：基坑（槽）开挖后应尽量减少对基土的扰动。如果基础不能及时施工时，可在基底标高以上预留 300mm 土层不挖，待做基础时再挖。

④ 雨季施工时有槽底防泡、防淹措施；冬期施工槽底应及时覆盖，防止槽底受冻。

3. 施工做法详解

施工工艺流程：测量控制网布设→分段、分层均匀开挖→修边、清底。

（1）测量控制网布设

① 标高误差和平整度标准均应严格按规范标准执行。机械挖土接近坑底时，由现场专职测量员用水平仪将水准标高引测至基槽侧壁。然后随着挖土机逐步向前推进，将水平仪置于坑底，每隔 4～6m 设置一标高控制点，纵横向组成标高控制网，以准确控制基坑标高。最后一步土方挖至距基底 150～300mm 位置，所余土方采用人工清土，以免扰动了基底的老土。

② 测量精度的控制及误差范围见表 1-1。

表 1-1　测量精度的控制及误差范围

测量项目	测量的具体方法及误差范围
测角	采用三测回，测角过程中误差控制在 2″以内，总误差在 5mm 以内
测弧	采用偏角法，测弧度误差控制在 2″以内
测距	采用往返测法，取平均值
量距	用鉴定过的钢尺进行量测并进行温度修正，轴线之间偏差控制在 2mm 以内

③ 对地质条件好、土（岩）质较均匀、挖土高度在 5～8m 以内的临时性挖方的边坡，其边坡坡度可按表 1-2 取值，但应验算其整体稳定性并对坡面进行保护。

表 1-2　临时性挖方边坡值

<table>
<tr><th colspan="2">土的类别</th><th>边坡值</th></tr>
<tr><td colspan="2">砂土（不包括细砂、粉砂）</td><td>(1∶1.25)～(1∶1.50)</td></tr>
<tr><td rowspan="3">一般性黏土</td><td>硬</td><td>(1∶0.75)～(1∶1.0)</td></tr>
<tr><td>硬、塑</td><td>(1∶1.0)～(1∶1.25)</td></tr>
<tr><td>软</td><td>1∶1.50 或更缓</td></tr>
<tr><td rowspan="2">碎土</td><td>充填坚硬、硬塑黏性土</td><td>(1∶0.50)～(1∶1.00)</td></tr>
<tr><td>充填砂石</td><td>(1∶1.00)～(1∶1.50)</td></tr>
</table>

（2）分段、分层均匀开挖

① 当基坑（槽）或管沟受周边环境条件和土质情况限制无法进行放坡开挖时，应采取有效的边坡支护方案，开挖时应综合考虑支护结构是否形成，做到先支护后开挖，一般支护结构强度达到设计强度的 70%以上时，才可继续开挖。

② 开挖基坑（槽）或管沟时，应合理确定开挖顺序、路线及开挖深度，然后分段、分层均匀下挖。

③ 采用挖土机开挖大型基坑（槽）时，应从上而下分层、分段，按照坡度线向下开挖，严禁在高度超过 3m 或在不稳定土体之下作业，但每层的中心地段应比两边稍高一些，以防积水。

④ 在挖方边坡上如发现有软弱土、流砂土层时，或地表面出现裂缝时，应停止开挖，并及时采取相应补救措施，以防止土体崩塌与下滑。

⑤ 采用反铲、拉铲挖土机开挖基坑（槽）或管沟时，其施工方法有下列两种。

a. 端头挖土法：挖土机从坑（槽）或管沟的端头，以倒退行驶的方法进行开挖，自卸汽车配置在挖土机的两侧装运土。

b. 侧向挖土法：挖土机沿着坑（槽）边或管沟的一侧移动，自卸汽车在另一侧装土。

⑥ 土方开挖宜从上到下分层、分段依次进行。随时做成一定坡势，以利泄水。

a. 在开挖过程中，应随时检查槽壁和边坡的状态。深度大于 1.5m 时，根据土质变化情况，应做好基坑（槽）或管沟的支撑准备，以防坍陷。

b. 开挖基坑（槽）和管沟，不得挖至设计标高以下，如不能准确地挖至设计基底标高时，可在设计标高以上暂留一层土不挖，以便在抄平后，由人工挖出。

c. 暂留土层：一般铲运机、推土机挖土时，为大于 200mm；挖土机用反铲、正铲和拉铲挖土时，为大于 300mm 为宜。

⑦ 对机械施工挖不到的土方，应配合人工随时进行挖掘，并用手推车把土运到机械能挖到的地方，以便及时用机械挖走。

（3）修边、清底

① 放坡施工时，应人工配合机械修整边坡，并用坡度尺检查坡度。

② 在距槽底设计标高 200～300mm 槽帮处，抄出水平线，钉上小木橛，然后用人工将

暂留土层挖走。同时由两端轴线（中心线）引桩拉通线（用小线或钢丝），检查距槽边尺寸，确定槽宽标准。以此修整槽边，最后清理槽底土方。

③ 槽底修理铲平后，进行质量检查验收。

④ 开挖基坑（槽）的土方，在场地有条件堆放时，一定留足回填需用的好土；多余的土方，应一次运走，避免二次搬运。

4. 施工总结

① 土方开挖前，应制定防止临近已有建筑物或构筑物、道路、管线发生下沉和变形的措施。必要时与设计单位或建设单位协商采取防护措施，并在施工中进行沉降或位移观测。

② 挖土机沿挖方边缘移动：机械距离边坡上缘的宽度不得小于基坑（槽）和管沟深度的 1/2，如挖土深度超过 5m 时应按专业性施工方案来确定。

③ 防止基底超挖：开挖基坑（槽）、管沟不得超过基底标高，一般可在设计标高以上暂留 300mm 厚的土层不挖，以便经抄平后由人工清底挖出。如个别地方超挖时，其处理方法应取得设计单位同意。

④ 合理安排施工顺序：严格按施工方案规定的施工顺序进行土方开挖，应注意宜先从低处开挖，分层、分段依次进行，形成一定坡度，以利排水。

⑤ 防止施工机械下沉：施工时必须了解土质和地下水位情况。推土机、铲土机一般需要在地下水位 0.5m 以上推铲土；挖土机一般需在地下水位 0.8m 以上挖土，以防机械自身下沉。正铲挖土机挖方的台阶高度，不得超过最大挖掘高度的 1.2 倍。

⑥ 控制开挖尺寸：防止边坡过陡，基坑（槽）或管沟底部的开挖宽度和坡度，除应考虑结构尺寸要求外，应根据施工需要增加工作面宽度，如排水设施、支撑结构等所需宽度。

⑦ 在地下水位以下挖土：必须有技术和施工措施方案，对于地质资料反映有粉细砂、粉土、中粗砂等土层的工程项目，必须有截水、降水等有效防止流砂的措施，并制定行之有效的降排水方案。

1. 示意图和现场照片

拉铲挖掘机示意图和现场照片分别见图 1-9 和图 1-10。

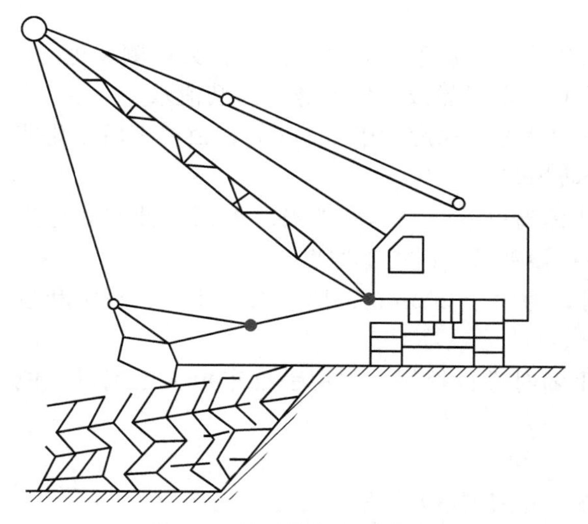

图 1-9　拉铲挖掘机示意图

图 1-10　拉铲挖掘机现场照片

2. 注意事项

施工过程中，在距槽底设计标高 200～300mm 槽帮处抄出水平线，钉上木桩，然后用人工将暂留土层挖走。同时由两端轴线（中心线）引桩拉通线（用小线或铅丝），检查距槽边尺寸，确定槽宽标准，以此修整槽边。最后人工紧随挖土机械清除槽底土方。

3. 施工做法详解

施工工艺流程：测量放线→挖掘机挖土方。

挖掘机施工方法见表 1-3。

表 1-3　挖掘机施工方法

方式类别	操作方法及使用范围
三角开挖法	①三角开挖法适用于开挖宽度在 8m 左右的沟槽 ②拉铲按"之"字形移位，与开挖沟槽的边缘成 45°左右。该铲拉法的回转角度小，生产效率高，而且边坡开挖整齐
沟端开挖法	①沟端开挖法适用于就地取土、填筑路基及修筑堤坝等 ②拉铲停在沟端，倒退着沿沟纵向开挖。开挖宽度可以达到机械挖土半径的 2 倍。能两面出土，汽车停放在一侧或两侧，装车角度小，坡度较易控制，并能开挖较陡的坡
沟侧开挖法	①沟侧开挖法适用于开挖土方就地堆放的基坑（槽）以及填筑路堤等工程 ②拉铲停在沟侧沿沟横向开挖，沿沟边与沟平行移动，如沟槽较宽，可在沟槽的两侧开挖。本法开挖宽度和深度均较小，一次开挖宽度约等于挖土半径，且开挖边坡不易控制
分段拉土法	①分段拉土法适用于开挖宽度大的基坑（槽）沟渠工程 ②在第一段采取三角挖土，第二段机身沿现场施工所放的定位线移动进行分段挖土。如沟底（或坑底）土质较硬，地下水位较低时，应使汽车停在沟下装土，铲斗装土后稍微提起即可装车，能缩短铲斗起落时间，又能减小臂杆的回转角度
层层拉土法	①层层拉土法适用于开挖较深的基坑，特别是圆形或方形基坑 ②拉铲按从左到右或从右到左的顺序逐层挖土，直至设计深度。本法可以挖得平整，拉铲斗的时间可以缩短。当土装满铲斗后，可以从任何高度提起铲斗，运送土时的提升高度可减少到最低限度，但落斗时要注意将拉斗钢绳与落斗钢绳一起放松，使铲斗垂直下落
顺序挖土法	①顺序挖土法适用于开挖土质较硬的基坑 ②挖土时先挖两边，保持两边低、中间高的地形，然后顺序向中间挖土。本法挖土只有两边遇到阻力，较省力，边坡可以挖得整齐，铲斗不会发生翻滚现象
转圈挖土法	①转圈挖土法适用于开挖较大、较深的圆形基坑 ②拉铲在边线顺圆周转圈挖土，形成四周低中间高的地形，可防止铲斗翻滚。当挖到 5m 以下时，则需配合人工在坑内沿周边下挖一条宽 500mm、深 400～500mm 的槽，然后进行开挖，直至槽底平，接着再人工挖槽，最后用拉铲挖土，如此循环作业至设计标高位置
扇形挖土法	①扇形挖土法适用于挖直径和深度不大的圆形基坑或沟渠 ②拉铲先在一端挖成一个锐角三角形，然后挖土机沿直线按扇形后退挖土，直至完成。本法挖土机移动次数少，汽车在一个部位循环，道路少，装车高度小

4. 施工总结

① 凡机械挖不到的地方，应配合人工随时进行开挖，并用手推车把土运到机械挖到的地方，再用机械挖走。放坡施工时应人工配合机械修整边坡，并用坡度尺检查坡度。

② 开挖基坑（槽）、管沟的土方，在场地有条件堆放时，应留足回填需用的好土，多余的土方，应一次运走，避免二次搬运。

第三节　基坑支护

1. 示意图和现场照片

土钉墙施工示意图和现场照片分别见图 1-11 和图 1-12。

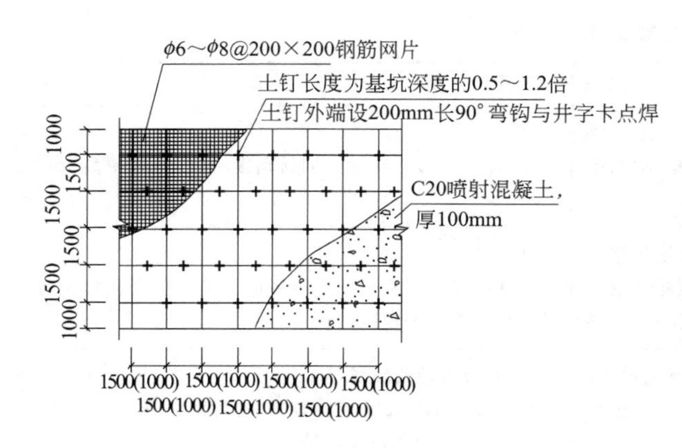

图 1-11　土钉墙施工示意图

图 1-12　土钉墙施工现场照片

2. 注意事项

① 成孔后应及时安插土钉主筋，立即注浆，防止塌孔。

② 施工过程中，应注意保护定位控制桩、水准基点桩，防止碰撞产生位移。

3. 施工做法详解

施工工艺流程：排水设施的设置→基坑开挖→边坡处理→设置土钉→钻孔→插入土钉钢筋→注浆→铺钢筋网→喷射面层→土钉现场测试。

（1）排水设施的设置

① 水是土钉支护结构最为敏感的问题，不但要在施工前做好降排水工作，还要充分考虑土钉支护结构工作期间地表水及地下水的处理，设置排水构造措施。

② 基坑四周地表应加以修整并构筑明沟排水和水泥砂浆或混凝土地面，严防地表水向下渗流。

③ 基坑边有透水层或渗水土层时，混凝土面层上要做泄水孔，按间距 1.5～2.0m 均布插设长 0.4～0.6m、直径 40mm 的塑料排水管，外管口略向下倾斜。

④ 为了排除积聚在基坑内的渗水和雨水，应在坑底设置排水沟和集水井。排水沟应离开坡脚 0.5～1.0m，严防冲刷坡脚。排水沟和集水井宜采用砖砌并用砂浆抹面以防止渗漏。坑内积水应及时排除。

（2）基坑开挖

① 基坑要按设计要求严格分层、分段开挖，在完成上一层作业面土钉与喷射混凝土面达到设计强度的 70％以前，不得进行下一层土层的开挖。每层开挖最大深度取决于在支护投入工作前土壁可以自稳而不发生滑移破坏的能力，实际工程中常取基坑每层挖深与土钉竖向间距相等。每层开挖的水平分段也取决于土壁自稳能力，且与支护施工流程相互衔接，一

般多为10～20m长。当基坑面积较大时，允许在距离基坑四周边坡8～10m的基坑中部自由开挖，但应注意与分层作业区的开挖相协调。

② 挖土要选用对坡面土体扰动小的挖土设备和方法，严禁边壁出现超挖或造成边壁土体松动。坡面经机械开挖后要采用小型机械或人工进行切削清坡，以使坡度与坡面平整度达到设计要求。

(3) 边坡处理

为防止基坑边坡的裸露土体塌陷，对于易塌的土体可采取下列措施：

① 对修整后的边坡，立即喷上一层薄的混凝土，强度等级不宜低于C20，凝结后再进行钻孔；

② 在作业面上先构筑钢筋网喷射混凝土面层，钢筋保护层厚度不宜小于20mm，面层厚度不宜小于80mm，而后进行钻孔和设置土钉；

③ 在水平方向上分小段间隔开挖；

④ 先将作业深度上的边壁做成斜坡，待钻孔并设置土钉后再清坡；

⑤ 在开挖前，沿开挖面垂直击入钢筋或钢管，或注浆加固土体。

(4) 设置土钉

① 若土层地质条件较差时，在每步开挖后应尽快做好面层，即对修整后的边壁立即喷上一层薄混凝土或砂浆；若土质较好的话，可省去该道面层。

② 土钉设置通常做法是先在土体上成孔，然后置入土钉钢筋并沿全长注浆，也可以是采用专门设备将土钉钢筋击入土体。

(5) 钻孔

① 钻孔前应根据设计要求定出孔位并做出标记和编号，钻孔时要保证位置正确（上下左右及角度），防止高低参差不齐和相互交错。

② 钻进时要比设计深度多钻进100～200mm，以防止孔深不够。

③ 采用的机具应符合土层的特点，满足设计要求，在进钻和抽钻杆过程中不得引起土体塌孔。在易塌孔的土体中钻孔时宜采用套管成孔或挤压成孔。

(6) 插入土钉钢筋

插入土钉钢筋前要进行清孔检查，若孔中出现局部渗水、塌孔或掉落松土，应立即处理。土钉钢筋置入孔中前，要先在钢筋上安装对中定位支架，以保证钢筋处于孔位中心且注浆后其保护层厚度不小于25mm。支架沿钉长的间距可为2～3m左右，支架可为金属或塑料件，以不妨碍浆体自由流动为宜。

(7) 注浆

① 注浆材料宜选用水泥浆、水泥砂浆。注浆用水泥砂浆的水灰比不宜超过0.4～0.45，当用水泥净浆时水灰比不宜超过0.45～0.5，并宜加入适量的速凝剂等外加剂以促进早凝和控制泌水。

② 一般可采用重力、低压（0.4～0.6MPa）或高压（1～2MPa）注浆，水平孔应采用低压或高压注浆。压力注浆时应在孔口或规定位置设置止浆塞，注满后保持压力3～5min。重力注浆以满孔为止，但在浆体初凝前需补浆1～2次。

③ 对于向下倾角的土钉，注浆采用重力或低压注浆时宜采用底部注装方式，注浆导管底端应插至距孔底250～500mm处，在注浆同时将导管匀速缓慢地撤出。注浆过程中注浆导管口应始终埋在浆体表面以下，以保证孔中气体能全部逸出。

④ 注浆时要采取必要的排气措施。对于水平土钉的钻孔，应用孔口部压力注浆或分段

压力注浆，此时需配排气管并与土钉钢筋绑扎牢固，在注浆前与土钉钢筋同时送入孔中。

⑤ 向孔内注入浆体的充盈系数必须大于1。每次向孔内注浆时，宜预先计算所需的浆体体积并根据注浆泵的冲程数计算出实际向孔内注入的浆体体积，以确认实际注浆量超过孔内容积。

⑥ 注浆材料应拌和均匀，随拌随用，一次拌和的水泥浆、水泥砂浆应在初凝前用完。

⑦ 注浆前应将孔内残留或松动的杂土清除干净。注浆开始或中途停止超过30min时，应用水或稀水泥浆润滑注浆泵及其管路。

⑧ 为提高土钉抗拔能力，还可采用二次注浆工艺。

（8）铺钢筋网

① 在喷混凝土之前，先按设计要求绑扎、固定钢筋网。面层内钢筋网片应牢固固定在边壁上并符合设计规定的保护层厚度要求。钢筋网片可用插入土中的钢筋固定，但在喷射混凝土时不应出现振动。

② 钢筋网片可焊接或绑扎而成，网格允许偏差为±10mm 。铺设钢筋网时每边的搭接长度应不小于一个网格边长或300mm，如为搭接焊则单面焊接长度不小于网片钢筋直径的10倍。网片与坡面间隙不小于20mm。

③ 土钉与面层钢筋网的连接可通过垫片、螺帽及土钉端部螺纹杆固定。垫片钢板厚8～10mm，尺寸为（200mm×200mm）～(300mm×300mm)。垫板下空隙需先用高强水泥砂浆填实，待砂浆达到一定强度后方可旋紧螺帽以固定土钉。土钉钢筋也可通过井字加强钢筋直接焊接在钢筋网上等措施。

④ 当面层厚度大于120mm时宜采用双层钢筋网，第二层钢筋网应在第一层钢筋网被混凝土覆盖后铺设。

（9）喷射面层

① 喷射混凝土的配合比应通过试验确定，粗骨料最大粒径不宜大于12mm，水灰比不宜大于0.45，并应通过外加剂来调节所需早强时间。当采用干法施工时，应事先对操作人员进行技术考核，以保证喷射混凝土的水灰比和质量达到设计要求。

② 喷射混凝土前，应对机械设备、风、水管路和电路进行全面检查和试运转。

为保证喷射混凝土厚度达到均匀的设计值，可在边壁上隔一定距离打入垂直短钢筋段作为厚度标志。喷射混凝土的射距宜保持在0.6～1.0m范围内，并使射流垂直于壁面。在有钢筋的部位可先喷钢筋的后方以防止钢筋背面出现空隙。喷射混凝土的路线可从壁面开挖层底部逐渐向上进行，但底部钢筋网搭接长度范围以内先不喷混凝土，待与下层钢筋网搭接绑扎之后再与下层壁面同时喷射混凝土。混凝土面接缝部分做成45°角斜面搭接。当设计层厚度超过100mm时，混凝土应分两次喷射，一次喷射厚度不宜小于40mm，且接缝错开。混凝土接缝在继续喷射混凝土之前应清除浮浆碎屑，并喷少量水润湿。

③ 面层喷射混凝土终凝后2h应喷水养护，养护时间宜在3～7d，养护视当地环境条件可采用喷水、覆盖浇水或喷涂养护剂等方法。

④ 喷射混凝土强度可用边长为100mm的立方体试块进行测定。制作试块时，将试模底面紧贴边壁，从侧向喷入混凝土，每批至少留取3组（每组3块）试件。

（10）土钉现场测试

土钉的施工监测应包括如下内容。

① 支护位移、沉降的观测；地表开裂状态（位置、缝宽）的观察；附近建筑物和重要管线等设施的变形测量和裂缝宽度观测；基坑渗、漏水和基坑内外地下水位的变化。

② 在支护施工阶段，每天监测不少于1～2次；在支护施工完成后、变形趋于稳定的情况下每天1次。监测过程应持续至整个基坑回填结束为止。

③ 观测点的设置：每个基坑观测点的总数不宜少于3个，间距不宜大于30m。其位置应选在变形量最大或局部条件最为不利的地段。观测仪器宜用精密水准仪和精密经纬仪。

④ 当基坑附近有重要建筑物等设施时，也应在相应位置设置观测点，在可能的情况下，宜同时测定基坑边壁不同深度位置处的水平位移，以及地表距基坑边壁不同距离处的沉降。

⑤ 应特别加强雨天和雨后的监测，以及对各种可能危及支护安全的水害来源（如场地周围生产、生活用水，上下水管、贮水池罐、化粪池漏水，人工井点降水的排水，因开挖后土体变形造成管道漏水等）进行观察。

4. 施工总结

① 成孔：孔径、孔深要保证，孔中杂物、碎土块及泥浆要清除干净。

② 推送土钉主筋就位：土钉主筋应位于钻孔中心轴上，并保证推送过程中的钻孔壁不损坏，孔中无碎土泥浆堵塞。

③ 喷射混凝土：保证正确的配合比、水灰比及外加剂掺量比，并按实际操作规程进行养护。

④ 注浆：土钉一般采用压力注浆，注浆时一定要注满整个钉孔，以免减弱土钉的作用，影响土钉墙的稳定性。

⑤ 施工应合理安排施工顺序，夜间作业应有足够的照明设备，防止砂浆配合比不准确。

1. 示意图和现场照片

砖砌挡土墙示意图和现场照片分别见图1-13和图1-14。

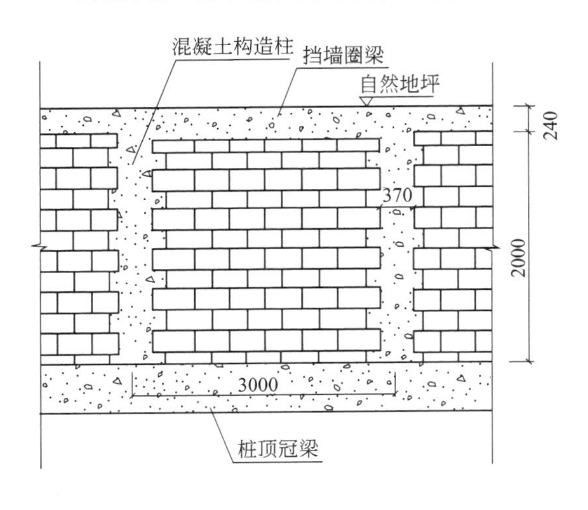

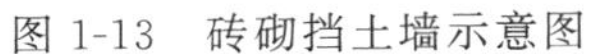

图1-13 砖砌挡土墙示意图

图1-14 砖砌挡土墙现场照片

2. 注意事项

① 砌筑顺序以分层进行为原则。底层极为重要，它是以上各层的基石，若底层质量不符合要求，则要影响以上各层，所以应分层砌筑。

② 相邻挡土墙高差较大时应先砌筑高墙段。挡土墙每天连续砌筑高度不宜超过1.2m。砌筑中墙体不得移位变形。

③ 砌筑挡土墙应保证砌体宽（厚）度符合设计要求，砌筑中应经常校正挂线位置。

3. 施工做法详解

施工工艺流程：基础测量放线→基坑开挖→砂浆拌制→扩展基础浇筑。

（1）基础测量放线

根据设计图纸，按围墙中线、高程点测放挡土墙的平面位置和纵段高程，精确测定挡土墙基座主轴线和起讫点、伸缩缝位置，每端的衔接是否顺直，并按施工放样的实际需要增补挡土墙各点的地面高程，并设置施工水准点，在基础表面上弹出轴线及墙身线。

（2）基坑开挖

① 挡土墙基坑采用挖掘机开挖，人工配合挖掘机刷底。基础的部位尺寸、形状埋置深度均按设计要求进行施工。当基础开挖后若发现与设计情况有出入时，应按实际情况调整设计，并向有关部门汇报。

② 基础开挖为明挖基坑，在松软地层或陡坡基层地段开挖时，基坑不宜全段贯通，而应采用跳槽办法开挖，以防止上部失稳。当基地土质为碎石土、砂砾土、黏性土等时，将其整平夯实。

③ 基坑用挖掘机开挖时，应有专人指挥，在开挖过程中不得超挖，避免扰动基底原状土。

④ 基坑刷底时要预留 10%的反坡（即内高外低），预留坡底的目的是防止墙内土的加压力引起挡土墙向外滑动。

⑤ 开挖基坑的土方，在场地有条件堆放时，一定要留足回填土应用的好土；多余的土方应一次在运走，避免二次倒运。

⑥ 在基槽边弃土时，应保证边坡稳定。当土质好时，槽边的基土应距基槽上口边缘 1.2m 以外，高度不得超过 1.5m。

（3）砂浆拌制

① 砂浆宜采用机械搅拌，投料顺序应先倒砂、水泥，最后加水。搅拌时间宜为 3～5min，且不得少于 90s。砂浆稠度应控制在 50～70mm。

② 砂浆配制应采用质量比，砂浆应随拌随用，保持适宜的稠度，一般宜在 3～4h 使用完毕，当气温超过 30℃时，宜在 2～3h 使用完毕。发生离析、泌水的砂浆，砌筑前应重新拌和，已凝结的砂浆不得使用。

③ 为改善水泥砂浆的和易性，可掺入无机塑化剂或微沫剂等有机塑化剂，其参量应通过试验确定。

④ 砂浆试块：每工作台班需制作立方体试块两组（6 块），如砂浆配合比变化时，应相应制作试块。

（4）扩展基础浇筑

① 开挖基槽及基础后检查基底尺寸及标高，报请监理工程师验收，浇筑前要检查基坑底预留坡度是否为 10%（即内低外高），预留坡度的作用是防止墙内土的挤压力引起墙体向外滑动，验收合格后方可浇筑垫层。

② 进行放线扩展基础，支模前放出基础底边线和顶边线之间挂线控制挡土墙的坡度。

③ 支模：采用 15mm 覆膜光面多层模板，操作时按从下到上边校正边加固，保证施工位置平整不漏浆。

④ 浇筑：浇筑时用振动棒振捣，防止出现蜂窝、麻面等影响质量和观感的现象。每个 10～15m 设置一道变形缝，变形缝用 30mm 聚苯乙烯板隔离，要求隔离必须完整彻底不得

有缝隙，以保证挡土墙各段完全分离。

4. 施工总结

① 砌筑挡土墙外露面应留深 10～20mm 勾槽缝，按设计要求勾缝。

② 预埋泄水管用位置准确，泄水孔每隔 2m 设置一个，渗水处适当加密，上下排泄水孔应交错位置。

③ 泄水孔向外横坡为 3%，最底层泄水管距地面高度为 30cm。进水口填级配碎石反滤层进行处理。

1. 示意图和现场照片

地下连续墙施工示意图和现场照片见图 1-15 和图 1-16。

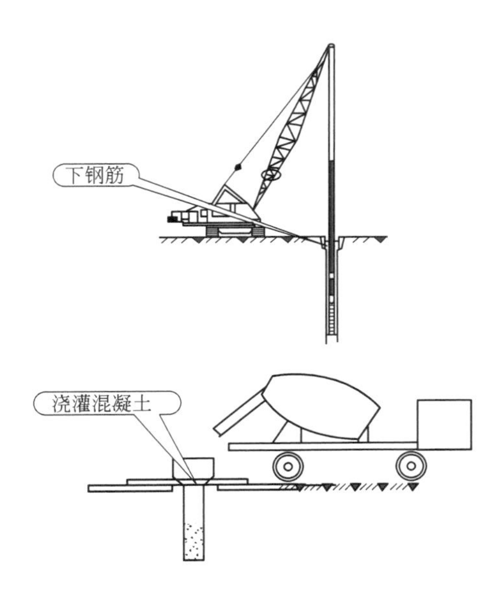

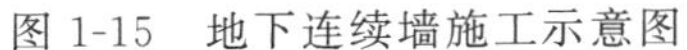

图 1-15　地下连续墙施工示意图

图 1-16　地下连续墙施工现场照片

2. 注意事项

① 钢筋笼制作、运输和吊放过程中，应采取技术措施，防止变形。吊放入槽时，不得擦伤槽壁。

② 挖槽完毕应尽快清槽、换装、下钢筋笼，并在 4h 之内灌注混凝土，在灌注过程中，应固定钢筋笼和导管位置，并采取措施防止泥浆污染。

③ 注意保护外露的主筋和预埋件不受损坏。

④ 施工过程中，应注意保护现场的轴线桩和水准基点桩，不变形、不位移。

3. 施工做法详解

施工工艺流程：导墙设置→槽段开挖→泥浆的配置和使用→清槽→钢筋笼制作及安放→水下浇筑混凝土→接头施工。

（1）导墙设置

① 在槽段开挖前，沿连续墙纵向轴线位置构筑导墙，导墙可采用现浇或预制工具式钢筋混凝土导墙，也可采用钢质导墙。

② 导墙深度一般为1～2m，其顶面略高于地面100～200mm，以防止地表水流入导沟。导墙的厚度一般为100～200mm，内墙面应垂直，内壁净距应为连续墙设计厚度加施工余量（一般为40～60mm）。墙面与纵轴线距离的允许偏差为±10mm，内外导墙间距允许偏差±5mm，导墙顶面应保持水平。

③ 导墙宜筑于密实的地层上，背侧应用黏性土回填并分层夯实，不得漏浆。每个槽段内的导墙应设一个溢浆孔。

④ 导墙顶面应高出地下水位1m以上，以保证槽内泥浆液面高于地下水位0.5m以上，且不低于导墙顶面0.3m。

⑤ 导墙混凝土强度应达70%以上方可拆模。拆模后，应立即在两片导墙间加支撑，其水平间距为2.0～2.5m，在导墙混凝土养护期间，严禁重型机械通过、停置或作业，以防导墙开裂或变形。

⑥ 采用预制导墙时，必须保证接头的连接质量。

（2）槽段开挖

① 挖槽施工前，一般将地下连续墙划分为若干个单元槽段。每个单元槽段有若干个挖掘单元。在导墙顶面画好槽段的控制标记，如有封闭槽段时，必须采用两段式成槽，以免导致最后一个槽段无法钻进。一般普通钢筋混凝土地下连续墙工程挖掘单元长为6～8m，素混凝土止水帷幕工程挖掘单元长为3～4m。

② 成槽前对成槽设备进行一次全面检查，各部件必须连接可靠，特别是钻头连接螺栓不得有松脱现象。

③ 为保证机械运行和工作平稳，轨道铺设应牢固可靠，道碴应铺填密实。轨道宽度允许误差为±5mm，轨道标高允许误差±10mm。连续墙钻机就位后应使机架平稳，并使悬挂中心点和槽段中心一线。钻机调好后，应用夹轨器固定牢靠。

④ 挖槽过程中，应保持槽内始终充满泥浆，以保持槽壁稳定。成槽时，依排渣和泥浆循环方式分为正循环和反循环。当采用砂泵排渣时，依砂泵是否潜入泥浆中，又分为泵举式和泵吸式。一般采用泵举式反循环方式排渣，操作简便，排泥效率高。但开始钻进须先用正循环方式，待潜水泵电机潜入泥浆中后，再改用反循环排泥。

⑤ 当遇到坚硬地层或遇到局部岩层无法钻进时，可辅以采用冲击钻将其破碎，用空气吸泥机或砂泵将土渣吸出地面；成槽时要随时掌握槽孔的垂直精度，应利用钻机的测斜装置经常观测偏斜情况，不断调整钻机操作，并利用纠偏装置来调整下钻偏斜。

⑥ 挖槽时应加强观测，当槽壁发生较严重的局部坍落时，应及时回填并妥善处理。槽段开挖结束后，应检查槽位、槽深、槽宽及槽壁垂直度等项目，合格后方可进行清槽换浆。在挖槽过程中应做好施工记录。

（3）泥浆的配制和使用

① 泥浆必须经过充分搅拌，常用方法有：低速卧式搅拌机搅拌、螺旋桨式搅拌机搅拌、压缩空气搅拌、离心泵重复循环。泥浆搅拌后应在储浆池内静置24h以上。

② 在施工过程中应加强检验和控制泥浆的性能，定时对泥浆性能进行测试，随时调泥浆配合比，做好泥浆质量检测记录。一般做法是：在新浆拌制后静止24h，测一次全项（含砂量除外）；在成槽过程中，一般每进尺1～5m或每4h测一次泥浆密度和黏度。在成槽结束前测一次密度、黏度；浇灌混凝土前测一次密度。两次取样位置均应在槽底以上200mm处。失水量和pH值应在每槽孔的中部和底部各测一次。含砂量可根据实际情况测定，稳定性和胶体率一般在循环泥浆中不测定。

③ 通过沟槽循环或混凝土换置排出的泥浆，如重复使用，必须进行净化再生处理。一般采用重力沉降处理，它是利用泥浆和土渣的密度差，使土液沉淀，沉淀后的泥浆进入贮浆池，贮架池的容积一般为一个单元槽段挖掘量及泥浆槽总体积的 2 倍以上。沉淀池和贮浆池设在地上或地下均可，但要视现场条件和工艺要求合理配置。如采用原土渣浆循环时，应将高压水通过导管从钻头孔射出，不得将水直接注入槽孔中。

④ 在容易产生泥浆渗漏的土层施工时，应适当提高泥浆黏度和增加储备量，并备堵漏材料。如发生泥浆渗漏，应及时补浆和堵漏，使槽内泥浆保持正常。

（4）清槽

① 当挖槽达到设计深度后，应停止钻进，仅使钻头空转，将槽底残留的土打成小颗粒，然后开启砂泵，利用反循环抽浆，持续吸渣 10～15min，将槽底钻渣清除干净。也可用空气吸泥机进行清槽。

② 当采用正循环清槽时，将钻头提高槽底 100～200mm，空转并保持泥浆正常循环，以中速压入泥浆，把槽孔内的浮渣置换出来。

③ 对采用原土造浆的槽孔，成槽后可使钻头空转不进尺，同时射水，待排出泥浆密度降到 1.1g/mm^3 左右，即认为清槽合格。但当清槽后至浇灌混凝土间隔时间较长时，为防止泥浆沉淀和保证槽壁稳定，应用符合要求的新泥浆将槽孔的泥浆全部置换出来。

④ 清理槽底和置换泥浆结束 1h 后，槽底沉渣厚度不得大于 200mm；浇混凝土前槽底沉渣厚度不得大于 300mm，槽内泥浆密度为 1.1～1.25g/mm^3、黏度为 18～22s、含砂量应小于 8%。

（5）钢筋笼制作及安放

① 钢筋笼的加工制作，要求主筋净保护层为 70～80mm。为防止在插入钢筋笼时擦伤槽面，并确保钢筋保护层厚度，宜在钢筋笼上设置定位钢筋环、混凝土垫块。纵向钢筋底端距槽底的距离应有 100～200mm，当采用接头管时，水平钢筋的端部至接头管或混凝土及接头面应留有 100～150mm 间隙。纵向钢筋应布置在水平钢筋的内侧。为便于插入槽内，钢筋底端宜稍向内弯折。钢筋笼的内空尺寸，应比导管连接处的外径大 100mm 以上。

② 为了保证钢筋笼的几何尺寸和相对位置准确，钢筋笼宜在制作平台上成型。钢筋笼每棱边（横向及竖向）钢筋的交点处应全部点焊，其余交点处采用交错点焊。对成型时临时绑扎的钢丝，宜将线头弯向钢筋笼内侧。为保证钢筋笼在安装过程中具有足够的刚度，除结构受力要求外，尚应考虑增设斜拉补强钢筋，将纵向钢筋形成骨架并加适当附加钢筋。斜拉筋与附加钢筋必须与设计主筋焊牢固。钢筋笼的接头当采用搭接时，为使接头能够承受吊入时的下段钢筋自重，部分接头应焊牢固。

③ 钢筋笼制作允许偏差值为：主筋间距为±10mm；箍筋间距为±20mm；钢筋笼厚度和宽度为±10mm；钢筋笼总长度为±50mm。

④ 钢筋笼吊放应使用起吊架，采用双索或四索起吊，以防起吊时间钢索的收紧力而引起钢筋笼变形。吊时要注意在起吊时不得拖拉钢筋笼，以免造成弯曲变形。为避免钢筋吊起后在空中摆动，应在钢筋笼下端系上溜绳，用人力加以控制。

⑤ 钢筋笼需要分段调入接长时，应注意不得使钢筋笼产生变形，下段钢筋笼入槽后，临时穿钢管搁置在导墙上，再焊接接长上段钢筋笼。钢筋笼吊入槽内时，吊点中心必须对准槽段中心，竖直缓慢放至设计标高，再用吊筋穿管搁置在导墙上。如果钢筋笼不能顺利地插入槽内，应重新吊出，查明原因，采取相应措施加以解决，不得强行插入。

⑥ 所有用于内部结构连接的预埋件、预埋钢筋等，应与钢筋笼焊牢固。

(6) 水下浇筑混凝土

① 混凝土配合比应符合下列要求：混凝土的实际配置强度等级应比设计强度等级高一级；水泥用量不宜少于370kg/m^3；水灰比不应大于0.6；坍落度宜为18～20cm，并应有一定的流动度保持率；坍落度降低至15cm的时间，一般不宜小于1h；扩散度宜为34～38cm；混凝土拌合物含砂率不小于45%；混凝土的初凝时间，应能满足混凝土浇灌和接头施工工艺要求，一般不宜低于3～4h。

② 头管和钢筋就位后，应检查沉渣厚度并在4h以内浇灌混凝土。浇灌混凝土必须使用导管，其内径一般选用250mm，每节长度一般为2.0～2.5m。导管要求连接牢靠，接头用橡胶圈密封，防止漏水。导管接头若用法兰连接，应设锥形法兰罩，以防拔管时挂住钢筋。导管在使用前要注意认真检查和清理，使用后要立即将黏附在导管上的混凝土清除干净。

③ 在单元槽段较长时，应使用多根导管浇灌，导管内径与导管间距的关系一般是：导管内径为150mm、200mm、250mm时，其间距分别为2m、3m、4m，距槽段端部均不得超过1.5m。为防止泥浆卷入导管内，导管在混凝土内必须保持适宜的埋置深度，一般应控制在2～4m为宜。在任何情况下，不得小于1.5m或大于6m。

④ 导管下口与槽底的间距，以能放出隔水栓和混凝土为度，一般比栓长100～200mm。隔水栓应放在泥浆液面上。为防止粗骨料隔水栓，在浇筑混凝土前宜先灌入适量的水泥砂浆。隔水栓用钢丝吊住，待导管上口贮斗内混凝土的存量满足首次浇筑，导管底端能埋入混凝土中0.8～1.2m时，才能剪断钢丝，继续浇筑。

⑤ 混凝土浇筑应连续进行，槽内混凝土面上升速度一般不宜小于2m/h，中途不得间歇。当混凝土不能畅通时，应将导管上下提动，慢提快放，但不宜超过300mm。导管不能作横向移动。提升导管应避免碰挂钢筋笼。

⑥ 随着混凝土的上升，要适时提升和拆卸导管，导管底端埋入混凝土以下一般保持持2～4m。不宜大于6m，并不小于1m，严禁把导管底端提出混凝土面。

⑦ 在浇灌过程中应随时掌握混凝土浇灌量，应有专人每30min测量一次导管埋深和管外混凝土标高。测定应取三个以上测点，用平均值确定混凝土上升状况，以决定导管的提拔长度。

(7) 接头施工

① 连续墙各单元槽段间的接头形式，一般常用的为半圆形接头。方法是在未开挖一侧的槽段端部先放置接头管，后放入钢筋笼，浇灌混凝土，根据混凝土的凝结硬化速度，徐徐将接头管拔出，最后在浇灌段的端面形成半圆形的接合面，在浇筑下段混凝土前，应用特制的钢丝刷子沿接头处上下往复移动数次，刷去接头处的残留泥浆，以利新旧混凝土的结合。

② 接头管一般用10mm厚钢板卷成。槽孔较深时，做成分节拼装式组合管，各单节长度为6m、4m、2m不等，便于根据槽深接成合适的长度。外径比槽孔宽度小，直径误差在3mm以内。接头管表面要求平整光滑，连接紧密可靠，一般采用承插式销接。各单节组装好后，要求上下垂直。

③ 接头管一般用起重机组装、吊放。吊放时要紧贴单元槽段的端部和对准槽段中心，保持接头管垂直并缓慢地插入槽内。下端放至槽底，上端固定在导墙或顶升架上。

④ 提拔接头管宜使用顶升架（或较大吨位吊车），顶升架上安装有大行程（1～2m）、起重量较大（50～100t）的液压千斤顶两台，配有专用高压油泵。

⑤ 提拔接头管必须掌握好混凝土的浇灌时间、浇灌高度，混凝土的凝固硬化速度，不失时机地提动和拔出，不能过早、过快和过迟、过缓。如过早、过快，则会造成混凝土塌

落；过迟、过缓，则由于混凝土强度增长，摩擦阻力增大，造成提拔不动和埋管事故。一般宜在混凝土开始浇灌后 2～3h 即开始提动接头管，然后使管子回落。以后每隔 15～20min 提动一次，每次提起 100～200mm，使管子在自重下回落，说明混凝土尚处于塑性状态。如管子不回落，管内又没有涌浆等异常现象，宜每隔 20～30min 拔出 0.5～1.0m，如此重复。在混凝土浇灌结束后 5～8h 内将接头管全部拔出。

4. 施工总结

① 地下连续墙施工，应制定出切实可行的挖槽工艺方法、施工程序和操作规程，并严格执行。挖槽时，应加强检测，确保槽位、槽深、槽宽和垂直度等要求。遇有槽壁坍塌事故，应及时分析原因，妥善处理。

② 钢筋笼加工尺寸，应考虑结构要求、单元槽段、接头形式、长度、加工场地、现场起吊能力等情况，采取整体式分节制作，同时应具有必要的刚度，以保证在吊放时不致变形或散架，一般应适当加设斜撑和横撑补强。钢筋笼的吊点位置、起吊方式和固定方法应符合设计和施工要求。在吊放钢筋笼时，应对准槽段中心并注意不要碰伤槽壁壁面，不能强行插入钢筋笼，以免造成槽壁坍塌。

③ 在施工过程中，应注意保证护壁泥浆的质量，彻底进行清底换浆，严格按规定灌注水下混凝土，以确保墙体混凝土的质量。

④ 槽底沉渣过厚：护壁泥浆不合格，或清底换浆不彻底，均可导致大量沉渣积聚于槽底，在灌注水下混凝土前，应测定沉渣厚度，符合设计要求后，才能灌注水下混凝土。

⑤ 槽孔偏斜：当出现槽孔偏斜时，应查明钻孔偏斜的位置和程度，对偏斜不大的槽孔，一般可在偏斜处吊住钻机，上下往复扫钻，使钻孔正直；对偏斜严重的钻孔，应回填砂与黏土混合物到偏孔处 1m 以上，待沉积密实后，再重复施钻。

1. 示意图和现场照片

内支撑示意图和现场施工照片分别见图 1-17 和图 1-18。

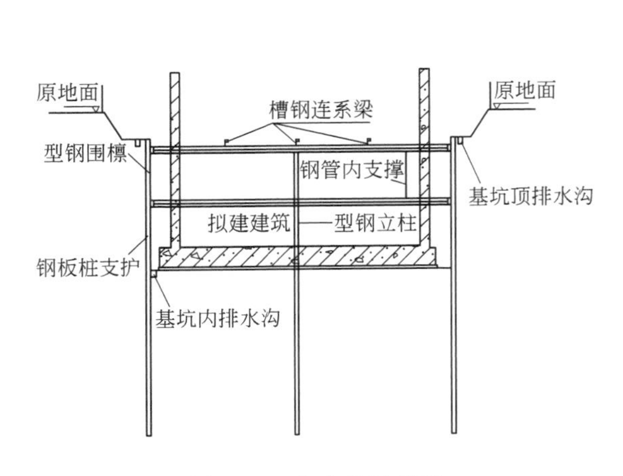

图 1-17　内支撑示意图

图 1-18　内支撑现场施工照片

2. 注意事项

① 支撑安装就位后，不准撞砸焊接接头，不准在刚焊完的钢材上浇水。

② 焊接时不准随意在焊缝外的母材上引弧。

③ 土方开挖应严格遵守“分层开挖”的原则，挖土和吊放施工材料时严禁碰撞钢支撑。

3. 施工做法详解

施工工艺流程：型钢支撑加工→立柱、钢围囹施工→型钢支撑拼装→施加预顶力形成支撑体系→监测→支撑拆除。

（1）型钢支撑加工

① 按设计图纸加工钢支撑。钢支撑连接必须满足等强度连接要求，应有节点构造图，接头宜设在跨度中央1/4～1/3范围内。焊接工艺和焊缝质量应符合国家现行标准《建筑钢结构焊接技术规程》（JGJ 81）的规定。

② 焊接拼装按工艺一次进行，当有隐蔽焊接时，必须先施焊，经检验合格后方可覆盖。

③ 加工好的型钢支撑应在加工场所进行质量验收，并编号码放。

④ 钢支撑长度较长时，可分段加工制作，组装可采用法兰连接。

（2）立柱、钢围囹施工

① 立柱通常由型钢组合而成。立柱施工采用机械钻孔至基底标高，孔内放置型钢立柱，经测量定位、固定后浇筑混凝土，使其底部形成型钢混凝土柱。施工时应保证型钢嵌固深度，确保立柱稳定。立柱施工应严格控制柱顶标高和轴线位置。

② 围囹通常由型钢和钢缀板焊接而成。钢围囹通过牛腿固定到围护结构。牛腿与围护结构通过高强膨胀螺栓或预埋钢件焊接连接与钢围囹焊为一体。

③ 当支护结构为连续墙时可不设钢围囹，型钢直接支撑在连续墙预埋钢板上；当支撑在帽梁上时也可取消钢围囹。

（3）型钢支撑拼装

① 待支护结构立柱、钢围囹施工验收完毕，并且土方开挖至设计支撑拼装高程，开始进行钢支撑拼装，采用吊车分段将钢支撑吊放至设计标高，并按照节点详图进行拼装。

② 将钢支撑一端焊接在钢围囹上，另一端通过活接头顶在钢围囹上。

③ 钢支撑拼装组装时要求两端高程一致，水平方向不扭转，轴心成一直线。

（4）施加预顶力形成支撑体系

① 施加预顶力应根据设计轴力选用液压油泵和千斤顶，油泵与千斤顶需经标定。

② 支撑安装完毕后应及时检查各节点的连接状况，经确认符合要求后方可施加预顶力。

③ 钢支撑施加预顶力时应在支撑两侧同步对称分级加载，每级为设计值的10%，加载时应进行变形观测。如发现实际变形值超过设计变形值时，应立即停止加荷，与设计单位研究处理。

④ 钢支撑预顶锁定后，支撑端头与钢围囹或预埋钢板应焊接固定。

⑤ 为确保钢支撑整体稳定性，各支撑之间通常采用连接杆件连系，系杆可用小断面工字钢或槽钢组合而成，通过钢箍与支撑连接固定。

（5）监测

① 钢支撑水平位移观测：主要适用经纬仪或全站仪，观测点埋设在同一支撑固定端与活端头处。

② 钢支撑挠曲变形检测：包括水平挠曲变形和竖向挠曲变形，测点布设在端部及跨中，跨度较大的支撑杆件应适当增加测点。

③ 立柱竖向变形监测：测点布设在立柱顶部，使用水准仪进行监测。

④ 水平位移、挠曲变形、立柱竖向变形监测在基坑支护过程中应每天测量1次，基坑土方开挖至槽底、基坑变形稳定后，根据实际情况确定观测频率。

⑤ 对各项检测记录应随时进行分析，当变形数值过大或变形速率过快时，应及时采取措施，确保基坑支护安全。

（6）支撑拆除

支撑拆除应按照施工方案规定的顺序进行，拆除顺序应与支撑结构的设计计算工况相一致。

4. 施工总结

① 施工前应熟悉支撑系统的图纸及各种计算工况，掌握开挖及支撑设置的方式、预应力及周围环境保护的要求。

② 施工过程中应严格控制开挖和支撑的程序和时间，对支撑的位置（包括立柱及立柱桩的位置）、每层开挖深度、预加顶力（如需要时）、钢围图与支护体或支撑与围图的密贴度应做周密检查。

③ 型钢支撑安装时必须严格控制平面位置和高程，以确保支撑系统安装符合设计要求。

④ 应严格控制支撑系统的焊接质量，确保杆件连接强度符合设计要求。

⑤ 支护结构出现渗水、流砂或开挖面以下冒水，应及时采取止水堵漏措施，土方开挖应均衡进行，以确保支撑系统稳定。

⑥ 施工中应加强监测，做好信息反馈，出现问题及时处理。全部支撑安装结束后，需维持整个系统的安全可靠，直至支撑全部拆除。

1. 示意图和现场照片

拉锚护坡挡土墙示意图和现场照片分别见图 1-19 和图 1-20。

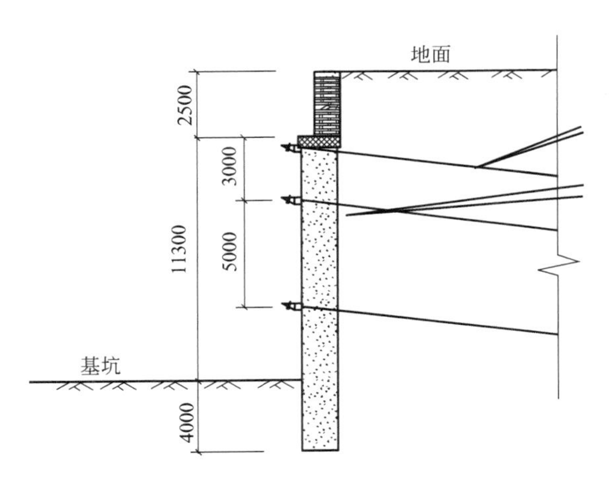

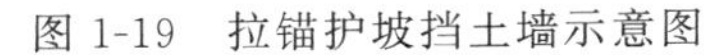

图 1-19　拉锚护坡挡土墙示意图

图 1-20　拉锚护坡挡土墙现场照片

2. 注意事项

① 土方开挖前，应编制详细的土方开挖方案，在取得支护结构设计单位认可后方可实施。

② 应严格遵循先撑后挖的原则。

③ 土方开挖宜分层、分段、对称的进行开挖，使支护结构受力均匀。

④ 挖土期间基槽严禁大量堆载。

3. 施工做法详解

施工工艺流程：施工准备→测量放线→砌筑施工。

此工艺适合深基坑现场场地有一定余量、对施工进度要求较高的情况。上部土钉墙可以提高施工速度，节省造价，同时又可以给外管线施工提供方便。土钉墙高度、锚杆直径、锚固长度、预应力设计值、锁定值、桩径、桩间距等需经设计确定。桩间面层喷射 30～50mm 厚 C20 细石混凝土。支护施工时需避开地下管线等障碍，距基坑上口线 5.0m 范围内严禁堆载重物。

4. 施工总结

① 墙背回填要均匀摊铺平整，并设不小于3%的横坡逐层填筑、逐层夯实，严禁使用膨胀土和高塑性土，每层压实厚度不宜超过 20cm。根据碾压机具和填料性质应进行压实试验，确定填料分层厚度及碾压遍数，以便正确地施工。

② 砌筑挡土墙外露面应留深 10～20mm 勾槽缝，并应按设计要求勾缝。

第四节　土方的填筑与夯实

1. 现场照片

土质检验现场照片见图 1-21。

图 1-21　土质检验现场照片

2. 注意事项

施工工艺流程：施工准备→分层回填与夯实→图纸检验。

① 淤泥和淤泥质土一般不能用作填料，但在软土或沼泽地区，经过处理使含水率符合压实要求后，可用于填方中的次要部位。

② 含水率符合压实要求的黏土性，可用作各层填料。

③ 级配良好的碎石类土、砂土（使用细、粉砂时应取得设计单位的同意）和爆破石渣，以及性能稳定的工业废料，可用作表层以下的填料。

3. 施工做法详解

① 检验回填土的种类、粒径是否符合规定，清楚回填土中草皮、垃圾、有机物等杂物。

② 进行土料土工试验，内容主要包括液限、塑限、塑性指标、强度、含水量等项目，其检验方法、标准符合相应的规定。

③ 回填前对土料进行击实试验，以测定最大干密度、最佳含水量。

④ 当土的含水量过大时，应采取翻松、晒干、风干、换土回填、掺入干土或其他吸水性材料措施；如土料过干，则应预先洒水湿润。

4. 施工总结

① 以砾石、卵石或块石作填料时，分层夯实时其最大粒径不应大于400mm；分层压实时，其最大粒径不应大于200mm。

② 碎块草皮和有机质含量大于8%的土，仅用于无压实要求的填方。

1. 示意图和现场照片

回填土分层摊铺示意图和现场照片分别见图1-22和图1-23。

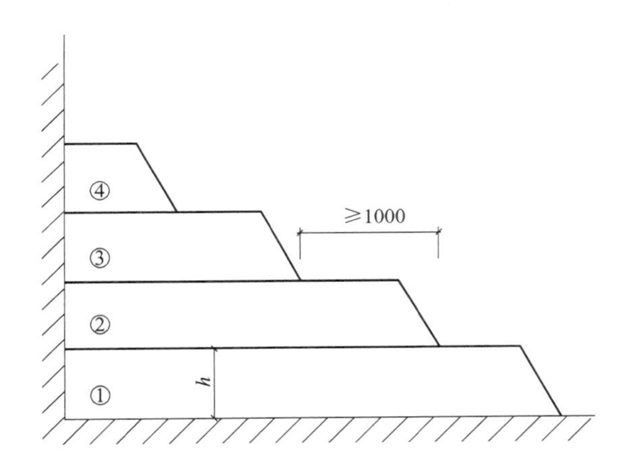

图1-22　回填土分层摊铺示意图

图1-23　回填土分层摊铺现场照片

2. 注意事项

① 回填时，应注意保护定位标准桩、轴线桩、标准高程桩，防止碰撞损坏或下沉。

② 基础或管沟的混凝土，砂浆应达到一定强度，不致因填土受到损坏时，方可进行回填。

③ 基槽（坑）回填应分层对称进行，防止一侧回填造成两侧压力不平衡，使基础变形或倾倒。

④ 夜间作业，应合理安排施工顺序，设置足够照明，严禁汽车直接倒土入槽，防止铺填超厚和挤坏基础。

⑤ 已完填土应将表面压实，做成一定坡向或做好排水设施，防止地面雨水流入基槽（坑）浸泡地基。

3. 施工做法详解

施工工艺流程：土料检验与控制→基底处理→初步整平→分层摊铺→机械碾压。

① 填土前应检验土料质量、含水量是否在控制范围内。土料含水量一般以手握成团、落地开花为适宜。当含水量过大，应采取翻松、晾干、风干、换土回填、掺入干土或其他吸水性材料等措施，防止出现橡皮土。如土料过干（或砂土、碎石类土）时，则应预先洒水湿

润，增加压实遍数或使用较大功率的压实机械等措施。各种压实机具的压实影响深度与土的性质、含水量和压实遍数有关，回填土的最优含水量和最大干密度，应按设计要求经试验确定。其参考数值见表 1-4。

表 1-4　土的最优含水量和最大干密度参考表

土的种类	变动范围	
	最优含水量(重量比)/%	最大干密度/(t/m³)
砂土	8～12	1.80～1.88
黏土	19～23	1.58～1.70
粉质黏土	12～15	1.85～1.95
粉土	16～22	1.61～1.80

注：1. 表中土的最大干密度应以现场实际达到的数字为准。
2. 一般性的回填可不作此项测定。

② 基底处理

a. 场地回填应先清除基底上的垃圾、草皮、树根，排除坑穴中积水、淤泥和杂物，并应采取措施防止地表滞水流入填方区，浸泡地基，造成基土下陷。

b. 当填方基底为耕植土或松土时，应将基底充分夯实或碾压密实。

c. 当填方位于水田、沟渠、池塘或含水量很大的松散地段，应根据具体情况采取排水疏干，或将淤泥全部挖除换土、抛填片石、填砂砾石、翻松、掺石灰等措施进行处理。

d. 当填土场地地面陡于 1/5 时，应先将斜坡挖成阶梯形，阶高 0.2～0.3m、阶宽大于 1m，然后分层填土，以利结合和防止滑动。

③ 回填土应分层摊铺和夯压密实，每层铺土厚度和压实遍数应根据土质、压实系数和机具性能而定。一般铺土厚度应小于压实机械压实的作用深度，应能使土方压实而机械的功耗最少。通常应进行现场夯（压）实试验确定。常用夯（压）实工具机械每层铺土厚度和所需的夯（压）实遍数参考数值见表 1-5。

表 1-5　填方每层铺土厚度和压实遍数

压实机具	每层铺土厚度/mm	每层压实遍数/遍
平碾(8～120t)	200～300	6～8
羊足碾(5～160t)	200～350	6～16
蛙式打夯机(200kg)	200～250	3～4
振动碾(8～15t)	60～130	6～8
振动压路机(2t,振动力 98kN)	120～150	10
推土机	200～300	6～8
拖拉机	200～300	8～16
人工打夯	不大于 200	3～4

④ 填方应在边缘设一定坡度，以保持填方的稳定。填方的边坡坡度根据填方高度、土的种类和其重要性，在设计中加以规定，当无规定时，可按表 1-6 采用。

表 1-6　永久性填方的边坡坡度

土的种类	填方高度/m	边坡坡度
黏土类土、黄土、类黄土	6	1∶1.50
粉质黏土、泥灰岩土	6～7	1∶1.50
中砂和粗砂	10	1∶1.50
黄土或类黄土	6～9	1∶1.50

续表

土的种类	填方高度/m	边坡坡度
砾石和碎石土	10～12	1∶1.50
易风化的岩土	12	1∶1.50

注：1. 当填方的高度超过本表规定的限值时，其边坡可做成折线形，填方下部的边坡应为（1∶1.75）～（1∶2.00）。

2. 凡永久性填方，土的种类未列入本表者，其边坡坡度不得大于45°/2，为土的自然倾斜角。

3. 对使用时间较长的临时性填方（如使用时间超过一年的临时工程的填方）边坡坡度，当填高小于10m时可采用1∶1.50；超过10m可做成折线形，上部采用1∶1.50，下部采用1∶1.75。

⑤ 在地形起伏处填土，应做好接槎，修筑1∶2阶梯形边坡，每台阶高可取500mm，宽为1000mm。分段填筑时，每层接缝处应做成大于1∶1.5的斜坡。接缝部位不得在基础、墙角、柱墩等重要部位。

⑥ 人工回填打夯前应将填土初步整平，打夯要按一定方向进行，一夯压半夯，夯夯相接，行行相连，两遍纵横交叉，分层夯打。夯实基槽及地坪时，行夯路线应由四边开始，然后夯向中间。用蛙式打夯机等小型机具夯实时，打夯之前应对填土初步整平，打夯机依次夯打，均匀分开，不留间歇。基槽（坑）回填应在相对两侧或四周同时进行回填与夯实。回填高差不可相差太多，以免将墙挤歪。较长的管沟墙，应采取内部加支撑的措施。回填管沟时，应用人工先在管道周围填土夯实，并应从管道两边同时进行，待填至管顶0.5m以上，方可采用打夯机夯实。

⑦ 采用推土机填土时，应由下而上分层铺填，不得采用大坡度推土，以推代压，居高临下，不分层次和一次推填的方法。推土机运土回填，可采取分堆集中，一次运送方法，以减少运土漏失量。填土程序宜采用纵向铺填顺序，从挖土区段至填土区段，以40～60m距离为宜，用推土机来回行驶进行碾压，履带应重叠一半。

⑧ 采用铲运机大面积铺填土时，铺填土区段长度不宜小于20m，宽度不宜小于8m。铺土应分层进行，每次铺土厚度不大于300～500mm；每层铺土后，利用空车返回时将地表面刮平，填土程序一次横向或一次纵向分层卸土，以利行驶时初步压实。

⑨ 大面积回填宜用机械碾压，在碾压之前宜先用轻型推土机推平，低速预压4～5遍，使表面平实，避免碾轮下陷；采用振动平碾压实爆破石渣或碎石类土，应先静压，而后振压。

⑩ 碾压机械压实填方时，应控制行驶速度，一般平碾、振动碾不超过2km/h；羊足碾不超过3km/h，并要控制压实遍数。碾压机械与基础或管道应保持一定距离，防止将基础或管道压坏或使其移位。

⑪ 用压路机进行填方压实，应采用“薄填、慢驶、多次”的方法。碾压方向应从两边逐渐压向中间，碾轮每次重叠宽度约150～250mm，边坡、边角边缘压实不到之处，应辅以人力夯或小型夯实机具夯实。碾压墙、柱、基础处填方，压路机与之距离不应小于0.5m。每碾压一层完后，应用人工或机械（推土机）将表面拉毛，以利结合。

⑫ 用羊足碾碾压时，碾压方向应从填土区的两侧逐渐压向中心。每次碾压应有150～200mm的重叠，同时应随时清除粘于羊足之间的土料。为提高上部土层密实度，羊足碾压过后，宜再辅以拖式平碾或压路机压平。

⑬ 用铲运机及运土工具进行压实，其移动均须均匀分布于填筑层的全面，逐次卸土碾压。

⑭ 填土层如有地下水或滞水时，应在四周设置排水沟和集水井，将水位降低。已填好

的土层如遭水浸泡，应把稀泥铲除后，方能进行上层回填；填土区应保持一定横坡，或中间稍高两边稍低，以利排水；当天填土应在当天压实。

⑮ 雨期基槽（坑）或管沟回填，工作面不宜过大，应逐段、逐片地分期完成。从运土、铺填到压实各道工序应连续进行。雨前应压完已填土层，并形成一定坡度，以利排水。施工中应检查、疏通排水设施，防止地面水流入坑（槽）内，造成边坡塌方或使基土遭到破坏。现场道路应根据需要加铺防滑材料，保持运输道路畅通。

⑯ 冬期填方，要清除基底上的冰雪和保温材料，排除积水，挖出冰块和淤泥。对室内基坑（槽）和管沟及室外管沟底至顶 0.5m 范围内的回填土，不得采用冻土块或受冻的黏土作土料。对一般沟槽部位的回填土，冻土块含量不得超过回填总量的 15%，且冻土块的颗粒应小于 150mm，并应均匀分布。填方宜连续进行，逐层压实，以免地基土或已填的土受冻。大面积土方回填时，要组织平行流水作业或采取其他有效的保温防冻措施，平均气温在 −5℃以下时，填方每层铺土厚度应比常温施工时减少 20%～25%，逐层夯压实；冬期填方高度应增加 1.5%～3.0%的预留下陷量。

4. 施工总结

① 土方回填前应清除基底的垃圾、树根等杂物，抽除坑穴积水、淤泥，验收基底标高。

② 在耕植土或松土上填方，应在基底压实后再进行。

③ 对填方土料应按设计要求验收后方可填入。

④ 填方施工过程中应检查排水措施，每层填筑厚度、含水量控制、压实程度。填筑厚度及压实遍数应根据土质、压实系数及所用机具确定。

1. 示意图和现场照片

回填土分层标高控制示意图和现场照片分别见图 1-24 和图 1-25。

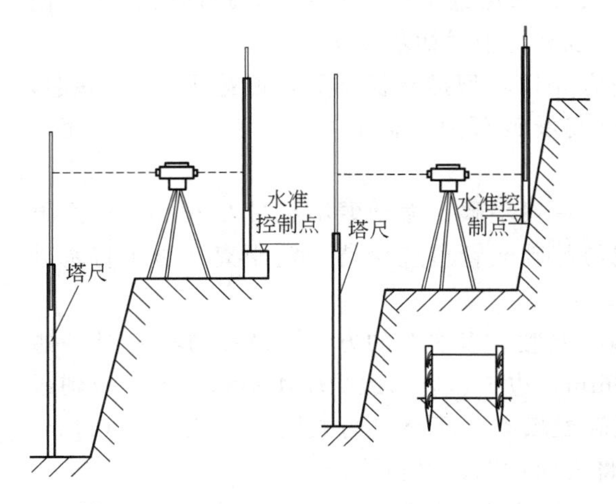

图 1-24 回填土分层标高控制示意图

图 1-25 回填土分层标高控制现场照片

2. 注意事项

① 仪器精度每年都要进行校定，以免因仪器造成误差。

② 注意卫生间等标高变化部位。

③ 长宽较大时，填土应分段进行。每层接缝处应制成斜坡形，上下错缝距离不得超

过 1m。

3. 施工做法详解

施工工艺流程：阅读图纸→校正仪器→测量标高→进行自检。

回填土回填采用水准仪控制回填标高，当回填深度小于塔尺高度时将水准仪放置在坡边，利用坡上水准控制点进行控制。当回填深度大于塔尺高度时将水准仪放置在基坑内，利用护壁上的水准控制点进行控制。

4. 施工总结

① 减少传递，减少误差积累。

② 要细心，要经常复核，以免出错。

1. 示意图和现场照片

夯实示意图和现场照片分别见图 1-26 和图 1-27。

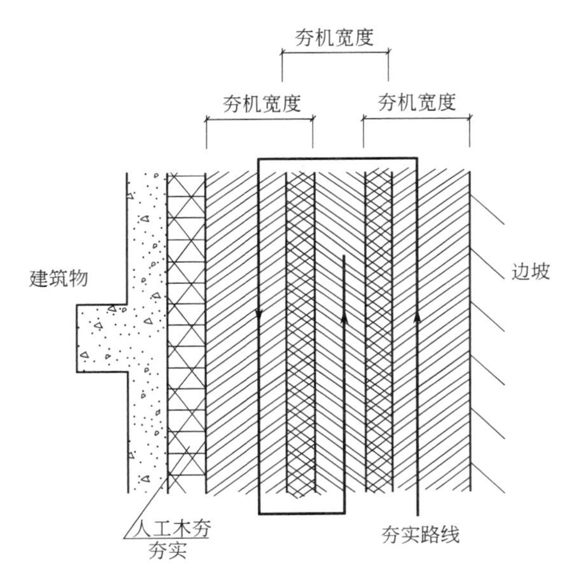

图 1-26　夯实示意图

图 1-27　夯实现场照片

2. 注意事项

① 强夯施工前，应在施工现场有代表性的场地上选取一个或几个试验区，进行试夯或试验性施工。试验区数量应根据建筑场地复杂程度、建筑规模及建筑类型确定。

② 六级以上大风天气，雨、雾、雪、风沙扬尘等能见度低时应暂停施工。

③ 施工时要根据地下水径流排泄方向，应从上水头向下水头方向施工，以利于地下水、土层中水分的排出。

④ 严格遵守强夯施工程序及要求，做到夯锤升降平稳，对准夯坑，避免歪夯，禁止错位夯击施工，发现歪夯时应立即采取措施纠正。

⑤ 夯锤的通气孔在施工时保持畅通，如被堵塞，应立即疏通，以防产生“气垫”效应，影响强夯施工质量。

⑥ 加强对夯锤、脱钩器、吊车臂杆和起重索具的检查。

⑦ 对土质不均匀的场地，只控制夯击次数不能保证加固效果，应同时控制夯沉量。地

下水位高时可采用降水等其他措施。

3. 施工做法详解

施工工艺流程：单点夯试验→施工参数确定→测高程、放点→点夯施工→满夯施工。

（1）单点夯试验

① 在施工场地附近或场地内，选择具有代表性的适当位置进行单点夯试验。试验点数量根据工程需要确定，一般不少于 2 点。

② 根据夯锤直径，用白灰画出试验点中心点位置及夯击圆界限。

③ 在夯击试验点界限外两侧，以试验中心点为原点，对称等间距埋设标高施测基准桩，基准桩埋设在同一直线上，直线通过试验中心点，基准桩间距一般为 1m，基准桩埋设数量视单点夯影响范围而定。

④ 在远离试验点（夯击影响区外）架设水准仪，进行各观测点的水准测量，并做记录。

⑤ 平稳起吊夯锤至设计要求夯击高度，释放夯锤自由平稳落下。

⑥ 用水准仪对基准桩及夯锤顶部进行水准高程测量，并做好试验记录。

⑦ 重复以上两个步骤至试验要求夯击次数。

（2）施工参数确定

① 在完成各单点夯试验施工及检测后，综合分析施工检测数据，确定强夯施工参数，包括：夯击高度、单点夯击次数、点夯施工遍数及满夯夯击能量、夯击次数、夯点搭接范围、满夯遍数等。

② 根据单点夯试验资料及强夯施工参数，对处理场地整体夯沉量进行估算，根据建筑设计基础埋深，计算确定需要回填土数量。

③ 必要时，应通过强夯试验，来确定强夯施工参数。

（3）测高程、放点

对强夯施工场地地面进行高程测量。根据第一遍点夯施工图，以夯击点中心为圆心，以夯锤直径为圆直径，用白灰画圆，分别画出每一个夯点，如图 1-28 所示。

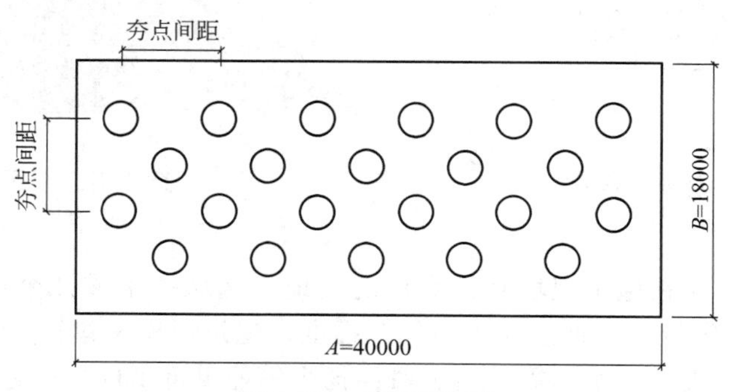

图 1-28　点夯施工图

（4）起重机就位

① 夯击机械就位，提起夯锤离开地面，调整吊机使夯锤中心与夯击点中心一致，固定起吊机械。

② 提起夯锤至要求高度，释放夯锤平稳自由落下进行夯击。

（5）测量夯前锤顶标高

用标尺测量夯锤顶面标高。

（6）点夯施工

① 重复（4）与（5）两步骤，至要求夯击次数。

② 点夯夯击完成后，转移起吊机械与夯锤至下一夯击点，进行强夯施工。

（7）填平夯坑并测量高程

① 第一遍点夯结束后，将夯击坑用回填土或用推土机把整个场地推平。

② 测量推平后的场地标高。

（8）第二遍点夯放点

根据第二遍点夯施工图进行夯点施放。

（9）第二遍点夯施工

① 进行第二遍点夯施工。

② 按设计要求可进行三遍以上的点夯施工。

（10）满夯施工

① 点夯施工全部结束，平整场地并测量场地水准高程后，可进行满夯施工。

② 满夯施工应根据满夯施工图进行并遵循由点到线，由线到面的原则。

③ 按设计要求的夯击能量，夯击次数、遍数及夯坑搭接方式进行满夯施工。

（11）施工间隔时间控制

不同遍数施工之间需要控制的施工间隔时间应根据地质条件、地下水条件、气候条件等因素由设计人员提出，一般宜为3～7d。

4. 施工总结

① 不同遍数施工之间需要控制的施工间隔时间应根据地质条件、地下水条件、气候条件等因素由设计人员提出，一般为3～7d。

② 强夯应参考场区岩土工程勘察报告、强夯施工文字和强夯施工记录。

③ 强夯的检测时间应根据工程规模和检测工程量由设计确定。一般对于碎石土和砂土地基，可取7～14d；粉土和黏性土地基可取14～28d。

第五节　基坑地下水位控制

1. 示意图和现场照片

降水井及观察井示意图和降水井现场照片分别见图1-29和图1-30。

2. 注意事项

① 井点管口应有保护措施，可在井口周边砌筑保护台，防止杂物掉入井管内。

② 为防止滤网损坏，在井管放入前，应认真检查，以保证滤网完好。

③ 降水时应采取措施，防止或减少降水对周围环境的影响。

④ 检查抽水设备时，除采用仪器仪表量测外，也可采用摸、听等方法并结合经验对井点出水情况逐个进行判断。

⑤ 当发现井点管不出水时，应判别井点管是否淤塞。发现井点失效，严重影响降水效果时，应及时拔管进行处理。

3. 施工做法详解

施工工艺流程：测设井位、铺设总管→钻机就位→钻（冲）井孔→沉设井点管→投放滤料→洗井→井点拆除。

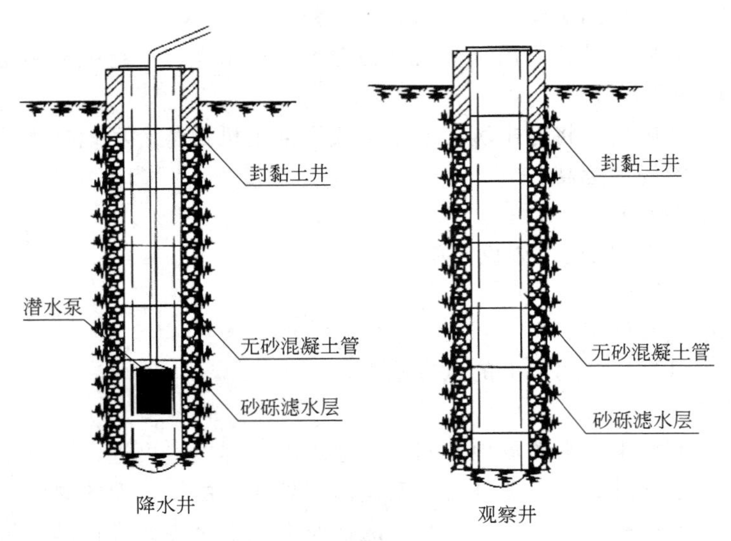

图 1-29 降水井及观察井示意图

图 1-30 降水井现场照片

(1) 测设井位、铺设总管

① 根据设计要求测设井位、铺设总管。为增加降深，集水总管平台应尽量放低，当低于地面时，应挖沟使集水总管平台标高符合要求，平台宽度为 1.0～1.5m。当地下水位降深小于6m 时，宜用单级真空井点；当井深 6～12m 且场地条件允许时，宜用多级井点，井点平台的级差宜为 4～5m。

② 开挖排水沟。

③ 根据实地测放的孔位排放集水总管，集水总管应远离基坑一侧。

④ 布置观测孔。观测孔应布置在基坑中部、边角部位和地下水的来水方向。

(2) 钻机就位

① 当采用长螺旋钻机成孔时，钻机应安装在测设的孔位上，使其钻杆轴线垂直对准钻孔中心位置，孔位误差不得大于 150mm。使用双侧吊线坠的方法校正调整钻杆垂直度，钻杆倾斜度不得大于 1%。

② 当采用水冲法成孔时，起重机安装在测设的孔位上，用高压胶管连接冲管与高压水泵，起吊冲管对准钻孔中心，冲管倾斜角度不得大于 1%。

(3) 钻（冲）井孔

① 对于不易产生塌孔缩孔的地层，可采用长螺旋钻机施工成孔，孔径为 300～400mm，孔深比井深大 0.5m。塌土冲孔需加套管。

② 对易产生塌孔缩孔的松软地层采用水冲法成孔时，使用起重设备将冲管起吊插入井点位置，开动高压水泵边冲边沉，同时将冲管上下左右摆动，以加剧土体松动。冲水压力根据土层的坚实程度确定：砂土层采用 0.5～1.25MPa；黏性土采用 0.25～1.50MPa。冲孔深度应低于井点管底 0.5m。冲孔达到预定深度后应立即降低水压，迅速拔出冲管，下入井点

管，投放滤料，以防止孔壁坍塌。

(4) 沉设井点管

沉设井点管应缓慢，保持井点管位于井孔正中位置，禁止剐蹭井壁和插入井底，发现有上述现象发生，应提出井点管对过滤器进行检查，合格后重新沉设。井点管应高于地面300mm，管口应临时封闭以免杂物进入。

(5) 投放滤料

① 滤料应从井管四周均匀投放，保持井点管居中，并随时探测滤料深度，以免堵塞架空。滤料顶面距离地面应为2m左右。

② 向井点内投入的滤料数量，应大于计算值的5%～15%，滤料填好后再用黏土封口。

(6) 洗井

① 投放滤料后应及时洗井，以免泥浆与滤料产生胶结，增大洗井难度。洗井可用清水循环法和空压机法。应注意采取措施防止洗出的浑水回流入孔内。洗井后如果滤料下沉应补投滤料。

② 清水循环法：可用集水总管连接供水水源和井点管，将清水通过井点管循环洗井，浑水从管外返出，水清后停止，立即用黏性土将管外环状间隙进行封闭以免塌孔。

③ 空压机法：采用直径20～25mm的风管将压缩空气送入井点管底部过滤器位置，利用气体反循环的原理将滤料空隙中的泥浆洗出。宜采用洗、停间隔进行的方法洗井。

(7) 黏性土封填孔口

洗井后应用黏性土将孔口填实封平，防止漏气和漏水。

(8) 连接、固定集水总管

井点管施工完成后应使用高压软管与集水总管连接，接口必须密封。各集水总管之间宜设置阀门，以便对井点管进行维修。各集水总管宜稍向管道水流下游方向倾斜，然后将集水总管进行固定。为减少压力损失，集水总管的标高应尽量降低。

(9) 安装抽水机组

抽水机组应稳固地设置在平整、坚实、无积水的地基上，水箱吸水口与集水总管处于同一高程。机组宜设置在集水总管中部，各接口必须密封。

(10) 安装排水管

排水管径应根据排水量确定，并连接严密。

(11) 抽水

轻型井点管网安装完毕后，进行试抽。当抽水设备运转一切正常后，整个抽水管路无漏气现象，可以投入正式抽水作业。开机一周后，将形成地下降水漏斗，并趋向稳定，土方工程一般可在降水10d后开挖。

(12) 井点拆除

地下建、构筑物竣工并进行回填土后，方可拆除井点系统，井点管拆除一般多借助于倒链、起重机等，所留孔洞用土或砂填塞，对地基有防渗要求时，地面以下2m应用黏土填实。

4. 施工总结

① 降水期间应对抽水设备的运行状况进行维护检查，每天不应少于3次并做好记录。发现有地下水管线漏水、地表水入渗时，应及时采取断水、堵漏、隔水等措施进行治理。

② 井点系统应以单根集水总管为单位，围绕基坑布置。当井点环宽度超过40m时，可征得设计同意，在中部设置临时井点系统进行辅助降水。当井点环不能封闭时，应在开口部

位向基坑外侧延长 1/2 井点环宽度作为保护段，以确保降水效果。

③ 在抽水工程中，应经常检查和调节离心泵的出水阀门以控制流水量，当地下水位降到所要求的水位后，减少出水阀门的出水量，尽量使抽吸与排水保持均匀，达到细水长流。

④ 在抽水过程中，特别是开始抽水时，应检查有无井点淤塞的死井，如死井数量超过10%，则严重影响降水效果，应及时采取措施，采用高压水反复冲洗处理。

⑤ 井点位置应距坑边 2～2.5m，以防止井点设置影响边坑土坡的稳定性。

⑥ 井点抽水时应保持要求的真空度，除降水系统做好密封外，还应采取保护坡面的措施，以避免随着开挖的进行使坡面因暴露造成漏气。

1. 示意图和现场照片

局部降水示意图和现场照片分别见图 1-31 和图 1-32。

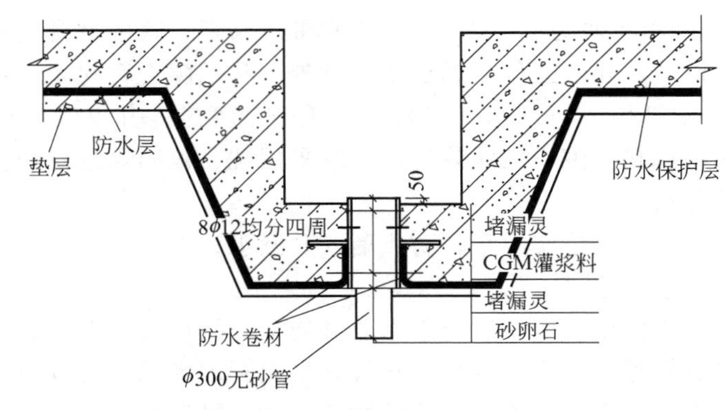

图 1-31 局部降水示意图

图 1-32 局部降水现场照片

2. 注意事项

① 为防止滤网破坏，在井管放入前，应认真检查，以保证滤网完好。

② 经施工完毕后，应在井口设置护栏，高度不低于 1.2m，并加装井盖，防止杂物掉进井内。

③ 雨季施工，井口周边地面硬化，并做排水沟。

④ 冬期施工，井点联结总管上要覆盖保温材料，或回填 30cm 厚以上干松土，以防冻坏管道。

3. 施工做法详解

施工工艺流程：放线定井位→钻机就位→成孔→下放井管→填滤料→封井→洗井。

（1）放线定井位

采用经纬仪及钢尺等进行定位放线。挖泥浆池、泥浆沟：泥浆池的位置可根据现场实际情况进行确定，但必须保证其离基坑开挖上口线的安全距离，确保其对后期基坑边坡的开挖及支护不会带来不良影响。

（2）钻机就位

采用反循环钻机进行施工，钻机中心位置尽量与所放的井位中心线相吻合，偏差不得超过50mm；先对钻机进行垂直度校验，确保钻杆的垂直度符合要求，垂直偏差不得超过5%。多台钻机同时施工时，钻机之间要有安全距离，进行跳打。

（3）成孔

以上各项准备就绪且均满足规定的要求后，即可进行井孔钻进施工，为保证洗完井后，井深满足设计的要求，可以根据情况适当加深。

（4）下放井管

井管为ϕ400无砂砾石滤水管，底部2m作为沉淀用。在混凝土预制托底上放置井管，四周拴10号钢丝，缓缓下放，当管口与井口相差200mm时，接上节井管，接头处用玻璃丝布密封，以免挤入混砂淤塞井管，竖向用4条30mm宽竹条固定井管。为防止上下节错位，在下管前将井管立直。吊放井管要垂直，并保持在井孔中心。为防止雨水泥砂或异物流入井中，井管要高出地面500mm，井口加盖。

（5）填滤料

井管下入后立即填入滤料。滤料采用水洗砂料，粒径为2～6mm，含泥量＜5%，滤料沿井孔四周均匀填入，宜保持连续，将泥浆挤出井孔。填滤料时，应随填随测滤料填入高度，当填入量与理论计算量不一致时，及时查找原因，不得用装载机直接填料，应用铁锹或小车下料，以防不均匀或冲击井壁。

（6）井管四周用黏土封井

在离打井地面约1.0m范围内，采用黏土或杂填土填充密实。

（7）洗井

① 在以上各项均完成后，必须及时进行洗井工作，防止井孔淤死，且在正反循环成孔中有少量泥皮影响降水井抽降效果的发挥，也要通过洗井将泥皮洗出。

② 洗井采用空压气举法，成孔时尽量采用清水护壁，采用大功率的空压机洗井并下入优质的滤管滤料，这样才能保证最良好的透水性。洗井时要将井底泥砂吹净洗透，直至洗出清水。

③ 水泵安装、排水。清孔完毕后，根据降水设计计算中的降水井出水量情况，及井深选用3～5t/h的潜水泵抽水，同时还可根据现场地下水的出水量调整水泵的容量。用钢丝绳吊放至距井底2.0m处，铺设电缆和电闸箱，安装漏电保护系统。

④ 在完成其使用目的并拆除井泵后，按设计要求和施工方案进行处理，近地面部分按原貌予以修复。

4. 施工总结

① 井点使用时，基坑周围井点应对称、同时抽水，使水位差控制在要求的限度内。

② 潜水泵在运行时应经常观测水位变化情况，检查电缆线是否和井壁相碰，以防磨损后水沿电缆芯渗入电动机内。同时，还必须定期检查密封的可靠性，以保证正常运转。

③ 采用沉井成孔法，在下沉过程中，应控制井位和井深垂直度偏差在允许范围内，使井管竖直准确就位。

④ 降水时应采取措施，防止或减少降水对周围环境的影响。

1. 示意图和现场照片

明沟排水与盲沟排水示意图和盲沟排水现场照片分别见图 1-33 和图 1-34。

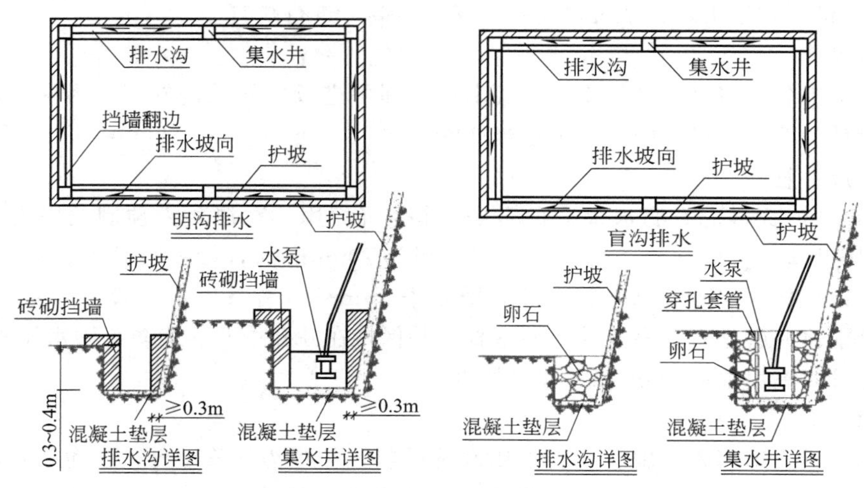

图 1-33 明沟排水与盲沟排水示意图

图 1-34 盲沟排水现场照片

2. 注意事项

① 雨水倒灌：雨季施工时，应注意在基坑（槽）周围设置挡水设施，以防雨水灌入基坑（槽）而引起边坡坍塌。

② 水流不畅：冬季施工时，在排水管上部覆盖保温材料或覆盖 30～50cm 的松干土，以防温度过低而引起水流不畅。

3. 施工做法详解

施工工艺流程：测量放线→排水沟开挖→细节施工→进行排水。

（1）排水沟的布置

排水沟布置在基坑两侧或四周，集水坑在基坑四角每隔 30～40m 设置，坡度宜为 1‰～2‰。排水沟宜布在拟建建筑基础边 0.4m 以外，集水坑地面应比沟底低 0.5m。水泵型号依据水量计算确定。明沟排水应注意保持排水通道畅通。视水量大小可以选择连续抽水或间断抽水。肥槽宽阔时宜采用明沟，狭隘时宜采用盲沟。

（2）普通明沟排水法

① 在基坑（槽）的周围一侧或两侧设置排水边沟，每隔 20～30m 设置一集水井，使地下水汇集于井内。

② 集水井的截面为 600mm×600mm～800mm×800mm，井底保持低于沟底 0.4～0.1m，井壁用竹筏、模板加固。

③ 若一侧设排水沟，应设在地下水的上游。

④ 一般小面积的基坑（槽）排水沟深 0.3～0.6m，底宽等于或大于 0.4m，水沟的边坡

为（1∶1.1）～（1∶1.5），沟底设有0.1%～0.2%的纵坡，使水流不至于堵塞。

（3）分层明沟排水法

① 基坑深度较大，地下水位较高以及多层土中上部有透水性较强的土时采用。

② 在基坑（槽）边坡上设置2～3层明沟及相应集水井，分层阻截上部土体中的地下水。

（4）深沟降水法

① 降水深度大的大面积地下室、箱形基础及基础群施工降低地下水位时采用。

② 在建筑物内或附近适当位置于地下水上游开挖。纵长深沟作为主沟，自流或用泵将地下水排走。

③ 在建筑物、构筑物四周或内部设支沟与主沟沟通，将水流引至主沟排出。

④ 主沟的沟底应较最深基坑低1～2m。

⑤ 支沟比主沟浅500～800mm，通过基础部位填碎石及砂作盲沟，在基础回填前分段夯填黏土截断。

4. 施工总结

① 应注意防止上层排水沟下水流向下层排水沟，冲坏边坡造成塌方。

② 抽水应连续进行，直到基础回填土后方可停止。

第二章　地基与基础工程

第一节　地基处理施工

1. 示意图和现场照片

人工打钎示意图和现场照片分别见图 2-1 和图 2-2。

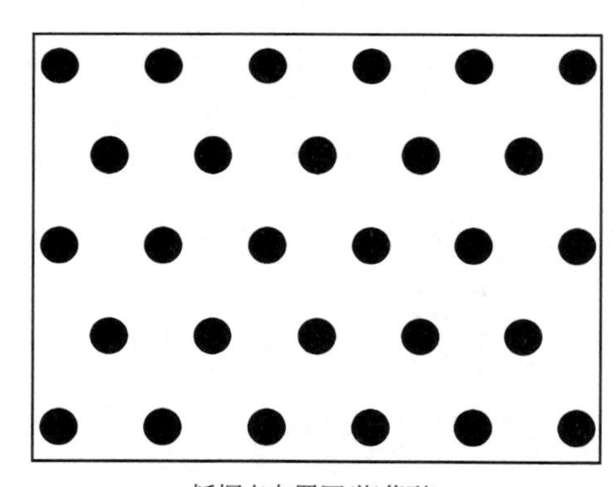

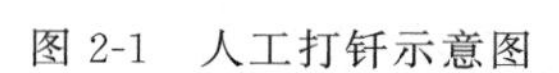

图 2-1　人工打钎示意图

图 2-2　人工打钎现场照片

2. 注意事项

① 钎探完成后，应做好标记，保护好钎孔，未经质量检查人员和有关人员检验不得堵塞或灌砂。

② 钎探记录和平面布置图的探孔位置不得填错。

3. 施工做法详解

施工工艺流程：按布置图放线→就位打钎→记录锤击数→拔钎→移位→灌砂→整理记录数据。

（1）按钎探孔位置平面布置图放线

孔位钉上小木桩或洒上白灰点，并标注钎孔控制点序号。

（2）就位打钎

① 人工打钎：将钎尖对准孔位，一人扶正钢钎，一人站在操作凳子上，用大锤打钢钎的顶端；锤举高度一般为50～70cm，将钎垂直打入土层中。

② 机械打钎：将触探杆尖对准孔位，再把穿心锤套在钎杆上，扶正钎杆，拉起穿心锤，使其自由下落，落距为50cm，把触探杆垂直打入土层中。

（3）记录锤击数

钎杆每打入土层30cm时，记录一次锤击数。

（4）拔钎

用麻绳或铅丝将钎杆绑好，留出活套，套内插入撬棍或铁管，利用杠杆原理，将钎拔出。每拔出一段将绳套往下移一段，以此类推，直至完全拔出为止。

（5）移位

将钎杆或触探器搬到下一孔位，以便继续打钎。

（6）灌砂

打完的钎孔，经过质量检查人员和有关工长检查孔深与记录无误，报监理验收合适后，即可进行灌砂。灌砂时，每填入30cm左右可用木棍或钢筋棒捣实一次。灌砂有两种形式：一种是每孔打完或几孔打完后及时灌砂；另一种是每天打完后，统一灌砂一次。

（7）整理记录数据

按钎孔顺序编号，将锤击数填入统一表格内。字迹要清楚，再经过打钎人员、施工员和技术负责人签字后，经监理、勘察、设计人员验槽合格后归档。

4. 施工总结

① 因特殊原因，不能按原定探点钎探时，应请示有关工长或技术负责人，取消钎孔或移位打钎，并应在记录中写明原因和变更后的实际情况。

② 将钎孔平面布置图上的钎孔与记录表上的钎孔先行对照，有无错误。发现错误及时修改或补打。

③ 打钎时应按照钎点顺序进行钎探或几列平行向一个方向施工，严禁从一点向四周扩散形打钎，这样不利于钎探记录的整理，而且极易发生漏打。

④ 在记录表上用色铅笔或符号将不同的钎孔（锤击数的大小）分开。

⑤ 在钎孔平面布置图上，注明过硬或过软的孔号位置，把枯井或坟墓等尺寸画上，以便监理、设计勘察人员或有关部门验槽时分析处理。

1. 示意图和现场照片

灰土地基施工示意图和现场照片分别见图2-3和图2-4。

2. 注意事项

① 灰土应当日铺填夯实，铺填的灰土不得隔日夯打，灰土地基打完后，应及时进行基础的施工，否则应临时遮盖，防止日晒雨淋。夯实后的灰土3d不得受水浸泡。

② 灰土铺夯完毕后，严禁小车及人在垫层上面行走，必要时应在上面铺板行走。

3. 施工做法详解

施工工艺流程：检验土料并过筛→灰土拌和→槽底清理→分层铺灰土→夯打密实→找平和验收。

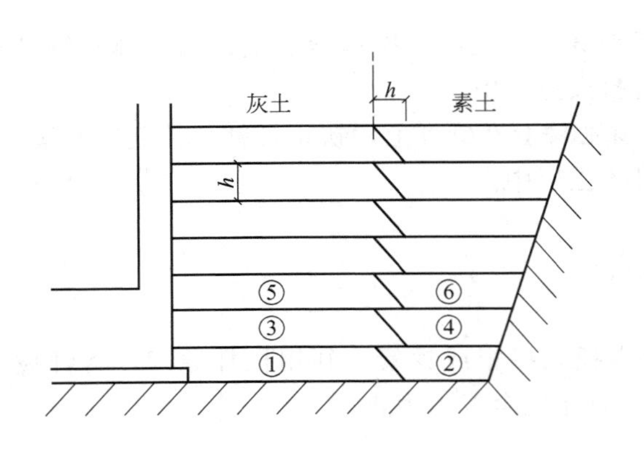

图 2-3 灰土地基施工示意图

图 2-4 灰土地基施工现场照片

（1）检验土料和石灰粉的质量并过筛

检查土料和石灰粉的材料质量是否符合标准的要求，然后分别过筛。需控制消石灰粒径应≤5mm，土颗粒粒径应≤15mm。

（2）灰土拌和

① 灰土的配合比应按设计要求，常用配比为 3∶7 或 2∶8（消石灰∶黏性土体积比）。灰土必须过斗，严格控制配合比。拌和时必须均匀一致，至少翻拌 3 次，拌和好的灰土颜色应一致，且应随用随拌。

② 灰土施工时，应适当控制含水量。工地检验方法是：用手将灰土紧握成团，两指轻捏即碎为宜。如土料水分过大或不足时，应翻松晾晒或洒水润湿，其含水量控制在±2%范围内。

（3）槽底清理

基坑（槽）底基土表面应将虚土、杂物清理干净，并打两遍底夯，局部有软弱土层或孔洞时应及时挖除，然后用灰土分层回填夯实。

（4）分层铺灰土

① 各层虚铺都用木耙找平，参照高程标识用尺或标准杆对应检查。

② 每层的灰土铺摊厚度，可根据不同的施工方法，按表 2-1 选用。

表 2-1 灰土最大虚铺厚度

夯具的种类	质量/kg	虚铺厚度/mm	夯实厚度/mm	备 注
人力夯	40～80	200～250	120～150	人力打夯，落高 400～500mm
轻型夯实工具	120～400	200～250	120～150	蛙式打夯机、柴油打夯机
压路机	机重 6～10t	200～300		双轮

（5）夯打密实

① 夯压的遍数应根据现场试验确定，一般不少于 4 遍。若采用人力夯或轻型夯实工具应一夯压半夯，夯夯相连，行行相接，纵横交叉。若采用机械碾压，应控制机械碾压速度。对于机械碾压不能到位的边角部位须补以人工夯实。每层夯压后都应按规定用环刀取样送检，分层取样试验，符合要求后方可进行上层施工。

② 留、接槎规定：灰土分段施工时，不得在墙角、柱基及承重窗间墙下接槎，上下两层灰土的接槎距离不得小于 500mm。铺灰时应从留槎处多铺 500mm，夯实时夯过接槎缝 300mm 以上，接槎时用铁锹在留槎处垂直切齐。当灰土基础标高不同时，应做成阶梯形。

阶梯按照长：高＝2：1 的比例设置。

（6）找平和验收

灰土最上一层完成后，应拉线或用靠尺检查标高和平整度。高的地方用铁锹铲平，低的地方补打灰土，然后请质量检查人员验收。

4. 施工总结

① 施工时，应注意妥善保护定位桩、轴线桩，标高桩，防止碰撞位移。

② 夜间施工时，应合理安排施工顺序，配备有足够的照明设施。

③ 应按要求测定干土质量密度。灰土施工时，每层都应测定夯实后的干土质量密度，检验其密实度，符合要求后才能铺摊上层的灰土。密实度未达到设计要求的部位，均应处理并进行复验。

④ 应将生石灰块熟化并认真过筛，以免因颗粒过大遇水熟化体积膨胀，将上部结构或垫层拱裂。

⑤ 灰土施工中，夯实应均匀，表面应平整，以免因地面混凝土垫层过厚或过薄，造成地面开裂或空鼓。管道下部应注意夯实，不得漏夯，以免造成管道下部空虚使管道弯折。

⑥ 雨、冬期不宜做灰土工程，否则严格执行施工方案中的技术措施，避免造成灰土水泡、冻胀等返工事故。

⑦ 对大面积施工，应考虑夯压顺序的影响，一般宜采用先外后内，先周边后中部的夯压顺序，并宜优先选用机械碾压。

⑧ 石灰熟化、灰土拌和及铺设时应有必要的防尘措施，控制粉尘污染。

1. 示意图和现场照片

砂和砂石地基示意图和现场照片分别见图 2-5 和图 2-6。

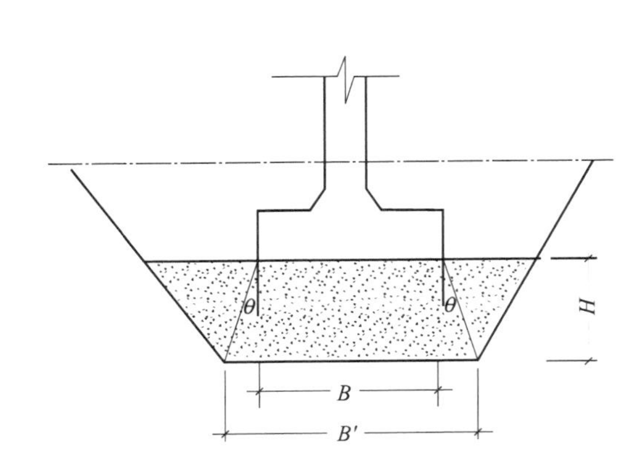

图 2-5　砂和砂石地基示意图

图 2-6　砂和砂石地基现场照片

2. 注意事项

① 地基范围内不应留有孔洞。完工后如无技术措施，不得在影响其稳定的区域内进行挖掘工程。

② 级配砂石成活后，如不连续施工，应适当洒水润湿。

③ 砂石铺夯完毕后，严禁小车及人在垫层上面行走，必要时应在上面铺板行走。

3. 施工做法详解

施工工艺流程：处理地基表面→级配砂石→分层铺筑砂石→洒水→夯实或碾压→找平和验收。

（1）处理地基表面

① 将地基表面的浮土和杂质清除干净，平整地基，并妥善保护基坑边坡，防止坍土混入砂石垫层中。

② 基坑（槽）附近如有低于基底标高的孔洞、沟、井、墓穴等，应在未填砂石前按设计要求先行处理。对旧河暗沟应妥善处理，旧池塘回填前应将池底浮泥清除。

（2）级配砂石

用人工级配砂石，应将砂石拌和均匀，达到设计要求，并控制材料含水量，见表2-2。

（3）分层铺筑砂石

① 砂和砂石地基应分层铺设，分层夯压密实。

② 铺筑砂石的每层厚度，一般为150～250mm，不宜超过300mm，分层厚度可用样桩控制。如坑底土质较软弱时，第一分层砂石虚铺厚度可酌情增加，增加厚度不计入垫层设计厚度内。如基底土结构性很强时，在垫层最下层宜先铺设150～200mm厚松砂，用木夯仔细夯实。

③ 砂和砂石地基底面宜铺设在同一标高上，如深度不同时，搭接处基土面应挖成踏步或斜坡形，施工应按先深后浅的顺序进行。搭接处应注意压实。

④ 分段施工时，接槎处应做成斜坡，每层接槎处的水平距离应错开0.5～1.0m，应充分压实，并酌情增加质量检查点。

⑤ 铺筑的砂石应级配均匀，最大石子粒径不得大于铺筑厚度的2/3，且不宜大于50mm，如发现砂窝或石子成堆现象，应将该处砂子或石子挖出，分别填入级配好的砂石。

（4）洒水

铺筑级配砂石在夯实碾压前，应根据其干湿程度和气候条件，适当地洒水以保持砂石的最佳含水量，一般为8%～12%。

（5）夯实或碾压

视不同条件，可选用夯实或压实的方法。大面积的砂石垫层，宜采用6～10t的压路机碾压，边角不到位处可用人力夯或蛙式打夯机夯实。夯实或碾压的遍数根据要求的密实度由现场试验确定。用木夯（落距应保持为400～500mm）、蛙式打夯机时，要一夯压半夯，行行相接，全面夯实，一般不少于3遍。采用压路机往复碾压，一般碾压不少于4遍，其轮距搭接不小于500mm。边缘和转角处应用人工或蛙式打夯机补夯密实，具体见表2-2。

表2-2　夯压施工方法

压实方法	虚铺厚度/mm	含水量/%	施工说明
夯实法	200～250	8～12	用蛙式打夯机夯实至要求的密实度，一夯压半夯，全面夯实
碾压法	200～300	8～12	用6～10t的平碾往复碾压密实，平碾行驶速度可控制在24km/h，碾压次数以达到要求的密实度为准，一般不少于4遍

（6）找平和验收

① 施工时应分层找平，夯压密实，压实后的干密度按灌砂法测定，也可参照灌砂法用

标准砂体积置换法测定。检查结果应满足设计要求的控制值。下层密实度经检验合格后方可进行上层施工。

② 最后一层夯压密实后，表面应拉线找平，并符合设计规定的标高。

4. 施工总结

① 回填砂石时，应注意保护好现场轴线桩、标高桩，并应经常复测。

② 夯压时，应注意不要破坏基坑和侧面土的强度，保证边坡稳定，防止边坡坍塌。

③ 施工中必须保证边坡稳定，防止边坡坍塌。

④ 夜间施工时，配备足够的照明设施；防止级配砂石粒径过大或铺筑超厚。

⑤ 应合理安排施工顺序，避免出现以下情况。

a. 大面积下沉：主要是未按质量要求施工，分层过厚、碾压遍数不够、洒水不足等。

b. 局部下沉：边缘和转角处夯打不实，留、接槎未按规定搭接和夯实。

c. 级配不良：应配专人及时处理砂窝、石堆等问题，做到砂石级配良好。

⑥ 在地下水位以下的砂石地基，其最下层的铺筑厚度可适当增加 50mm。

⑦ 密实度不符合要求：坚持分层检查砂石地基的质量，每层的纯砂检查点的干砂质量密度必须符合规定，否则不能进行上一层的砂石施工。

⑧ 石垫层厚度不宜小于 100mm，不得使用冻结的天然砂石。

1. 示意图和现场照片

粉煤灰地基示意图和现场照片分别见图 2-7 和图 2-8。

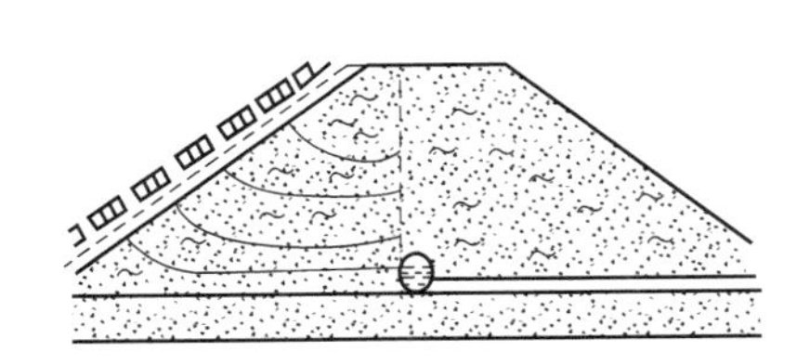

图 2-7　粉煤灰地基示意图

图 2-8　粉煤灰地基现场照片

2. 注意事项

粉煤灰垫层在地下水位施工时需先采取排水降水措施，不能在饱和状态或浸水状态下施工，更不能用水沉法施工。

3. 施工做法详解

施工工艺流程：粉煤灰含水量的设置→垫层铺设→进行施工。

（1）粉煤灰含水量的设置

粉煤灰铺设含水率应控制在最优含水量范围内；如含水量过大时，需摊铺晒干再碾压。粉煤灰铺设后，应于当天压完；如压实时含水量过小呈现松散状态，则应洒水湿润再压实，洒水的水质不得含有油质，pH 值应为 6～9。

（2）垫层铺设

垫层应分层铺设与碾压，用机械夯铺设厚度为200～300mm。

4. 施工总结

在软弱地基上填筑粉煤灰垫层时，应先铺设200mm的中、粗砂或高炉干渣，以免下卧软土层表面受到扰动，同时有利于下卧软土层的排水固结，并切断毛细水的上升。

1. 示意图和现场照片

测高程、放点示意图和现场照片分别见图2-9和图2-10。

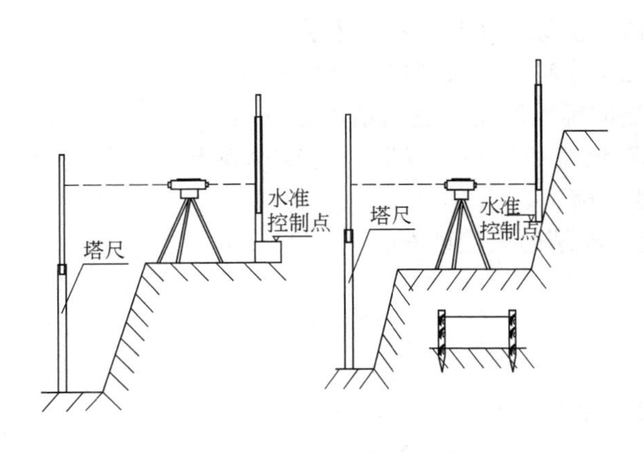

图2-9　测高程、放点示意图

图2-10　测高程、放点施工现场照片

2. 注意事项

① 在水准点上立尺时，不要放尺垫，直接将水准尺立在水准点标志上。

② 为了读取精确的标尺读书，水准尺应垂直，不得前后、左右倾斜，为了保证水准标尺垂直，必要时水准标尺应设置圆水准器。

③ 在观测中，记录应复诵，以免听错、记错。在确认观测数据无误，又符合要求后，后视尺才准许提起尺垫迁移。否则后视尺不能移动尺垫。

④ 前、后视距应大致相符，以消除或减弱仪器水准管轴与视准轴不完全平行而产生的角度误差。

3. 施工做法详解

施工工艺流程：详读图纸→校正、检查仪器→进行实测。

① 在完成各单点夯试验施工及检测后，综合分析施工检测数据，确定强夯施工参数，包括：夯击高度、单点夯击次数、点夯施工遍数及满夯夯击能量、夯击次数、夯点搭接范围、满夯遍数等。

② 根据单点夯试验资料及强夯施工参数，对处理场地整体夯量进行估算。根据建筑设计基础埋深，计算确定需要回填土数量。

4. 施工总结

对强夯施工场地地面进行高程测量。根据第一遍点夯施工图，以夯击点中心为圆心，以夯锤直径为圆直径，用白灰画圆，分别画出每一个夯点。

第二节　桩基础工程

1. 示意图和现场照片

静压力桩的压桩顺序示意图和静压力桩的现场照片分别见图 2-11 和图 2-12。

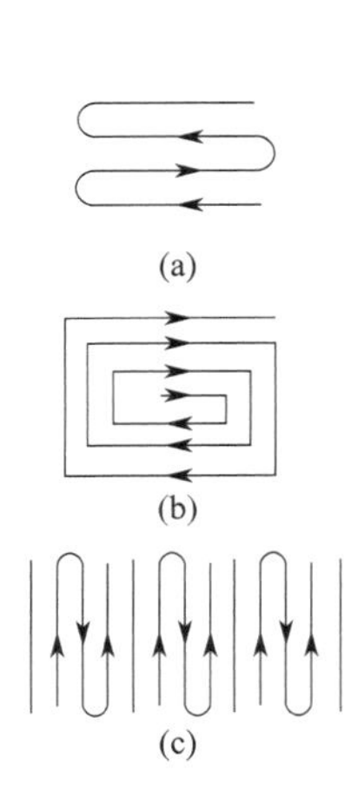

图 2-11　静压力桩的压桩顺序

图 2-12　静压力桩的现场照片

2. 注意事项

① 电焊结束后停歇时间：用秒表测定，每个焊接接头电焊结束后停歇时间应大于 1.0min，然后再进行压桩。

② 法兰连接桩上下节桩之间应用石棉或纸衬垫，拧紧螺帽，经过压装机施加压力时再拧紧一次并焊死螺母。

3. 施工做法详解

施工工艺流程：检查设备及电源→按顺序进行压桩→进行自检。

(1) 检查设备及电源

检查有关动力设备及电源等，防止压桩中途间断施工，确认无误后，即可正式压桩。压桩是通过主机的压桩油缸伸程之力将桩压入土中，压桩油缸的最大行程视不同的压装机而有所不同，一般为 1.5～2.0m。所以每一次下压，桩的入土深度为 1.5～2.0m，然后松夹→上升→再夹→再压，如此反复，直至将一节桩压入土中。当一节桩压至离地面 0.8～1m 时，可进行接桩或放入送桩器将桩压至设计标高。

压桩过程中，桩帽、桩身和送桩的中心线应重合，应经常观察压力表，控制压桩阻力，调节桩机静力同步平衡，勿使其偏心。

检查压梁导轮和导笼的接触是否正常，防止卡住，并详细做好静压力桩工艺施工记录。桩在沉入时的侧面设置标尺，根据静压桩机每一次的行程，记录压力变化情况。

当压桩到设计标高时，读取并记录最终压桩力，与设计要求压桩力相比，允许偏差控制在±5%以内，如在－5%以上时，应向设计单位提出，确定处置是否。压桩时压力不得超过桩身强度。

压同一根桩，各工序应连续施工，并做好压桩施工记录。

(2) 按顺序进行压桩

压桩顺序：应根据地形、土质和桩布置的密度决定。通常定压桩顺序的基本原则如下。

根据桩的密集程度及周围建（构）筑物的情况，按水流法分区考虑打桩顺序。

① 桩较密集，且距周围建（构）筑物较远、施工场地较开阔时，宜从中间向四周进行。

② 桩较密集、场地狭长、两端距建（构）筑物较远时，宜从中间向两端进行。

③ 桩基较密，且一侧靠近建（构）筑物时，宜从毗邻建筑物的一侧开始由近及远地进行。

④ 根据基础的设计标高，宜先深后浅。

⑤ 根据桩的规格，宜先大后小、先长后短。

⑥ 根据高层建筑主楼（高层）与裙房（底层）的关系，宜先高后低。

⑦ 根据桩的分部状况，宜先群桩后单桩。

⑧ 根据桩的打入精度要求，宜先低后高。

压桩顺序确定后，应根据桩的布置和运输方便，确定压装机是往后“退压”，还是往前“顶压”。当逐排压桩时，推进的方向应逐排改变，对同一排桩而言，必要时可采取间隔跳压的方式。大面积压桩时，可从中间先压，逐渐向四周推进。分段压桩，可以减少对桩的挤动，在大面积压桩时较为适宜。

压桩应连续进行，防止因压桩中断而引起间歇后压桩阻力过大，发生压不下去的现象。如果压桩过程中确实需要间歇，则应考虑将桩尖间歇在软土层中，以便启动阻力不致过大。

压桩过程中，当桩尖碰到砂层而压不下去时，应以最大压力压桩，忽停忽开，使桩有可能缓缓下沉穿过砂夹层，如桩尖遇到其他硬物，应及时处理后方可再压。

压桩施工应符合下列要求。

① 静压桩机应根据设计和土质情况配足额定重量。

② 桩帽、桩身和送桩的中心线应重合。

③ 压同一根桩应缩短停歇时间。

为减小静压力桩的挤土效应，可采取下列技术措施。

① 对于预钻孔沉桩，孔径约比桩径（或方桩对角线）小 50～100mm；深度视桩距和土的密实度渗透性而定，一般宜为桩长的 1/3～1/2，复压不动才可正式施工。

② 对于端承摩擦桩或摩擦端承桩，应按终压力值进行控制。

③ 超载压桩时，一般不宜采用满载连续复压法，但在必要时可以进行复压，复压的次数不宜超过 2 次，且每次稳压时间不宜超过 10s。

4. 施工总结

① 应避免桩尖接近硬持力层或桩尖处于硬持力层中接桩。

② 采用焊接接桩时，应先将四周点焊固定，然后对称焊接，并确保焊缝质量和设计尺寸。焊材材质（钢板、焊条）均应符合设计要求，焊接件应做好防腐处理。焊接接桩，其预埋件表面应清洁，上下节之间的间隙应有钢片垫实焊牢接桩时，一般在距地面 1m 左右，上下节的中心线偏差不大于 10mm，节点弯曲矢高偏差不大于 1%桩长。

③ 焊缝探伤检验：按设计规定的抽检数量进行探伤检验；重要工程应对电焊接桩的接头做 10%的探伤检查。

1. 示意图和现场照片

先张法施工示意图和现场照片分别见图 2-13 和图 2-14。

图 2-13　先张法施工示意图

图 2-14　先张法施工现场照片

2. 注意事项

① 在工程施工前，组织相关人员进行安全培训，学习有关先张法的技术及安全规定。在每次张拉前要安排专人进行钢绞线、千斤顶、张拉台座、横梁等设施进行检查，发现问题及时处理。

② 进场人员必须戴安全帽。

③ 张拉操作前，周围应设置警戒标志，并设专人照应现场安全。在台座两端两外侧钢绞线 45°夹角辐射的扇形危险区，张拉和锚固操作人员必须站在侧面安全处，严禁围观和闲杂人员进入张拉操作区，以防钢绞线崩断夹具滑脱伤人。

④ 张拉操作人员不宜频繁更换，应保持人员相对稳定且操作要经训练。

3. 施工做法详解

施工工艺流程：测量定位→桩机就位→打桩→接桩→送桩。

(1) 先张法预应力管桩工程测量定位

① 根据设计图纸编制工程桩测量定位图，并保证轴线控制点不受打桩时振动和挤土的影响，保证控制点的准确性。

② 根据实际打桩线路图，按施工区域划分测量定位控制网，一般 1 个区域内根据每天施工进度放样 10～20 根桩位，在桩位中心点地面上打入 1 支 ϕ6.5、长约 30～40cm 的钢筋，并用红油漆标示。

③ 桩机移位后，应进行第 2 次核样，核样根据轴线控制网点所标示工程桩位坐标点 (x, y)，采用极坐标法进行核样，保证工程桩位偏差值小于 10mm，并以工程桩位点中心，用白灰按桩径大小画 1 个圆圈，以方便插桩和对中。

④ 工程桩在施工前，应根据施工桩长在匹配的工程桩身上画出以“m”为单位的长度标记，并按从下至上的顺序标明桩的长度，以便观察桩入土深度及记录每米沉桩锤击数。

(2) 先张法预应力管桩工程桩机就位

① 为保证打桩机下地表土受力均匀，防止不均匀沉降，保证打桩机施工安全，采用厚

度约2～3cm厚的钢板铺设在桩机履带下，钢板宽度比桩机宽2m左右，保证桩机行走和打桩的稳定性。

② 桩机行走时，应将桩锤放置于桩架中下部以桩锤导向脚不伸出导杆末端为准。

③ 根据打桩机桩架下端的角度计算初调桩架的垂直度，并用线坠由桩帽中心点吊下与地上桩位点初对中。

（3）打桩

① 打第一节桩时必须采用桩锤自重或冷锤（不能挂挡）将桩徐徐打入，直至管桩沉到某一深度不动为止，同时用仪器观察管桩的中心位置和角度，确认无误后，再转为正常施打，必要时，应拔出重插，直至满足设计要求。

② 正常打桩应采用重锤低击。

（4）接桩

① 焊接时应由3个电焊工在成120°的方向同时施焊，先在坡口圆周围上对称电焊4～6点，待上下桩节固定后拆除导向箍再分层施焊，每层焊接厚度应均匀。

② 焊接层数不少于3层，采用普通交流焊机的手工焊接时第1层必须用ϕ3.2的电焊条打底，确保根部焊透，第2层方可用粗电焊条（ϕ4或ϕ5）施焊；采用自动及半自动保护焊机的应按相应规程分层连续完成。

③ 焊接完成后，需自然冷却不少于1min后方可继续锤击。夏期施工温度较高，可采用鼓风机送风，加速冷却，严禁用水冷却或焊好即打。

④ 对于抗拔及高承台桩，其接头焊缝外露部分应做防锈处理。

（5）送桩

① 根据设计桩长接桩完成并正常施打后，应根据设计及试打桩时确定的各项指标来控制是否采取送桩。

② 送桩前在送桩器上以“m”为单位，并按从下至上的顺序标明长度，由打桩机主卷扬吊钩采用单点吊法将送桩器喂入桩帽。

4. 施工总结

① 打桩顺序应根据桩的密集程度及周围建（构）筑物的关系确定。

② 当管桩需接长时，接头个数不应超过3个且尽量避免桩尖落在厚黏性土层中接桩。

③ 下节桩的桩头处应设导向箍以方便上节桩就位，接桩时上下节桩应保持顺直，中心线偏差不应大于2mm，节点弯曲矢高偏差不大于1‰桩长。

④ 送桩前应保证桩锤的导向脚不伸出导杆末端，管桩露出地面高度应控制在0.3～0.5m。

⑤ 送桩完成后，应及时将空孔填密实。

1. 示意图和现场照片

混凝土预制桩示意图和现场照片分别见图2-15和图2-16。

2. 注意事项

① 桩应达到设计强度的70%时方可起吊，达到100%时才能运输。

② 桩在起吊和搬运时，必须做到吊点符合设计要求，应平稳和不得损坏。

③ 桩的堆放应符合下列要求：

a. 场地应平整、坚实，不得产生不均匀下沉；

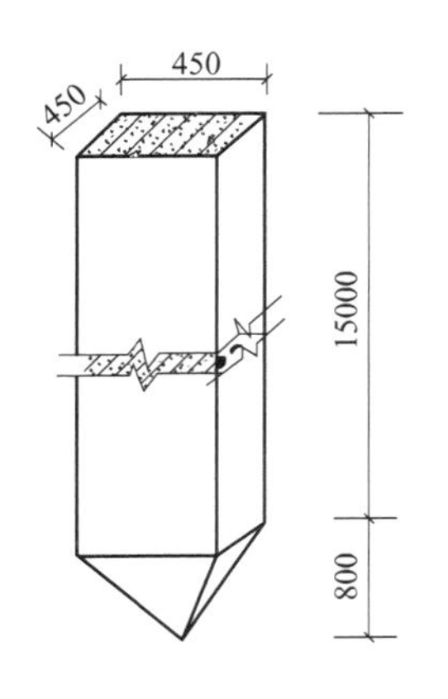

图 2-15　混凝土预制桩示意图

图 2-16　混凝土预制桩现场照片

b. 垫木与吊点的位置相同，并应保持在同一横断面内，各层垫木应上下对齐；

c. 同桩号的预制桩应按规格、材质分别堆放，桩尖应向一端；

d. 多层垫木应上下对齐，最下层的垫木应适当加宽。堆放层数不宜超过 4 层。

④ 妥善保护好桩基的轴线和标高的控制桩，不得由于碰撞和振动而产生位移。在打桩过程中应定期、不定期对桩位和基准点进行复测校正。

⑤ 打桩时如发现地质资料与提供的数据不符时，应停止施工，与有关单位研究处理。

⑥ 在邻近有建筑物或岸边、斜坡上打桩时，应会同有关单位采取有效措施，施工时应随时进行观测。

⑦ 打桩完毕的基坑开挖时，应制定合理的施工顺序和技术措施，防止桩产生位移和倾斜。

⑧ 沉好的桩如果发生较大上浮，当持力层为砂性土且上浮量超过 100mm 时，应进行复打施工。

3. 施工做法详解

施工工艺流程：桩机就位→起吊预制桩→稳桩→打桩→接桩→送桩→检查验收→移桩机。

（1）桩机就位

打桩机就位时，应对准桩位，保证垂直、稳定，确保在施工中不发生倾斜、移位。在打桩前，用 2 台经纬仪对打桩机进行垂直度调整，使导杆垂直，或达到符合设计要求的角度。

（2）起吊预制桩

先拴好吊桩用的钢丝绳和索具，然后应用索具捆绑在桩上端吊环附近处，一般不宜超过 300mm，再启动机器起吊预制桩，使桩尖垂直或按设计要求的斜角准确地对准预定的桩位中心，缓缓放下插入土中，位置要准确，再在桩顶扣好桩帽或桩箍，即可除去索具。

（3）稳桩

桩尖插入桩位后，先用落距较小轻捶 1～2 次，桩入土一定深度，再调整桩锤、桩帽、桩垫及打桩机导杆，使之与打入方向成一直线，并使桩稳定。10m 以内短桩可用线坠双向校正；10m 以上或打接桩必须经纬仪双向校正，不得用目测。打斜桩时必须用角度仪测定、校正角度。观测仪器应设在不受打桩机移动及打桩作业影响的地点，并经常与打桩机成直角移动。桩插入土时垂度偏差不得超过 0.5%。

(4) 打桩

① 用落锤或单动汽锤打桩时，锤的最大落距不宜超过1m；用柴油锤打桩时，应使锤跳动正常。

② 打桩宜重锤低击，锤重的选择应根据工程地质条件，桩的类型、结构、密集程度及施工条件来选用。

③ 打桩顺序根据基础的设计标高，先深后浅；依桩的规格先大后小，先长后短。由于桩的密集程度不同，可由中间向两个方向对称进行或向四周进行，也可由一侧向单一方向进行。

④ 打入初期应缓慢地间断地试打，在确认桩中心位置及角度无误后再转入正常施打。

⑤ 打桩期间应经常校核检查桩机导杆的垂直度或设计角度。

(5) 接桩

① 在桩长不够的情况下，采用焊接或浆锚法接桩。

② 接桩前应先检查下节桩的顶部，如有损伤应适当修复，并清除两桩端的污染和杂物等。如下节桩头部严重破坏时应补打桩。

③ 焊接时，其预埋件表面应清洁，上下节之间的间隙应用铁片垫实焊牢。施焊时，先将四角点焊固定，然后对称焊接，并应采取措施，减少焊缝变形，焊缝应连续焊满。0℃以下时须停止焊接作业，否则需采取预热措施。

④ 将锚法接桩时，接头间隙内应填满熔化了的硫黄胶泥，硫黄胶泥温度控制在145℃左右。接桩后应停歇至少7min后才能继续打桩。

⑤ 接桩时，一般在距地面1m左右时进行。上下节桩的中心线偏差不得大于5mm，节点弯曲矢高不得大于1/1000桩长。

⑥ 接桩处入土前，应对外露铁件再次补刷防腐漆。桩的接头应尽量避免下述位置：

a. 桩尖刚达到硬土层的位置；

b. 桩尖将穿透硬土层的位置；

c. 桩身承受较大弯矩的位置。

(6) 送桩

设计要求送桩时，送桩的中心线应与桩身吻合一致方能进行送桩。送桩下端宜设置桩垫，要求厚薄均匀。若桩顶不平可用麻袋或厚纸垫平。送桩留下的桩孔应立即回填密实。

(7) 检查验收

预制桩打入深度以最后贯入度（一般以连续三次锤击均能满足为准）及桩尖标高为准，即“双控”，如两者不能同时满足要求时，首先应满足最后贯入度。坚硬土层中，每根桩已达到贯入度要求，而桩尖标高进入持力层未达到设计标高，应根据实际情况与有关单位会商确定。一般要求继续击3阵，每阵10击的平均贯入度不应大于规定的数值；在软土层中以桩尖打至设计标高来控制，贯入度可作参考。符合设计要求后，填好施工记录，然后移桩机到新桩位。如打桩发生与要求相差较大时，应会同有关单位研究处理，一般采取补桩方法。

在每根桩桩顶打至场地标高时应进行中间验收，待全部桩打完后，开挖至设计标高，做最后检查验收，并将技术资料提交总承包方。

（8）移桩机

移动桩机至下一桩位，按照上述施工程序进行下一根桩的施工。

4. 施工总结

① 预制桩必须提前订制，打桩时预制桩强度必须达到设计强度的100%，锤击预制桩，宜采取强度与龄期双控制。蒸养养护时，蒸养后应增加自然养护期1个月后方准施打。

② 桩身断裂。由于桩身弯曲过大、强度不足及地下有障碍物等原因造成，或桩在堆放、起吊、运输过程中产生的断裂没有发现而致。

③ 桩顶破碎。由于桩顶强度不够及钢筋网片不足、主筋距桩顶太小或桩顶不平、施工机具选择不当等原因造成。

④ 桩身移位或倾斜。由于场地不平，打桩机底盘不水平或稳桩不垂直，桩尖在地下遇见硬物，桩尖偏斜或桩体弯曲，桩体压曲破坏，打桩顺序不合理，接桩位置不正等原因造成。

⑤ 接桩处拉脱开裂。连接处表面不干净；连接铁件不平；焊接质量不符合要求；硫黄胶泥接桩时配合比不适；温度控制不当；熬制操作不当等造成硫黄胶泥达不到设计强度要求；接桩上下中心线不在同一条直线上等造成。

⑥ 当地面受打桩施工影响而平整度遭到破坏时，应随时进行修整。

⑦ 选用打桩机时，应充分考虑施工中的噪声、振动、地层扰动、废气、溅油、烟火等对周围环境的影响。

⑧ 打桩过程中，遇见下列情况应暂停，并及时与有关单位研究处理：

a. 贯入度剧变；

b. 桩身突然发生倾斜、位移或有严重回弹；

c. 桩顶或桩身出现严重裂缝或破碎。

1. 示意图和现场照片

人工挖孔灌注桩配筋笼示意图和人工挖孔灌注桩现场照片分别见图2-17和图2-18。

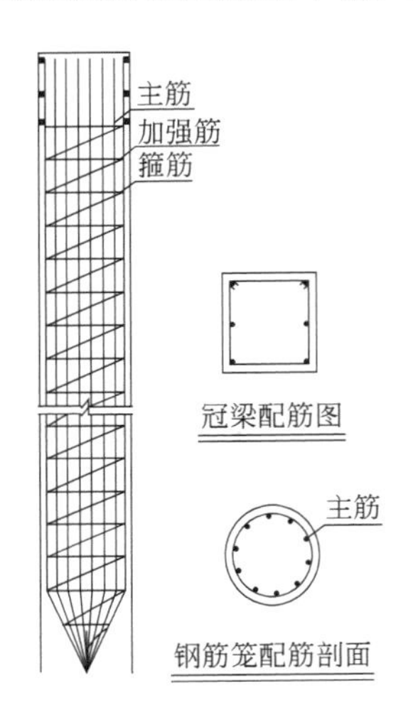

图2-17　人工挖孔灌注桩配筋笼示意图

图2-18　人工挖孔灌注桩现场照片

2. 注意事项

① 桩孔开挖施工时，应注意观察地面和邻近建（构）筑物的变化，保证其安全。

② 挖出的土方应及时运走，不得堆放在孔口附近，孔口四周2m范围内不得堆放杂物，3m内不得行驶和停放车辆。

③ 已挖好的桩孔必须用木板或脚手板、钢筋网片盖好，防止土块、杂物、人员坠落。严禁用草席、塑料布虚掩。

④ 已挖好的桩孔及时放好钢筋笼，办理隐检手续，间隙时间不得超过4h。将混凝土浇灌完毕，防止塌方。

⑤ 桩顶外圈做好挡土台，防止灌水、掉土。

⑥ 保护好已成型的钢筋笼，不得扭曲、松动变形。要竖直放入井内，不要碰坏井壁，浇灌混凝土时吊桶要垂直放置，防止因混凝土斜向冲击孔壁，破坏护壁上层，造成夹土。

⑦ 钢筋笼不要被泥浆污染，浇灌混凝土时在笼顶部固定牢固，控制钢筋笼上浮。

⑧ 浇灌完毕，复核桩位和桩顶标高。将外露主筋和插筋扶正，保持桩位正确。桩顶压实抹平以后用塑料布或草帘将桩头围好养护，防止混凝土出现收缩、干裂。

⑨ 施工过程妥善保护好场地轴线桩、水准点，不得碾压桩头，弯折钢筋。

3. 施工做法详解

施工工艺流程：放线定桩位及高程→开挖第一节桩孔土方→安放混凝土护壁的钢筋、支护壁模板→浇灌第一节护壁混凝土→检查桩位轴线及标高→架设垂直运输架→安放机械、设备→开挖、吊运第二节桩孔土方→浇灌第二节护壁混凝土→吊放钢筋笼→浇筑桩身混凝土。

（1）放线定桩位及高程

在场地三通一平的基础上，依据建筑物测量控制网的资料和基础平面布置图，测定桩位轴线方格控制网和高程基准点。确定好桩位中心，以中点为圆心、桩身半径加护壁厚度为半径画出上部（即第一节）的圆周。撒石灰线作为桩孔开挖尺寸线，并沿桩中心位置向桩孔外引出四个桩中轴线控制点，用牢固木桩标定。桩位线定好之后，必须经有关部门复查，办好预验手续后开挖。

（2）开挖第一节桩孔土方

由人工开挖，从上到下逐层进行，先挖中间部分的土方，然后扩及周边，有效控制开挖截面尺寸。每节的高度应根据土质好坏及操作条件而定，一般以0.9～1.2m为宜。开孔完成后进行一次全面测量校核工作，对孔径、桩位中心检测无误后进行支护。

（3）安放混凝土护壁的钢筋、支护壁模板

① 成孔后应设置井圈，宜优先采用现浇钢筋混凝土井圈护壁。当桩的直径不大，深度小、土质好、地下水位低的情况下也可以采用素混凝土护壁。护壁的厚度应根据井圈材料、性能、刚度、稳定性、操作方便、构造简单等要求，并按受力状况，以及所承受的土侧压力和地下水侧压力，通过计算来确定。

② 土质较好的小直径桩护壁可不放钢筋，但当设计要求放置钢筋或挖土遇软弱土层需加设钢筋时，桩孔挖土完毕并经验收合格后，安放钢筋，然后安装护壁模板。护壁中水平环向钢筋不宜太多，竖向钢筋端部宜弯成U形钩并打入挖土面以下100～200mm，以便与下一节护壁中钢筋相连接。

③ 护壁模板用薄钢板，圆钢、角钢拼装焊接成弧形工具式内钢模，每节分成4块，大直径桩也可分成5～8块，或用组合式钢模板预制拼装而成。采取拆上节、支下节的方式重复周转使用。模板之间用卡具、扣件连接固定，也可以在每节模板的上下端各设一道用槽钢

或角钢做成的圆弧形内钢圈作为内侧支撑，防止内模变形。为方便操作不设水平支撑。

④ 第一节护壁以高出地坪150～200mm为宜，护壁厚度按设计计算确定，一般取100～150mm。第一节护壁应比下面的护壁厚50～100mm，一般取150～250mm。护壁中心应与桩位中心重合，偏差不大于20mm，且任何方向两正交直径偏差不大于50mm，桩孔垂直度偏差不大于0.5%。符合要求后可用木楔稳定模板。

（4）浇灌第一节护壁混凝土

① 桩孔挖完第一节后应立即浇灌护壁混凝土，人工浇灌，人工捣实，不宜用振动棒。混凝土强度一般为C20，坍落度应控制在70～100mm。

护壁模板宜24h后、强度>5MPa后拆除，一般在下节桩孔土方挖完后进行。拆模后若发现护壁有蜂窝、漏水现象，应加以堵塞或导流。

② 第一节护壁筑成后，将桩孔中轴线控制点引回到护壁上，并进一步复核无误后，作为确定地下和节护壁中心的基准点，同时用水准仪把相对水准标高标定在第一节孔圈护壁上。

（5）检查桩位（中心）轴线及标高

每节的护壁做好以后，必须将桩位十字轴线和标高测设在护壁上口，然后用十字线对中，吊线坠向井底投设，以半径尺杆检查孔壁的垂直平整度，随之进行修整。井深必须以基准点为依据，逐根进行引测，保证桩孔轴线位置、标高、截面尺寸满足设计要求。

（6）架设垂直运输架

第一节桩孔成孔以后，即着手在孔上口架设垂直运输支架，支架有三木搭、钢管吊架或木吊架、工字钢导轨支架，要求搭设稳定、牢固。

（7）安装电动葫芦或卷扬机

浅桩和小型桩孔也可以用木吊架、木辘或人工直接借助粗麻绳作为提升工具。地面运土用翻斗车、手推车。

（8）安装吊桶、照明、活动安全盖板、水泵、通风机

① 在安装滑轮组及吊桶时，注意使吊桶与桩孔中心位置重合，挖土时直观上控制桩位中心和护壁支模中心线。

② 井底照明必须用低压电源（36V，100W），防水带罩安全灯具，井上口设护栏。电缆分段与护壁固定，长度适中，防止与吊桶相碰。

③ 当井深大于5m时应有井下通风，加强井下空气对流，必要时送氧气，密切注视，防止有毒气体的危害。操作时上下人员轮换作业，互相呼应，井上人员随时观察井下人员情况，切实预防发生人身安全事故。

④ 当地下渗水量不大时，随挖随将泥水用吊桶运出，或在井底挖集水坑，用潜水泵抽水，并加强支护。当地下水位较高，排水沟难以解决时，可设置降水井降水。

⑤ 井口安装水平推移的活动安全盖板。井下有人操作时，掩好安全盖板，防止杂物掉入井内，无关人员不得靠近井口，确保井下人员安全施工。

（9）开挖、吊运第二节桩孔土方（修边）

从第二节开始，利用提升设备运土，井下人员应戴好安全帽，井上人员拴好安全带，井口架设护栏，吊桶离开井上口1m时推动活动盖板，掩蔽井口，防止卸土时土块、石块等杂物坠落井内伤人。吊桶在小推车内卸土后（也可以用工字钢导轨将吊桶移出向翻斗车内卸土）再打开井盖，下放吊桶装土。

桩孔挖至规定的深度后，用尺杆检查桩孔的直径及井壁圆弧度，上下应垂直平顺，修整

孔壁。

（10）第二节护壁支护模板

安放附加钢筋，并与上节预留的竖向钢筋连接，拆除第一节护壁模板，支护第二节。护壁模板采用拆上节支下节依次周转使用。使上节护壁的下部嵌入下节护壁的上部混凝土中，上下搭接50～75mm。桩孔检测复核无误后浇灌护壁混凝土。

（11）浇灌第二节护壁混凝土

混凝土用吊桶送来，人工浇灌、人工振捣密实，混凝土掺入早强剂由试验确定。

（12）检查桩位（中心）轴线及标高

以井上口的定位线为依据，逐节投测、修整。

（13）逐层往下循环作业

将桩孔挖至设计深度，清除虚土，检查土质情况，桩底应进入设计规定的持力层深度。

（14）开挖扩底部分

桩底可分为扩底和不扩底两种。挖扩底桩应先将扩底部位桩身的圆柱体挖好。再按照扩底部位的尺寸、形状，自上而下削土扩充成扩底形状。扩底尺寸应符合设计要求，完成后清除护壁污泥、孔底残渣、浮土、杂物、积水等。

（15）检查验收

成孔以后必须对桩身直径、扩大头尺寸、井底标高、桩位中心、井壁垂直度、虚土厚度、孔底岩（土）性质进行逐个全面综合测定。做好成孔施工验收记录，办理隐蔽验收手续。检验合格后迅速封底，安放钢筋笼，灌注桩身混凝土。

（16）吊放钢筋笼

① 按设计要求对钢筋笼进行验收，检查钢筋种类、间距、焊接质量、钢筋笼直径、长度及保护块（卡）的安置情况，填写验收记录。

② 钢筋笼用起重机吊起，沉入桩孔就位。用挂钩钩住钢筋笼最上面的一根加强箍，用槽钢作横担，将钢筋重吊挂在井壁上口，以自重保持骨架的垂直，控制好钢筋笼的标高及保护层的厚度。起吊时防止钢筋笼变形，注意不得碰撞孔壁。

③ 如钢筋笼太长时，可分段起吊，在孔口进行垂直焊接。大直径（＞1.4m）桩钢筋笼也可在孔内安装绑扎。

④ 超声波等非破损检测桩身混凝土质量用的测管，也应在安放钢筋笼时同时按设计要求进行预埋。钢筋笼安放完毕后，须经验筋合格后方可浇灌桩身混凝土。

（17）浇筑桩身混凝土

① 桩身混凝土宜使用设计要求强度等级的预拌混凝土，浇灌前应检测其坍落度，并按规定每根桩至少留置一组试块。用溜槽加串桶向井内浇筑，混凝土的落差不大于2m，如用泵送混凝土时，可直接将混凝土泵出料口移入孔内投料。桩孔深度超过12m时宜采用混凝土导管连续分层浇筑，振捣密实。一般浇灌到扩底部的顶面。振捣密实后继续浇筑以上部分。

② 桩直径小于1.2m、深度达6m以下部位的混凝土可利用混凝土自重下落的冲力，再适当辅以人工插捣使之密实。其余6m以上部分再分层浇灌振捣密实。大直径桩要认真分层逐次浇灌捣实，振捣棒的长度不可及部分，采用人工铁管、钢筋棍插捣，浇灌直至桩顶。最后将表面压实、抹平。桩顶标高及浮浆处理应符合要求。

③ 当孔内渗水较大时（可以以孔内水面上升速度＞15mm/min为参考），应预先采取降水、止水措施或采用导管法灌注水下混凝土。水下灌注时首次投料量必须有足以将导管底端一次性埋入水下混凝土中达800mm以上。

4. 施工总结

① 从事挖孔桩作业的工人应经健康检查和井下、高空、用电、吊装及简单的机械操作等安全作业培训，且经过考核合格，方可进入现场施工。

② 对施工现场所有设备、设施、装置、工具、配件及个人劳防用品等必须经常进行检查。

③ 垂直偏差大：桩孔垂直度超偏差，由于开挖过程未按每挖一节即吊线坠核查桩井的垂直度，致使挖完以后垂直度超偏差。必须每挖完一节即根据井上口护壁上的轴线中心线吊线坠，用尺杆测定修边，使井壁圆弧保持上下顺直。

④ 孔壁坍塌：因桩位土质不好，或地下水渗出造成孔壁土体坍落，开挖前应掌握现场土质情况，错开桩位开挖，随时观察土体松动情况，必要时可在坍塌处用砌砖封堵，操作进程要紧凑，不留间隔空隙，避免塌孔。

⑤ 井底残留虚土太多：成孔、修边以后有大量虚土存积在井底，未认真清除，扩大头斜面土体坍落。挖到规定深度以后，除认真清除虚土外，放好钢筋笼之后再检查一次，必须将孔底的虚土清除干净，必要时用水泥砂浆或混凝土封底。

⑥ 孔底积水过多：成孔以后孔底积水，开挖过程采取的排水措施不当，渗出的地下水积聚在井底。地下水位高、渗出量大的地区，应采取降水措施，将地下水位降低到桩底以下然后开挖。少量积水浇灌时首盘可采用半干硬性混凝土。

⑦ 混凝土振捣不实：由于桩身混凝土浇灌、振捣操作条件具有一定难度，未采取有效的辅助振捣措施，造成桩身混凝土松散不实，空洞、缩颈、夹土等现象。应在混凝土浇灌、振捣操作前进行技术交底，坚持分层浇注、分层振捣、连续作业。分层浇筑厚度以一节护壁的高度为宜，必要时用铁管、竹竿、钢筋钎人工辅助插捣，以补充机械振捣的不足。

⑧ 钢筋笼扭曲变形：钢筋笼加工制作，点焊不牢，未采用支撑加强筋，运输吊放时易产生变形、扭曲。钢筋笼应在专用平台上加工。主筋与箍筋点焊要牢固，支撑加强要可靠。吊运要竖直，使其平稳地放入井中，保持骨架完好。

⑨ 桩身混凝土质量问题：灌注时不用串筒或未正确使用串筒，使砂浆和骨料离析，桩孔内未按要求抽干水或本应用水下灌注法而仍用干法施工，或水下灌注操作有误产生离析、断桩等。

第三节　浅基础工程

1. 示意图和现场照片

条形基础示意图和现场照片分别见图 2-19 和图 2-20。

2. 注意事项

① 基础模板应有足够的强度和稳定性，连接宽度符合规定，模板与混凝土接触面应清理干净并刷隔离剂，基础放线准确。

② 钢筋的品种、质量、焊条的型号应符合设计要求，混凝土的配合比、原材料计量、搅拌养护和施工缝的处理符合施工规范要求。

③ 浇筑时每台泵配备 6～8 台插入式振捣棒，振捣时间控制在 20～30s，以混凝土开始注浆和不冒气泡为宜，并应避免漏振、久振和过振，振动棒应快插慢拔，振捣时插入下层混

凝土表面10cm以上，间距控制在30～40cm，确保两斜两面层间紧密结合。混凝土浇筑时常出现的问题有以下几点：

a. 混凝土不密实，出现蜂窝麻面；

b. 养护不到位，出现温度收缩裂缝；

c. 在混凝土浇捣中垫块移位，钢筋紧贴模板，或振捣不密实成漏筋；

d. 混凝土外观尺寸偏差。

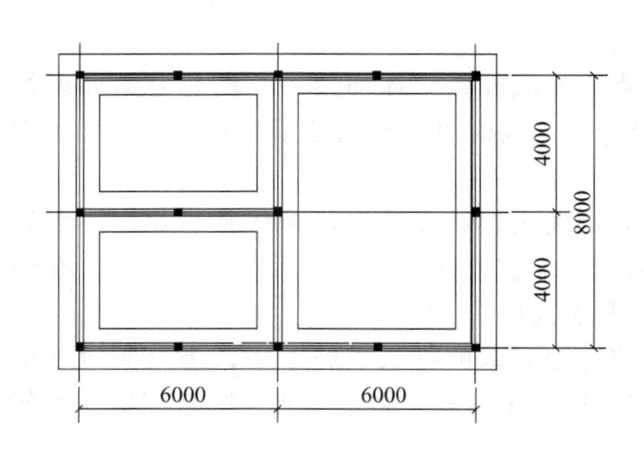

图2-19　条形基础示意图

图2-20　条形基础现场照片

3. 施工做法详解

施工工艺流程：模板的加工及拼装→基础浇筑→浇水养护。

① 基础模板一般由侧板、斜撑、平撑组成。基础模板安装时，先在基槽底弹出基础边线，再把侧板对准边线垂直竖立，校正调平无误后，用斜撑和平撑钉牢。如基础较大，可先立基础两端的两侧板，校正后在侧板上口拉通线，依照通线再立中间的侧板。当侧板高度大于基础台阶高度时，可在侧板内侧按台阶高度弹准线，并每隔2m左右准线上钉圆顶，作为浇捣混凝土的标志。每隔一定距离左侧板上口钉上搭头木，防止模板变形。

② 基础浇筑分段分层连续进行，一般不留施工缝。各段各层间相互衔接，每段长2～3m，逐段逐层呈阶梯形推进，注意先使混凝土充满模板边角，然后浇筑中间部分，以保证混凝土密实。

③ 当条形基础长度较大时，应考虑在适当的部位留置贯通后浇带，以避免出现温度收缩裂缝和便于进行施工分段流水作业；对超厚的条形基础，应考虑较低水泥水化热和浇筑入模的湿度措施，以免出现过大温度收缩应力，导致基础底板裂缝。

④ 基础浇筑完毕，表面应覆盖和洒水养护，不少于14d，必要时应用保温养护措施，并防止浸泡地基。

⑤ 基础梁底底模使用土模（回填夯实拍平），浇筑混凝土垫层，侧模使用砖贴模。基础梁穿柱钢筋按柱、梁节点核心区配筋。

4. 施工总结

① 地基开挖如有地下水，应用人工降低地下水位至基坑底50cm以下部位，保持在污水的情况下进行土方开挖和基础结构施工。

② 侧模在混凝土强度保证其表面积棱角不因拆除模板而受损坏后可拆除，底模的拆除

根据早拆体系中的规定进行。

1. 示意图和现场照片

独立基础示意图和现场照片分别见图 2-21 和图 2-22。

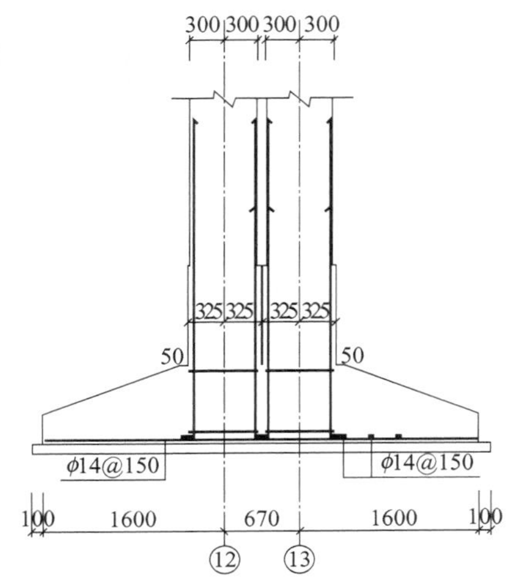

图 2-21　独立基础示意图

图 2-22　独立基础现场照片

2. 注意事项

① 浇筑混凝土前检查钢筋位置是否正确，振捣混凝土时防止碰动钢筋，浇完混凝土后立即修正甩筋的位置，防止柱筋、墙筋位移。

② 配置梁箍筋时应按内皮尺寸计算，避免量钢筋骨架尺寸小于设计尺寸。

③ 箍筋末端应弯成 135°，平直部分长度为 10d（d 为箍筋的直径）。

④ 浇筑混凝土时应避免出现蜂窝、麻面、漏筋、孔洞等质量通病。

3. 施工做法详解

施工工艺流程：清理及垫层浇灌→绑扎钢筋→模板安装→清理→浇筑混凝土→混凝土振捣→混凝土找平→混凝土养护。

（1）清理及垫层浇灌

地基验槽完成后，清除表面浮土及扰动土，不留积水，立即进行垫层混凝土施工，垫层混凝土必须振捣密实，表面平整，严禁晾晒基土。

（2）绑扎钢筋

垫层浇灌完成后，混凝土达到 1.2MPa 后，表面弹线进行钢筋绑扎，钢筋绑扎不允许漏扣，柱插筋弯钩部分必须与底板筋成 45°绑扎，连接点处必须全部绑扎，距底板 5cm 处绑扎第一个箍筋，距基础顶 5cm 处绑扎最后一个箍筋，作为标高控制筋及定位筋，柱插筋最上部再绑扎一道定位筋，上下箍筋及定位箍筋绑扎完成后将柱插筋调整到位并用井字木架临时固定，然后绑扎剩余箍筋，保证柱插筋不变形走样，两道定位筋在基础混凝土浇筑完成后，必须进行更换。

钢筋绑扎好后地面及侧面搁置保护层塑料垫块，厚度为设计保护层厚度，垫块间距不得大于 100mm（视设计钢筋直径确定），以防出现漏筋的质量通病。

注意对钢筋的成品保护，不得任意碰撞钢筋，造成钢筋移位。

（3）模板安装

钢筋绑扎及相关施工完成后立即进行模板安装，模板采用小钢模或木模，利用架子管或木方加固。锥形基础坡度＜30°时，采用斜模板支护，利用螺栓与底版钢筋拉紧，防止上浮，模板上设透气和振捣孔；坡度≤30°时，利用钢丝网（间距30cm）防止混凝土下坠，上口设井字木控制钢筋位置。不得用重物冲击模板，不准在吊帮的模板上搭设脚手架，保证模板的牢固和严密。

（4）清理

清除模板内的木屑、泥土等杂物，木模浇水湿润，堵严板缝和孔洞。

（5）浇筑混凝土

混凝土应分层连续进行，间歇时间不超过混凝土初凝时间，一般不超过2h，为保证钢筋位置正确，先浇一层5～10cm混凝土固定钢筋。台阶形基础每一台阶高度整体浇筑，每浇筑完一台阶停顿0.5h待其下沉，再浇上一层。分层下料，每层厚度为振动棒的有效长度，防止由于下料过后，振捣不实或漏振、吊帮的根部砂浆涌出等原因造成蜂窝、麻面或孔洞。

（6）混凝土振捣

采用插入式振捣器，插入的间距不大于振捣器作用部分长度的1.25倍。上层振捣棒插入下层3～5cm。尽量避免碰撞预埋件、预埋螺栓，防止预埋件移位。

（7）混凝土找平

混凝土浇筑后，表面比较大的混凝土，使用平板振捣器振一遍，然后用刮杆刮平，再用木抹子搓平。收面前必须校核混凝土表面标高，不符合要求处立即整改。

（8）混凝土养护

已浇筑完的混凝土，应在12h内覆盖和浇水。一般常温养护不得少于7d，特种混凝土养护不得少于14d。养护设专人检查落实，防止由于养护不及时，造成混凝土表面裂缝。

4. 施工总结

① 顶板的弯起钢筋、负弯矩钢筋绑扎好后，应做保护，不准在上面踩踏行走。浇筑混凝土时派钢筋工专门负责修理，保证负弯矩筋位置的正确性。

② 绑扎钢筋时禁止碰动预埋件及孔洞模板。

③ 钢模板内面涂隔离剂时不要污染钢筋。

④ 混凝土泵送时，注意不要将混凝土泵车料内剩余混凝土降低到20cm，以免吸入空气。

⑤ 控制坍落度，在搅拌站及现场应有专人管理，每隔2～3h测试一次。

1. 示意图和现场照片

筏板基础示意图和现场照片分别见图2-23和图2-24。

2. 注意事项

① 分层开挖，严禁超挖。开挖之前应编制施工方案，如根据情况设置排水降水工作，若为深基坑则要有边坡支护方案。

② 开挖至设计标高后地基若出现明显异常，应立即停止施工；若无异常则夯实基底土，组织验槽。

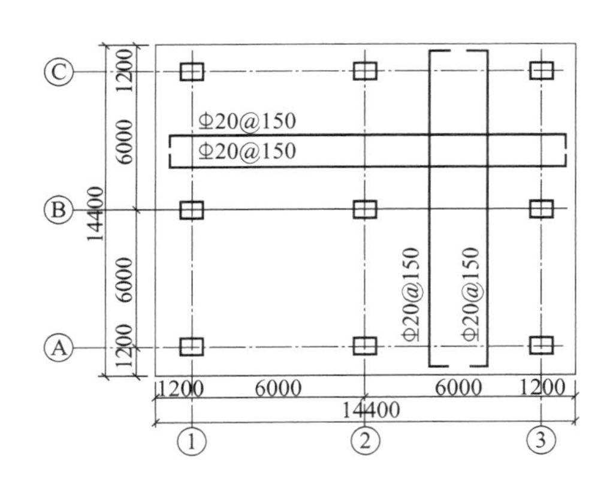

图 2-23　筏板基础平面图

图 2-24　筏板基础现场照片

③ 验槽完毕后进行上部施工，控制好垫层标高。

3. 施工做法详解

施工工艺流程：模板加工及拼装→钢筋制作和绑扎→混凝土浇筑和振捣、养护。

(1) 模板工程

① 模板通常采用定型组合钢模板，U 形环连接。垫层面清理干净后，先分段拼装，模板拼装前先刷好隔离剂（隔离剂主要用机油）。外围侧模板的主要规格为 1500mm×300mm、1200mm×300mm、900mm×300mm、600mm×300mm。模板支撑在下部的混凝土垫层上，水平支撑用钢管及圆木短柱、木楔等支在四周基坑侧壁上。基础梁上部比筏板面高出的 50mm 侧模要用 100mm 宽的组合钢模板进行拼装，用钢丝拧紧，中间用垫块或钢筋头支撑，以保证梁的截面尺寸。模板边的顺直拉线校正，轴线、截面尺寸根据垫层上的弹线检查校正。模板加固检验完成后，用水准仪定标高，在模板面上弹出混凝土上表面平线，作为控制混凝土标高的依据。

② 拆模的顺序为先拆模板的支撑管、木楔等，松连接件，再拆模板，清理，分类归堆。拆模前混凝土要达到一定强度，保证拆模时不损坏棱角。

(2) 钢筋工程

① 钢筋按型号、规格分类加垫木堆放。

② 盘条光圆钢筋采用冷拉的方法调直，冷拉率控制在 4%以内。

③ 对于受力钢筋，光圆钢筋末端（包括用作分布钢筋的光圆钢筋）做 180°弯钩，弯弧内直径不小于 $2.5d$，弯后的平直段长度不小于 $3d$。螺纹钢筋当设计要求做 90°或 135°弯钩时，弯弧内直径不小于 $5d$。对于非焊接封闭筋末端做 135°弯钩，弯弧内直径除不小于 $2.5d$ 外还不应小于箍筋内受力纵筋直径，弯后的平直段长度不小于 $10d$。

④ 钢筋绑扎施工前，在基坑内搭设高约 4m 的简易暖棚，以遮挡雨雪及保持基坑气温，避免垫层混凝土在钢筋绑扎期间遭受冻害。立柱用 $\phi50$ 钢管，间距为 3.0m，顶部纵横向平杆用 $\phi50$ 钢管，组成的管网孔尺寸为 1.5m×1.5m，其上铺木板、方钢管等，在木板上覆彩条布，然后满铺草帘。棚内照明用普通白炽灯泡，设两排，间距为 5m。

⑤ 基础梁及筏板筋的绑扎流程：弹线→纵向梁筋绑扎、就位→筏板纵向下层筋布置→横向梁筋绑扎、就位→筏板横向下层筋布置→筏板下层网片绑扎→支撑马凳筋布置→筏板横向上层筋布置→筏板纵向上层筋布置→筏板上层网片绑扎。

钢筋绑扎前，对模板及基层做全面检查，作业面内的杂物、浮土、木屑等应清理干净。钢筋网片筋弹位置线时用不同于轴线及模板线的颜色以区分开。梁筋骨架绑扎时用简易马凳作支架。具体操步骤为：按计算好的数量摆放箍筋→穿主筋→画箍筋位置线→绑扎骨架→撤支架就位骨架。

骨架上部纵筋与箍筋宜用套扣绑扎，绑扎应牢固、到位，使骨架不发生倾斜、松动。纵横向梁筋骨架就位前要垫好梁筋及筏板下层筋的保护层垫块，数量要足够。筏板网片采用八字扣绑扎，相交点全部绑扎，相邻交点的绑扎方向不宜相同。上下层网片中间用马凳筋支撑，保证上层网片位置准确、绑扎牢固、无松动。

⑥ 钢筋的接头形式，筏板内受力筋及分布筋采用绑扎搭接，搭接位置及搭接长度按设计要求。基础架纵筋采用单面（双面）搭接电弧焊，焊接接头位置及焊缝长度按设计及规范要求，焊接试件按规范要求留置、试验。

（3）混凝土工程

① 一般采用现场机械搅拌、混凝土输送泵泵送。

② 配合比的试配按泵送的要求，坍落度达到150～180mm，水泥选用普通硅酸盐水泥32.5等级，砂为中砂，石子为5～25mm粒径碎石，外加剂选混凝土泵送防冻剂，早强减水型。拌合水为自来水。混凝土配合比由现场原材料取样送试验室试配后确定，现场施工时再根据测定的粗细骨料实际含水量，对试验室配比单加以调整。

③ 浇筑的顺序按照事先顺序进行，如建筑面积较大，应划分施工段，分段浇筑。

④ 混凝土搅拌采用自落式搅拌机同时工作，根据搅拌机的出料能力选择适合的混凝土输送泵，即在单位时间内搅拌机总的实际喂料量要与混凝土输送泵的吞料量相适应，保证泵机的正常连续运行及不超负荷工作。

⑤ 混凝土拌合用水的加热。在搅拌机旁架一水箱，下边用煤生火加热，水温至60～80℃即可，不宜超过80℃。但根据实际气温条件可加热至100℃，但水泥不能与热水直接接触。

⑥ 粗细骨料中若含冰雪冻块等应及时清除，拌和混凝土的各项原材计量须准确。粗细骨料用手推车上料，磅秤称量，水泥以每袋50kg计量，泵送防冻剂用台秤称量，水用混凝土搅拌机上的计量器计量。

⑦ 搅拌时采用石子→水泥→砂或砂→水泥→石子的投料顺序，搅拌时间不少于90s，保证拌合物搅拌均匀。

⑧ 混凝土振捣采用插入式振捣棒。振捣时振动棒要快插慢拔，插点均匀排列，逐点移动，顺序进行，以防漏振，插点间距约40cm。振捣至混凝土表面出浆，不再泛气泡时即可。

⑨ 浇筑筏板混凝土时不需分层，一次浇筑成型，虚摊混凝土时比设计标高先稍高一些，待振捣均匀密实后用木抹子按标高线搓平即可。

⑩ 浇筑混凝土连续进行，若因非正常原因造成浇筑暂停，当停歇时间超过水泥初凝时间时，接槎处按施工缝处理。施工缝应留直槎，继续浇筑混凝土前对施工缝处理方法为：先剔除接槎处的浮动石子，再摊少量高强度等级的水泥砂浆均匀撒开，然后浇筑混凝土，振捣密实。

4. 施工总结

① 基坑开挖时，若地下水位较高，应采取明沟排水、人工降水等措施，使地下水位降至基坑底下不少于500mm，保证基坑在无水状况下开挖和基础结构施工。

② 开挖基坑应注意保持基坑底土的原状结构，尽量不要扰动。当采用机械开挖基坑时，

在基坑地面设计标高以上保留 200～400mm 厚土层，采用人工挖除并清理干净。如果不能立即进行下道工序施工，应保留 100～200mm 厚土层，在下道工序施工前挖除，以防止地基土被扰动。在基坑验槽后，应立即浇筑混凝土垫层。

③ 当垫层达到一定强度后，在其上弹线、支模、铺放钢筋、连接柱的插筋。

④ 在浇筑混凝土前，清除模板和钢筋上的垃圾、泥土等杂物，木模板浇水加以湿润。

⑤ 基础浇筑完毕，表面应覆盖和洒水养护，并防止浸泡地基。待混凝土强度达到设计强度的 25％以上时，即可拆除梁的侧模。

⑥ 当混凝土基础达到设计强度的 30％时，应进行基坑回填。基坑回填应在四周同时进行，并按基底排水方向由高到低分层进行。

⑦ 在基础模板上埋设好沉降观测点，定期进行观测、分析，并且做好记录。

第三章　防水工程

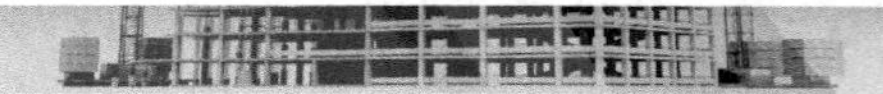

第一节　底板及地下室防水

1. 示意图和现场照片

底板及地下室外墙卷材防水示意图和现场照片分别见图 3-1 和图 3-2。

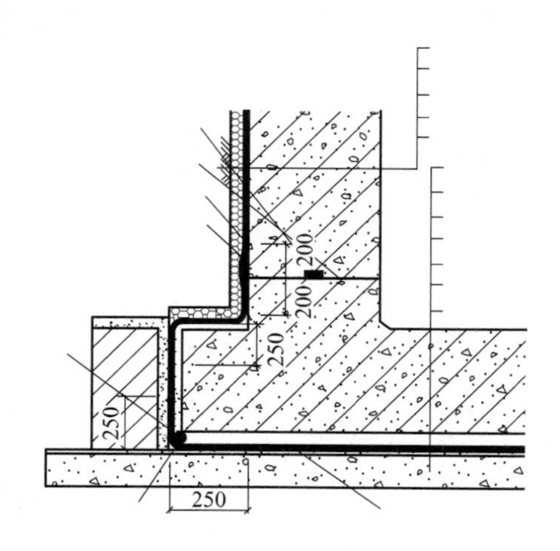

图 3-1　底板及地下室外墙卷材防水示意图

图 3-2　底板及地下室外墙卷材防水现场照片

2. 注意事项

① 卷材运输及保管时平放不得高于 4 层，不得横压、斜放，并避免雨淋、日晒、受潮。

② 地下卷材防水层部位预埋的管道，在施工预埋管道周边的卷材防水层时，不得碰损和堵塞管道。

③ 卷材防水层铺好后，应及时采取保护措施，操作人员不得穿带钉鞋在底板防水层上作业。

④ 卷材防水层铺贴完成后，应及时做好保护层，防止结构施工碰损防水层。

⑤ 卷材平面防水层施工，不得在防水层上放置材料及作为施工运输车道。

3. 施工做法详解

施工工艺流程：基层清理→涂刷基层处理剂→特殊部位加强处理→基层弹分条铺贴线→热熔铺贴卷材→热熔封边→分项验收→保护层施工。

（1）基层清理

施工前将验收合格的基层清理干净、平整牢固、保持干燥。

（2）涂刷基层处理剂

在基层表面满刷一道用汽油稀释的高聚物改性沥青溶液，涂刷应均匀，不得有露底或堆积现象，也不得反复涂刷，涂刷后在常温经过 4h 后（以不粘脚为准），开始铺贴卷材。

（3）特殊部位加强处理

管根、阴阳角部位加铺一层卷材。按规范及设计要求将卷材裁成相应的形状进行铺贴。

（4）基层弹分条铺贴线

在处理后的基层面上，按卷材的铺贴方向，弹出每幅卷材的铺贴线，保证不歪斜（以后上层卷材铺贴时，同样要在已铺贴的卷材上弹线）。

（5）热熔铺贴卷材

① 底板垫层混凝土平面部位宜采用空铺法或点粘法，其他与混凝土结构相接触的部位应采用满粘法；采用双层卷材时，两层之间应采用满粘法。

② 将改性沥青防水卷材按铺贴长度进行裁剪并卷好备用，操作时将已卷好的卷材端头对准起点，点燃汽油喷灯或专用火焰喷枪，均匀加热基层与卷材交接处，喷枪距加热面保持 300mm 左右往返喷烤，当卷材表面的改性沥青开始熔化时，即可向前缓缓滚铺卷材。不得过分加热或烧穿卷材。

③ 卷材的搭接：卷材的短边和长边搭接宽度均应大于 100mm。同一层相邻两幅卷材的横向接缝，应彼此错开 1500mm 以上，避免接缝部位集中。地下室的立面与平面的转角处，卷材的接缝应留在底板的平面上，距离立面应不小于 600mm。

④ 采用双层卷材时，上下两层和相邻两幅卷材的接缝应错开 1/3～1/2 幅宽，且两层卷材不得相互垂直铺贴。

（6）热熔封边

卷材搭接缝处用喷枪加热，压合至边缘挤出沥青粘牢。卷材末端收头用沥青嵌缝膏嵌填密实。

（7）分项验收

按要求填好分项验收单，请监理进行验收。

（8）保护层施工

平面应浇筑细石混凝土保护层；立面防水层施工完，宜采用聚乙烯泡沫塑料片材做软保护层。

4. 施工总结

① 卷材及配套材料的品种、规格、性能必须符合设计和规范要求，不透水性、拉力、延伸率、低温柔度、耐热度等指标控制。

② 防水卷材厚度单层使用时不应小于 4mm，双层使用时每层不应小于 3mm。

③ 卷材搭接不良：接头搭接形式以及长边、短边的搭接宽度偏小，接头处的黏结不密实，接槎损坏、空鼓；施工操作中应按程序弹基准线，使与卷材规格相符，操作中对线铺贴，使卷材搭接宽度不小于 100mm。

④ 空鼓：铺贴卷材的基层潮湿，不平整、不洁净，导致基层与卷材之间窝气、空鼓；铺设时排气不彻底，也可使卷材间空鼓；施工时基层应充分干燥，卷材铺设应均匀压实。

⑤ 管根处防水层粘贴不良：清理不洁净、裁剪卷材与根部形状不符、压边不实等造成粘贴不良；施工时清理应彻底干净，注意操作时要将卷材压实，不得有张嘴、翘边、褶皱等现象。

⑥ 渗漏：转角、管根、变形缝处不易操作而渗漏。施工时附加层应仔细操作，保护好接槎卷材，搭接应满足宽度要求，保证特殊部位的质量。

1. 示意图和现场照片

聚氨酯涂膜防水示意图和现场照片分别见图 3-3 和图 3-4。

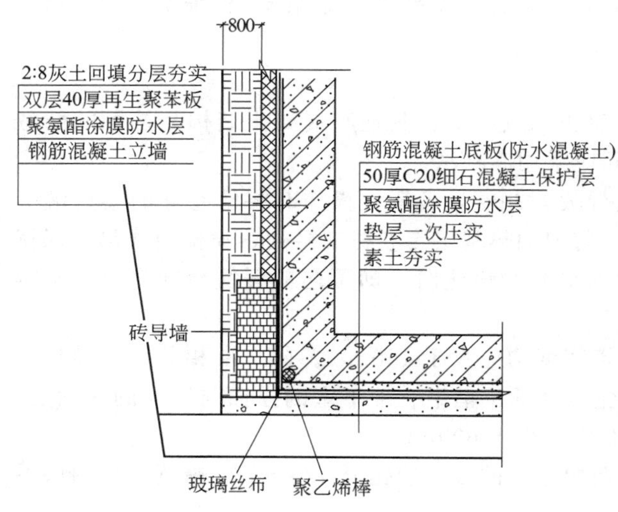

图 3-3 聚氨酯涂膜防水示意图

图 3-4 聚氨酯涂膜防水现场照片

2. 注意事项

① 涂膜防水层施工后未固化前不得上人踩踏，固化后上人应穿软底鞋。

② 涂膜防水层实干后应尽快进行保护层的施工。

③ 墙体涂膜防水层施工，尤其对穿墙管根部进行防水增强处理施工过程中，不得损坏穿墙管道和设备。

④ 涂膜防水层施工时应对其他分项工程的成品进行保护，不得污染和损坏。

3. 施工做法详解

施工工艺流程：清理基层→细部做附加涂膜层→涂膜施工→涂膜保护层施工。

（1）清理基层

涂膜防水层施工前，先将基层表面的灰尘、杂物、灰浆硬块等清扫干净，并用干净的湿布擦一次，经检查基层平整、无空裂、起砂等缺陷，方可进行下道工序施工。

（2）细部做附加涂膜层

① 穿墙管、阴阳角、变形缝等薄弱部位，应在涂膜层大面积施工前，先做好增强的附加层。

② 附加涂层做法：一般采用一布二涂进行增强处理，施工时应在两道涂膜中间铺设一层聚酯无纺布或玻璃纤维布。作业时应均匀涂刷一遍涂料，涂膜操作时用板刷刮涂料驱除气泡，将布紧密地粘贴在第一遍涂层上。阴阳角部位一般将布剪成条形，管根为块形或三角形。第一遍涂层表干（12h）后进行第二遍涂刷。第二遍涂层实干（24h）后方可进行大面积涂膜防水施工。

（3）第一遍涂膜施工

① 涂刷第一遍涂膜前应先检查附加层部位有无残留的气孔或气泡，如有气孔或气泡，则应用橡胶刮板将涂料用力压入气孔，局部再刷涂一道，表干后进行第一遍涂膜施工。

② 涂刮第一遍聚氨酯防水涂料时，可用塑料或橡皮刮板在基层表面均匀涂刮，涂刮要沿同一个方向，厚薄应均匀一致，用量为 0.6～0.8kg/m^2。不得有漏刮、堆积、鼓泡等缺陷。涂膜实干后进行第二遍涂膜施工。

（4）第二遍涂膜施工

第二遍涂膜采用与第一遍相垂直的涂刮方向，涂刮量、涂刮方法与第一遍相同。

（5）第三、第四遍涂膜施工

① 第三遍涂膜涂刮方向与第二遍垂直，第四遍涂膜涂刮方向与第三遍垂直。其他作业要求与前面两遍涂膜施工相同。

② 涂膜总厚度应≥2mm。

（6）涂膜保护层施工

① 涂膜防水施工后应及时做好保护层。

② 平面涂膜防水层根据部位和后续施工情况可采用 20mm 厚 1∶2.5 水泥砂浆保护层或 40～50mm 厚细石混凝土保护层，当后续施工工序荷载较大（如绑扎底板钢筋）时应采用细石混凝土保护层。当采用细石混凝土保护层时，宜在防水层与保护层之间设置隔离层。

③ 墙体迎水面保护层宜采用软保护层，如粘贴聚乙烯泡沫片材等。

当地下室采用外防外涂法施工时，应先刮涂平面，后涂立面，平面与立面交接处应交叉搭接。

当涂膜防水层分段施工时，搭接部位涂膜的先后搭接宽度应不小于 100mm；当涂膜防水层中有胎体增强材料（聚酯无纺布或玻璃纤维布）时，胎体增强材料同层相邻的搭接宽度应大于 100mm，上下层接缝应错开 1/3 幅宽。

4. 施工总结

① 防水层空鼓：多发生在找平层与防水层之间及接缝处，主要原因是基层潮湿，含水率过大造成涂膜防水层鼓泡。施工时要严格控制基层含水率，接缝处认真作业，黏结牢固。

② 防水层渗漏：多发生在变形缝、穿墙管、施工缝等处，由于细部防水构造处理不当或作业不仔细，防水层脱落，黏结不牢等原因造成。施工中必须规范操作，按工序严格进行质量检验，杜绝渗漏隐患。

③ 防水层破损：涂膜防水层未固化就上人，致使涂层受损。施工中严格保护涂膜成品。

④ 地下水对聚氨酯防水涂料涂刷施工的影响：在地下水位较高的条件下涂刷防水层前，应先降低地下水位，做好排水处理，使地下水位降至防水层操作标高以下 500mm，并保持到防水层施工完。此项措施必须执行到位，否则将严重影响防水层施工，或造成工程质量重大损坏。

1. 示意图和现场照片

防水卷材错槎接缝示意图和现场照片分别见图 3-5 和图 3-6。

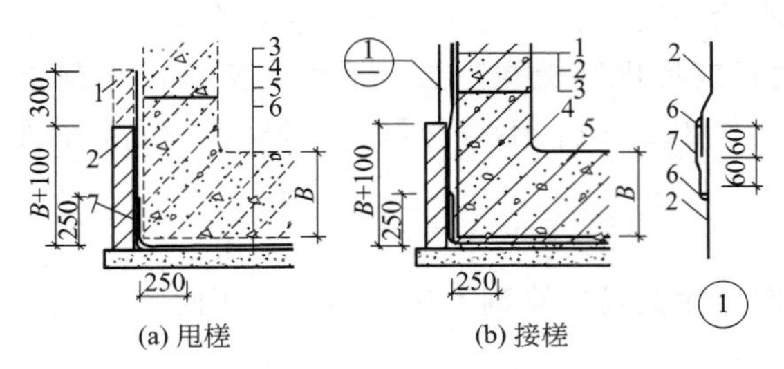

图 3-5 防水卷材错槎接缝示意图

1—临时保护墙；2—永久保护墙；3—细石混凝土保护层；
4—卷材防水层；5—水泥砂浆找平层；
6—混凝土垫层；7—卷材加强层

图 3-6 防水卷材错槎接缝照片

2. 注意事项

两幅卷材的搭接长度，长边与短边均不应小于 100mm。相邻两幅卷材接缝应错开 1/3～1/2 幅宽，上下两层卷材接缝应错开 1500～1600mm，上下层卷材不得相互垂直铺贴。阴角及附加层做法同底板及地下室外墙防水。

3. 施工做法详解

施工工艺流程：粘贴搭接缝施工→搭接缝黏结牢固的措施。

（1）粘贴搭接缝施工

一手用抹子或刮刀将搭接缝卷材掀起，另一手持火焰喷枪（或汽油喷灯）从搭接缝外斜向里喷火烘烤卷材面，随烘烤熔融随粘贴，并须将熔融的沥青挤出，以抹子（或刮刀）刮平。搭接缝或收头粘贴后，可用火焰及抹子沿搭接缝边缘再行均匀加热抹压封严，或以密封材料沿缝封严，宽度不小于 10mm。

（2）搭接缝黏结牢固的措施

① 先将下层卷材（已铺好）表面的防粘隔离层熔掉，为防止烘烤到搭接缝以外的卷材，应使用烫板沿搭接粉线移动，火焰喷枪随烫板移动，由于烫板的挡火作用，则火焰喷枪只将搭接卷材的隔离层熔掉而不影响其他卷材。

② 带页岩片卷材短边搭接时，需要去掉页岩片层，方法是用烫板沿搭接粉线移动，喷灯或火焰喷枪随着烫板移动，烘烤卷材表面后，用铁抹子刮去搭接部位的页岩片，然后再搭接牢固。

4. 施工总结

① 卷材搭接以及卷材收头的铺粘是影响铺贴质量的关键之一，不随大面一次粘铺，而做专门处理是为保证地下工程热熔型卷材防水层的铺贴质量。

② 采用对接时其方法是在接缝处下面垫 300mm 宽的卷材条，两边卷材横向对接，接缝处用密封材料处理。

③ 同一层相邻两幅卷材的横向接缝，应彼此错开 1500mm 以上，避免接缝部位集中。

④ 搭接缝及收头的卷材必须100%烘烤，粘铺时必须如有熔融沥青从边端挤出，用刮刀将挤出的热熔胶刮平，沿边端封严。

第二节　地下防水工程细部构造

1. 示意图和现场照片

变形缝细部构造示意图和现场照片分别见图 3-7 和图 3-8。

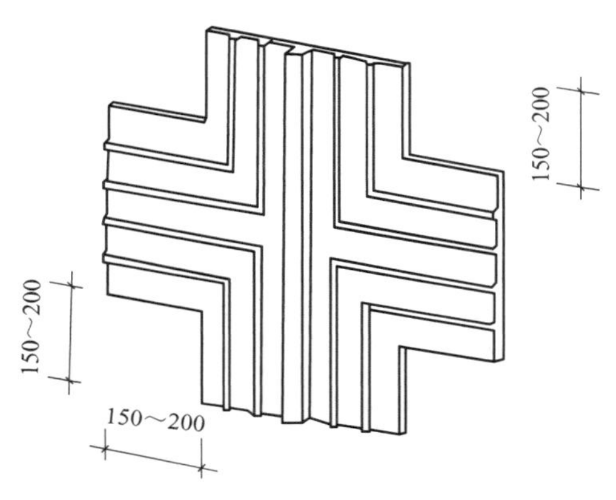

图 3-7　变形缝细部构造示意图

图 3-8　变形缝细部构造现场照片

2. 注意事项

① 变形缝处的混凝土结构厚度不应小于 300mm。

② 用于沉降的变形缝其最大允许沉降差值不应大于 30mm。当计算沉降值大于 30mm 时，应在设计时采取措施。

③ 用于沉降的变形缝宽度应为 20～30mm，用于伸缩的变形缝宽度应小于此值。

④ 变形缝的变形防水措施可根据工程开挖方法、防水等级按规范规定要求选用。

3. 施工做法详解

施工工艺流程：底板防水变形缝→侧壁变形缝。

（1）底板防水变形缝

底板混凝土垫层施工→底板防水施工→对变形缝的位置及尺寸进行放线→底板钢筋施工→底板橡胶止水带固定→先浇混凝土侧模封闭→先浇混凝土施工→先浇混凝土养护→先浇混凝土侧模拆除→将塑料薄膜或铝箔包装成型的填缝材料定位、固定→后浇混凝土施工→后浇混凝土养护。

（2）侧壁变形缝

侧壁变形缝位置尺寸放线→侧壁钢筋施工→侧壁橡胶止水带固定→侧壁外模及变形缝处侧模封闭→侧壁先浇混凝土施工→先浇混凝土养护→将塑料薄膜或铝箔包装成型的填缝材料定位、固定→后浇混凝土侧模封闭→后浇混凝土施工→后浇混凝土养护。

4. 施工总结

① 变形缝所用止水带和填缝材料必须符合设计要求、相关规范或行业标准，并经现场检验不得存在厚度不均匀、砂眼等严重缺陷。

② 变形缝的止水带位置应符合设计要求或规范要求，其定位必须准确、牢固且应确保

混凝土施工不移位。

③ 止水带处的模板必须具有足够的强度、刚度及密封性，应确保混凝土施工后成型准确、密实光洁。

④ 中埋式止水带的中孔应对准变形缝的中部。

⑤ 水平中埋式的止水带所用的混凝土坍落度不宜小于 80cm，并应采取措施以确保止水带下部混凝土的密实性。

1. 示意图和现场照片

底板后浇带防水示意图和现场照片分别见图 3-9 和图 3-10。

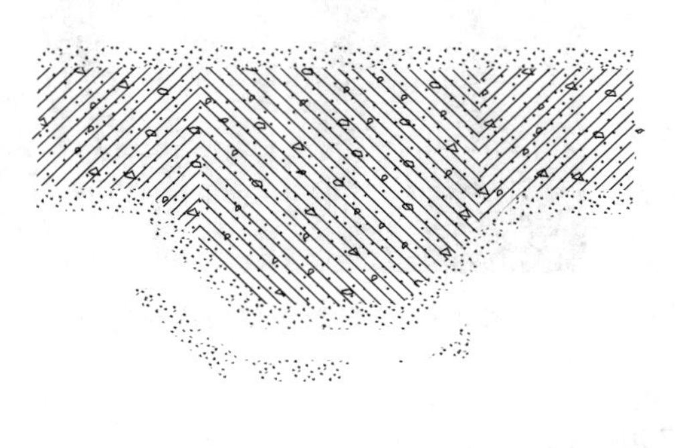

图 3-9　底板后浇带防水示意图

B—后浇带膨胀混凝土的厚度

图 3-10　底板后浇带防水照片

2. 注意事项

① 后浇带混凝土施工前，后浇带部位和外贴式止水带应予以保护，严防落入杂物和损伤外贴式止水带。

② 后浇带应采用补偿收缩混凝土浇筑，其强度等级不应低于两侧混凝土。

③ 后浇带混凝土应连续浇筑，不得留设施工缝；混凝土浇筑后应及时养护，养护时间不得少于 28d。

3. 施工做法详解

施工工艺流程：参数、规范确定→防水施工。

① 后浇带应设在受力和变形较小的部位，间距宜为 30～60m，宽度宜为 700～1000mm。

② 后浇带两侧可做成平直缝或阶梯缝，结构主筋不宜在缝中断开，如必须断开，则主筋搭接长度应大于 45 倍主筋直径，并应按设计要求加设附加钢筋。

③ 后浇带需超前止水时，后浇带部位混凝土应局部加厚，并增设外贴式或中埋式止水带。

4. 施工总结

① 后浇带应在其两侧混凝土龄期达到 42d 后再施工，但高层建筑的后浇带应在结构顶板浇筑混凝土 14d 后进行。

② 水平施工缝浇灌混凝土前，应将其表面浮浆和杂物清除，先铺净架，再铺 30～

50mm 厚 1∶1 的水泥砂浆或涂刷混凝土界面处理剂，并及时浇灌混凝土。

③ 垂直施工缝浇灌混凝土前，应将其表面清理干净，并涂刷水泥砂浆或混凝土界面处理剂，并及时浇灌混凝土。

1. 示意图和现场照片

墙体竖向止水带示意图和现场照片分别见图 3-11 和图 3-12。

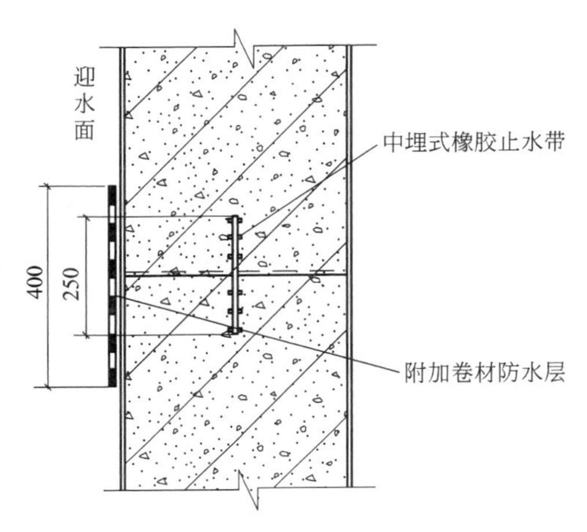

图 3-11　墙体竖向止水带示意图

图 3-12　墙体竖向止水带现场照片

2. 注意事项

① 橡胶止水带中心点距离筏板顶面 300cm。

② 迎水面施工缝处增加附加防水层一道宽 400cm。

3. 施工做法详解

施工工艺流程：位置确定→止水带安放施工。

在支设结构模板时，把止水带的中部夹于木模上，同时将模板钉在木模上，并把止水带的翼边用钢丝固定在侧模上，然后浇筑混凝土，待混凝土达到一定强度后，拆除端模，用钢丝将止水带另一翼边固定在侧模上，再浇筑另一侧的混凝土。

4. 施工总结

① 止水带埋设位置应准确，其中间空心圆环应于变形缝的中心线重合。

② 止水带应固定，顶、底板内止水带应呈盆状安设。

③ 止水带施工一侧混凝土时，其端模应支承牢固，并应严防漏浆。

④ 止水带的接缝应为一处，应设在边墙较高位置上，不得设在结构转角处。

⑤ 止水带在转弯处应做成圆弧形，橡胶止水带的转角半径不应小于 200mm，转角半径应随止水带的宽度增大而相应加大。

1. 示意图和现场照片

穿墙管迎水面防水示意图和现场照片分别见图 3-13 和图 3-14。

2. 注意事项

① 穿墙管（盒）应在浇筑混凝土前预埋。

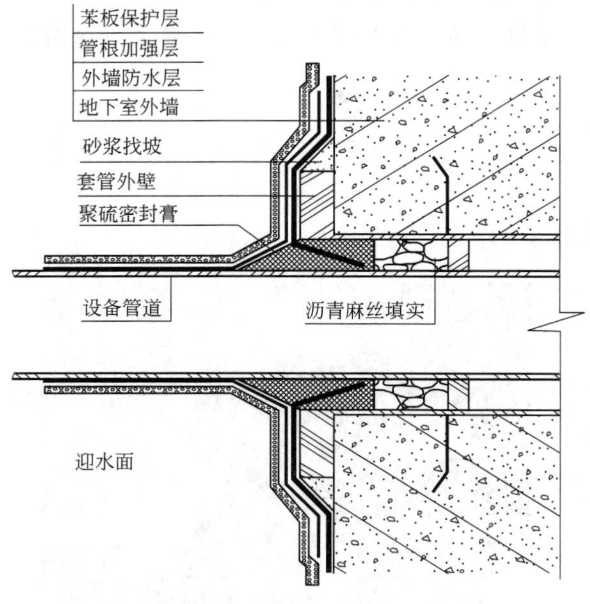

图 3-13　穿墙管迎水面防水示意图

图 3-14　穿墙管迎水面防水现场照片

② 穿墙管与内墙角凹凸部位的距离应大于 250mm。

③ 结构变形或管道伸缩量较大或有更换要求时，应采用套管式防水法，套管应加焊止水环。

④ 穿墙管处防水层施工前，应将套管内表面清理干净。

3. 施工做法详解

施工工艺流程：施工前预埋施工→确定参数→进行施工。

① 在进行大面积防水卷材铺贴前，应先穿好带有止水环的设备管道（止水环外径比套管内径小 4mm），并固定好，设备管道与套管之间的缝隙先填塞沥青麻丝，再填塞聚硫密封膏，将防水卷材收口嵌入设备管道与套管之间的缝隙，再用聚硫密封膏灌实，最后做一层矩形加强层防水卷材。穿墙管与内墙角凹凸部位的距离应大于 250mm，管与管的间距应大于 300mm。

② 浇筑墙体混凝土时带有止水环的预埋穿墙管。在进行大面积防水卷材铺贴前，在穿墙管部位嵌实聚硫密封膏，再将防水卷材沿着穿墙管贴严，最好在沿着管根部位做一层矩形加强层防水卷材，再在端部用 8 号钢丝箍紧。穿墙管与内墙角凹凸部位的距离应大于 250mm，管与管的间距应大于 300mm。

4. 施工总结

① 穿墙管线较多时，宜相对集中，采用穿墙盒方法。穿墙盒的封口钢板应与墙上的预埋角钢焊严，并从钢板上的预留浇筑孔注入改性沥青柔性密封材料或细石混凝土处理。

② 当工程有防护要求时，穿墙管除应采取有效防水措施外，尚应采取措施满足防护要求。

③ 金属止水环应与主管满焊密实，采用套管式穿墙管防水构造时，翼环与套管应满焊密实，并在施工前将套管内表面清理干净。

④ 相邻穿墙管之间的间距应大于 300mm。

⑤ 采用遇水膨胀止水圈的穿墙管，管径宜小于 50mm，止水圈应用胶黏剂满粘固定于

管上，并应涂缓胀剂或采用缓胀型遇水膨胀止水圈。

⑥ 穿墙管止水环与主管或翼环与套管应连续满焊，并做好防腐处理。

⑦ 套管内的管道安装完毕后，应在两管间嵌入内衬填料，端部用密封材料填缝。柔性穿墙时，穿墙内侧应用法兰压紧。

⑧ 穿墙管外侧防水层应铺设严密，不留接槎；增铺附加层时，应按设计要求施工。

⑨ 穿墙管伸出外墙的部位应采取有效措施防止回填时将管损坏。

1. 示意图和现场照片

外墙防水外墙内贴法示意图和现场照片分别见图 3-15 和图 3-16。

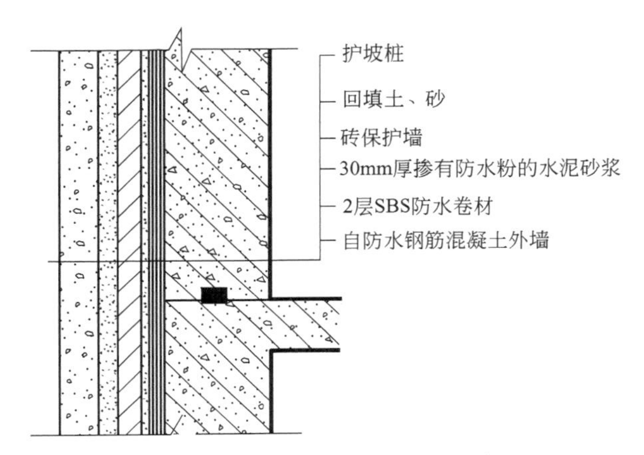

图 3-15 外墙防水外墙内贴法示意图

图 3-16 外墙防水外墙内贴法现场照片

2. 注意事项

① 沿着护坡桩砌砖墙，砖墙之间用细沙灌严。在砖墙上用掺有防水粉的水泥砂浆找平，待找平层干燥后再做两层防水卷材。

② 卷材防水层铺贴完毕，经检查验收合格后，在墙体防水层的内侧可按外贴法粘贴 5～6mm 厚聚乙烯泡沫塑料片材做保护层，平面可虚铺油毡保护隔离层后，浇筑 40～50mm 厚的细石混凝土保护层。

3. 施工做法详解

施工工艺流程：卷材检测→参数确定→进行施工→成品保护。

① 内贴法是在施工条件受到限制，外贴法施工难以实施时，不得不采用的一种防水施工法。因为它的防水效果不如外贴施工法。

② 内贴法施工是在垫层混凝土边沿上砌筑永久性保护墙，并在平、立面上同时抹砂浆找平层后，完成卷材防水层粘贴，最后进行底板和墙体钢筋混凝土结构的施工。

③ 在已施工好的混凝土垫层上砌筑永久性保护墙，并抹好水泥砂浆保护层。

④ 平、立面抹 1∶3 水泥砂浆找平层，厚 15～20mm，要求抹平、压光，无空鼓、起砂、掉皮等现象。

⑤ 找平层干燥后，涂刷基层处理剂。

4. 施工总结

① 施工卷材防水层铺贴时应先铺立面，后铺平面，先铺转角，后铺大面。

② 施工完防水结构，应将防水层压紧。

③ 防水做完后，应进行槽边回填土施工。

1. 示意图和现场照片

聚苯板防护示意图和现场照片分别见图 3-17 和图 3-18。

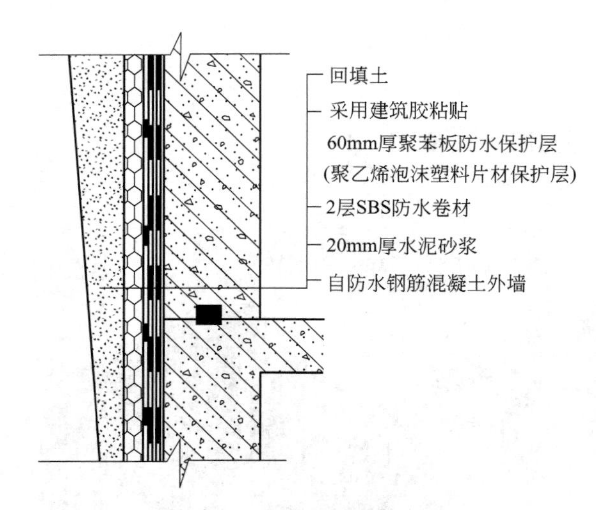

图 3-17 聚苯板防护示意图

图 3-18 聚苯板防护现场照片

2. 注意事项

① 施工过程中搬运材料、机具时应防止碰撞，碰划墙体及洞口。

② 组织合理的施工顺序（水、电、通风设备安装等）的相关操作应提前施工，防止损坏各构造层。

③ 各构造层在凝结前均应防止风干、暴晒、水冲和振动，以保证各层的质量和强度。

④ 拆架子时应注意保护，不得碰撞墙面。

3. 施工做法详解

施工工艺流程：基层墙体清理→界面处理→聚苯板的粘贴。

（1）基层墙体清理

① 填塞施工及外墙脚手眼洞口。

② 应清除墙体杂物、残留灰浆、污物、油渍等。剔除并修补空鼓、疏松部位。

③ 墙面表面平整度偏差不大于 4mm（用 2m 靠尺检查），偏差较大的须用 1∶3 砂浆找平。

（2）界面处理

① 砖墙在施工前浇水湿润，施工时表面呈阴干状。

② 加气混凝土用界面砂浆滚刷（界面砂浆加水，调成糊状）。

③ 混凝土墙面用界面砂浆拉毛。

（3）聚苯板的粘贴

① 用抹子沿聚苯板的四周边涂敷一条平均宽 50mm、厚 5～7mm 的梯形带状粘贴剂混合物砂浆，平均厚度视其墙面平整度决定。并同时涂 6 块 5～7mm、直径为 100mm 的点状物，均匀分布在板中间，聚苯板粘接牢固后（至少 24h）方可进行抹面层施工。

② 用齿口镘刀将粘接剂混合物砂浆按水平主向均匀不间断地抹在聚苯板上，粘接剂混合物砂浆条宽为 10mm、厚 5mm、间距为 50mm。此法一般用于平整度较好的墙面。

4. 施工总结

① 施工前，根据整个外墙立面的设计尺寸进行聚苯板排版，已达到节约材料、施工速度快的目的。聚苯板以短向水平铺贴，保证连续结合，上下两排板须竖向错缝 1/2 板长，局部最小错缝不得小于 200mm。

② 粘贴聚苯板时，板缝应挤紧，相邻板应齐平，施工时控制板间缝隙不得大于 2mm，板间高差不得大于 1.5mm。当板间缝隙不得大于 2mm 时，须用聚苯板条将缝塞满，板条不得用建筑胶黏结。

③ 聚苯板与基层建筑胶黏合剂在铺贴压实后，建筑胶粘接剂的覆盖面积约占板面积的 30%～50%，以保证聚苯板与墙体防水层黏结牢固。

④ 在预埋套管位置的聚苯板，不允许用碎板拼凑，须用整幅板切割，其切割边缘必须顺直、平整，尺寸方正，其他接缝距洞口四边应大于 200mm。

第四章　砌筑工程

第一节　砖砌体施工

1. 示意图和现场照片

一顺一丁砌法示意图和现场照片分别见图 4-1 和图 4-2。

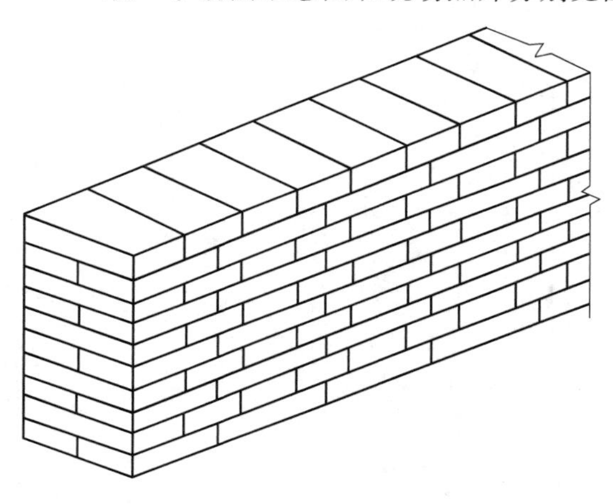

图 4-1　一顺一丁砌法示意图

图 4-2　一顺一丁砌法现场照片

2. 注意事项

① 基础墙砌完后，未经有关人员复查之前，对轴线桩、水平桩应注意保护，不得碰撞。

② 对外露或预埋在基础内的暖卫、电气套管及其他预埋件，应注意保护，不得损坏。

③ 抗震构造柱钢筋和拉结筋应保护，不得踩倒、弯折。

④ 基础墙回填土，两侧应同时进行，暖气沟墙不填土的一侧应加支撑，防止回填时挤歪挤裂。回填土应分层夯实，不允许向槽内灌水取代夯实。

⑤ 回填土运输时，先将墙顶保护好，不得在墙上推车，损坏墙顶和碰撞墙体。

3. 施工做法详解

施工工艺流程：确定组砌方法→砖浇水→拌制砂浆→排砖撂底→砖基础砌筑→抹防潮层→留槎。

（1）确定组砌方法

组砌方法应正确，一般采用一顺一丁（满丁、满条）排砖法。砖砌体的转角处和内外墙体交接处应同时砌筑，当不能同时砌筑时，应按规定留槎，并做好接槎处理。基底标高不同时，应从低处砌起，并应由高处向低处搭接。

（2）砖浇水

砖应在砌筑前1～2d浇水湿润，烧结普通砖一般以水浸入砖四边15mm为宜，含水率10%～15%；煤矸石页岩实心砖含水率8%～12%，常温施工不得用干砖上墙，不得使用含水率达饱和状态的砖砌墙，冬期施工清除冰霜，砖可以不浇水，但应加大砂浆稠度。

（3）拌制砂浆

① 干拌砂浆的强度等级必须符合设计要求。施工人员应按使用说明书的要求操作。

② 干拌砂浆宜采用机械搅拌。如采用连续式搅拌器，应以产品使用说明书要求的加水量为基准，并根据现场施工稠度微调拌和加水量。如采用手持式电动搅拌器，应严格按照产品使用说明书规定的加水量进行搅拌，先在容器内放入规定量的拌合水，再在不断搅拌的情况下陆续加入干拌砂浆，搅拌时间宜为3～5min，静停10min后再搅拌不少于0.5min。

③ 不得自行添加某种成分来变更干拌砂浆的用途及等级。

④ 拌和好的砂浆拌合物应在使用说明书规定的时间内用完，在炎热或大风天气时应采取措施防止水分过快蒸发，超过初凝时间严禁二次加水搅拌使用。

⑤ 散装干拌砂浆应储存在专用储料罐内，储罐上应有标识。不同品种、强度等级的产品必须分别存放，不得混用。袋装干拌砂浆宜采用糊底袋，在施工现场储存应采取防雨、防潮措施，并按品种、强度等级分别堆放，严禁混堆混用。

⑥ 如在有效存放期内发现干拌砂浆有结块，应在过筛后取样检验，检验合格后全部过筛方可继续使用。

⑦ 砂浆的配合比应由试验室经试配确定。在砂浆中掺入有机塑化剂、早强剂、缓凝剂、防冻剂等，经检验和试配符合要求后，方可使用。有机塑化剂应有砌体强度的型式检验报告。

⑧ 砂浆配合比应采取重量比。计量精度：水泥±2%；砂、灰膏控制在±5%以内。

⑨ 水泥砂浆应采取机械搅拌，先倒砂子、水泥、掺和料，最后倒水。搅拌时间不少于2min。水泥粉煤灰砂浆和掺用外加剂的砂浆搅拌时间不得少于3min，掺用有机塑化剂的砂浆，应为3～5min。

⑩ 砂浆应随拌随用，水泥砂浆和水泥混合砂浆必须在拌成后3h和4h内使用完毕。当施工期间最高温度超过30℃时，应分别在拌成后2h和3h内使用完毕。超过上述时间的砂浆，不得使用，并不应再次拌和后使用。对掺用缓凝剂的砂浆，其使用时间可根据具体情况延长。

（4）排砖撂底（干摆砖样）

① 基础大放脚的撂底尺寸及收退方法，必须符合设计图纸规定，如果是一层一退，里外均应砌丁砖；如果是两层一退，第一层为条砖，第二层砌丁砖。

② 大放脚的转角处，应按规定放七分头，其数量为一砖墙放两块、一砖半厚墙放三块、二砖墙放四块，依此类推。

（5）砖基础砌筑

① 砖基础砌筑前，基底垫层表面应清扫干净，洒水湿润。先盘墙角，每次盘角高度不应超过五层砖，随盘随靠平、吊直。

② 砖基础墙应挂线，240mm 墙反手挂线，370mm 以上墙应双面挂线。

③ 基础大放脚砌到基础墙时，要拉线检查轴线及边线，保证基础墙身位置正确。同时要对照皮数杆的砖层及标高；如有高低差时，应在水平灰缝中逐渐调整，使墙的层数与皮数杆相一致。

④ 基础垫层标高不一致或有局部加深部位，应从深处砌起，并应由浅处向深处搭砌。

⑤ 暖气沟挑檐砖及上一层压砖，均应整砖丁砌，灰缝要严实，挑檐砖标高必须符合设计要求。

⑥ 各种预留洞、埋件、拉结筋按设计要求留置，避免后剔凿，影响砌体质量。

⑦ 变形缝的墙角应按直角要求砌筑，先砌的墙要把“舌头灰”刮尽；后砌的墙可采用缩口灰，掉入缝内的杂物随时清理。

⑧ 安装管沟和洞口过梁其型号、标高必须正确，底灰饱满；如坐灰超过 20mm 厚，应采用细石混凝土铺垫，两端搭墙长度应一致。

(6) 抹防潮层

抹防潮层砂浆前，将墙顶活动砖重新砌好，清扫干净，浇水湿润，基础墙体应抄出标高线（一般以外墙室外控制水平线为基准），墙上顶两侧用木八字尺杆卡牢，复核标高尺寸无误后，倒入防水砂浆，随即用木抹子搓平，设计无规定时，一般厚度为 20mm，防水粉掺量为水泥重量的 3%～5% 。

(7) 留槎

流水段分段位置应在变形缝或门窗口角处，隔墙与墙或柱不同时砌筑时，可留阳槎加预埋拉结筋。沿墙高每 500mm 预埋 ϕ6 钢筋 2 根，其埋入长度从墙的留槎计算起，一般每边均不小于 1000mm，末端应加 180°弯钩。

4. 施工总结

① 砂浆配合比不准：散装水泥和砂都要车车过磅，计量要准确。搅拌时间要达到规定的要求。

② 基础墙身位移：大放脚两侧边收退要均匀，砌到基础墙身时，要拉线找正墙的轴线和边线。砌筑时保持墙身垂直。

③ 皮数杆不平：抄平放线时，要细致认真；钉皮数杆的木桩要牢固，防止碰撞松动。皮数杆立完后，要复验，确保皮数杆标高一致。

④ 水平灰缝不平：盘角时灰缝要掌握均匀，每层砖都要与皮数杆对平，通线要绷紧穿平。砌筑时要左右照顾，避免接槎处接得高低不平。

⑤ 灰缝大小不均：立皮数杆要保证标高一致，盘角时灰缝要掌握均匀，砌砖时小线要拉紧，防止一层线松，一层线紧。

⑥ 埋入砌体中的拉结筋位置不准：应随时注意正在砌的皮数。保证按皮数杆标明的位置放拉结筋，其外露部分在施工中不得任意弯折；并保证其长度符合设计要求。

⑦ 留槎不符合要求：砌体的转角和交接处应同时砌筑，否则应砌成斜槎。

⑧ 有高低台的基础应先砌低处，并由高处向低处搭接，如设计无要求，其搭接长度不应小于基础扩大部分的高度。

1. 示意图

三顺一丁示意图和梅花丁示意图分别见图 4-3 和图 4-4。

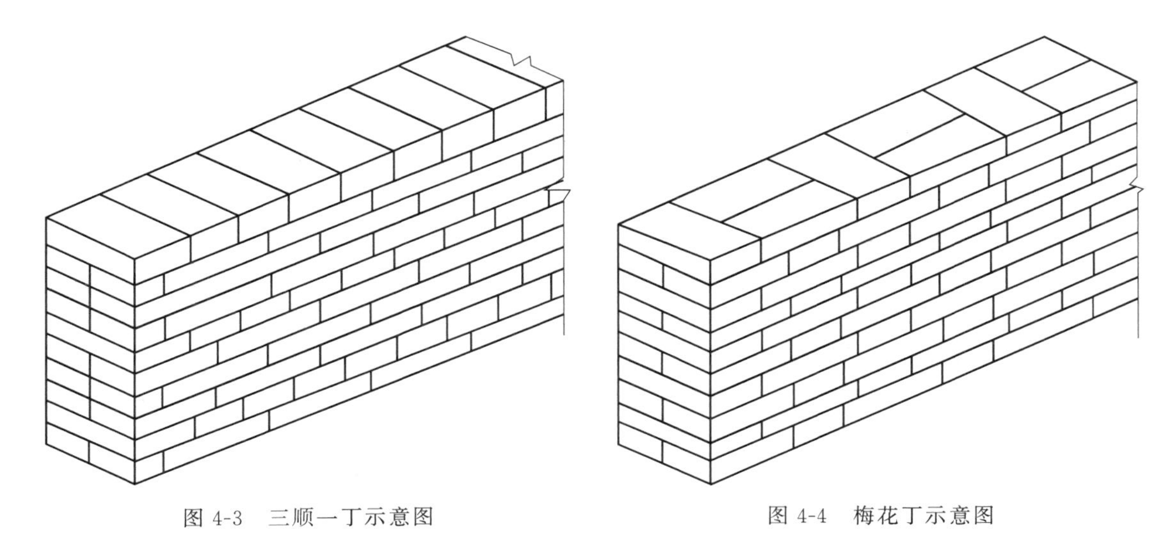

图 4-3　三顺一丁示意图　　　　图 4-4　梅花丁示意图

2. 注意事项

① 墙体拉结筋、抗震构造柱钢筋及各种预埋件、暖卫、电气管线等，均应注意保护，不得任意拆改或损坏。

② 砂浆稠度应适宜，砌墙时应防止砂浆溅脏墙面。

③ 在吊放平台脚手架或安装大模板时，指挥人员和吊车司机应认真指挥和操作，防止碰撞已砌好的砖墙。

④ 在高车架进料口周围，应用塑料薄膜或木板等遮盖，保持墙面洁净。

⑤ 尚未安装楼板或屋面板的墙和柱，当可能遇到大风时，应采取临时支撑等措施，以保证施工中墙体稳定性。

⑥ 雨季前及时完成屋面工程和雨排水系统，防止污染清水墙面。

3. 施工做法详解

施工工艺流程：确定组砌方法→砖浇水→拌制砂浆→排砖撂底→砖墙砌筑→抹防潮层→留槎。

（1）确定组砌方法

① 梅花丁砌法，是指一面墙的每一皮中均采用丁砖与顺砖左右间隔砌成，每一块丁砖均在上下两块顺砖长度的中心，上下皮竖缝相错 1/4 砖长。该砌法砖缝整齐，外表美观，结构的整体性好，但砌筑效率较低，适用于砌筑一砖或一砖半的清水墙。当砖的规格偏差较大时，采用梅花丁砌法，有利于减少墙面的不整齐性。

② 三顺一丁砌法是指一面墙的连续三皮中全部采用顺砖与一皮中全部采用丁砖上下间隔砌成，上下相邻两皮顺砖间的竖缝相互错开 1/2 砖长（125mm），上下皮顺砖与丁砖间竖缝相互错开 1/4 砖长。该砌法因砌顺砖较多，所以砌筑速度快，但因丁砖拉结较少，结构的整体性较差，在实际工程中应用较少，适用于砌筑一砖墙或一砖半墙。

（2）砖浇水

砖浇水的方法及步骤按一顺一丁砌法进行。

（3）拌制砂浆

拌制砂浆的方法及步骤同一顺一丁砌法。

（4）排砖撂底（干摆砖样）

一般外墙第一层砖撂底时，两山墙排丁砖，前后檐纵墙排条砖。根据弹好的门窗洞口位置线，认真核对窗间墙、垛尺寸，按其长度排砖。窗口尺寸不符合排砖好活的时候，可以将门窗洞口的位置在 60mm 范围内左右移动。破活应排在窗口中间、附墙垛或其他不明显的部位。移动门窗洞口位置时，应注意暖卫立管安装及门窗开启时不受影响。排砖时必须做全盘考虑，前后檐墙排第一皮砖时，要考虑甩窗口后砌条砖，窗角上应砌七分头砖才是好活。

（5）砖墙砌筑

① 选砖：砌清水墙应选棱角整齐，无弯曲、裂纹，颜色均匀，规格基本一致的砖。敲击时声音响亮，焙烧过火变色、变形的砖可用在不影响外观的内墙上。灰砂砖不宜与其他品种砖混合砌筑。

② 盘角：砌砖前应先盘角，每次盘角不应超过五皮，新盘的大角，需及时进行吊、靠，如有偏差要及时修整。盘角时应仔细对照皮数杆的砖层和标高，控制好灰缝大小，使水平灰缝均匀一致。大角盘好后再复查一次，平整和垂直完全符合要求后，再挂线砌墙。

③ 挂线：砌筑砖墙厚度超过一砖半厚（370mm）时，应双面挂线。超过 10m 的长墙，中间应设支线点，小线要拉紧，每皮砖都要穿线看平，使水平缝均匀一致，平直通顺；砌一砖厚（240mm）混水墙时宜采用外手挂线，可照顾砖墙两面平整，为下道工序控制抹灰厚度奠定基础。

④ 砌砖：砌砖时砖要放平，里手高，墙面就要张；里手低，墙面就要背。砌砖应跟线，“上跟线，下跟棱，左右相邻要对平”。

⑤ 烧结普通砖水平灰缝厚度和竖向灰缝宽度一般为 10mm，但不应小于 8mm，也不应大于 12mm；蒸压（养）砖水平灰缝厚度和竖向灰缝宽度一般为 10mm，但不应小于 9mm，也不应大于 12mm。

⑥ 240mm 厚承重墙的每层墙的最上一皮砖，砖砌体的台阶水平面上及挑出层，应整砖丁砌。

（6）留槎

① 除构造柱外，砖砌体的转角处和交接处应同时砌筑，严禁无可靠措施的内外墙分砌施工。对不能同时砌筑而又必须留置的临时间断处应砌成斜槎，斜槎水平投影长度不应小于高度的 2/3。槎子必须平直、通顺。

② 施工洞口留设：洞口侧边离交接处外墙面不应小于 500mm，洞口净宽度不应超过 1m。施工洞口可留直槎。

③ 预埋混凝土砖、木砖：户门框、外窗框处采用预埋混凝土砖，室内门框采用木砖或混凝土砖。混凝土砖采用 C15 混凝土现场制作而成，和砖尺寸大小相同；木砖预埋时应小头在外，大头在内，数量按洞口高度确定。洞口高在 1.2m 以内，每边放 2 块；高 1.2～2m，每边放 3 块；高 2～3m，每边放 4 块。预埋砖的部位一般在洞口上边或下边四皮砖，中间均匀分布。木砖要提前做好防腐处理。

④ 预留孔：钢门窗安装、硬架支撑、暖卫管道的预留孔，均应按设计要求留置，不得事后剔凿。

⑤ 墙体拉结筋：墙体拉结筋的位置、规格、数量、间距均应按设计要求留置，不应错放、漏放。

⑥ 过梁、梁垫的安装：安装过梁、梁垫时，其标高、位置及型号必须准确，坐灰饱满。如坐灰厚度超过 20mm 时，要用细石混凝土铺垫。过梁安装时，两端支承点的长度应一致。

⑦ 构造柱做法：凡设有构造柱的工程，在砌砖前，先根据设计图纸将构造柱位置进行弹线，并把构造柱插筋处理顺直。砌砖墙时，与构造柱连接处砌成马牙槎。每一个马牙槎沿

高度方向的尺寸不应超过 300mm。马牙槎应先退后进。拉结筋按设计要求放置，设计无要求时，一般沿墙高 500mm 设置 2 根 $\phi 6$ 水平拉结筋，每边深入墙内不应小于 1m。

⑧ 有防水要求的房间楼板四周，除门洞口外，必须浇筑不低于 120mm 高的混凝土坎台，混凝土强度等级不小于 C20。

（7）不得在下列墙体或部位设置脚手眼

① 120mm 厚墙和独立柱。

② 过梁上与过梁成 60°角的三角形范围及过梁净跨度 1/2 的高度范围内。

③ 宽度小于 1m 的窗间墙。

④ 砌体门窗洞口两侧 200mm 和转角处 450mm 范围内。

⑤ 梁或梁垫下及其左右 500mm 范围内。

⑥ 设计上不允许设置脚手眼的部位。

4. 施工总结

① 砂浆配合比不准：散装水泥和砂都要车车过磅，计量要准确，搅拌时间要达到规定的要求。

② 墙面不平：一砖半墙必须双面挂线，一砖墙反手挂线；“舌头灰”要随砌随刮平。

③ 皮数杆不平：抄平放线时，要细致认真；钉皮数杆的木桩要牢固，防止碰撞松动。皮数杆立完后，要复验，确保皮数杆标高一致。

④ 水平灰缝不平：盘角时灰缝要掌握均匀，每层砖都要与皮数杆对平，通线要绷紧穿平；砌筑时要左右照顾，避免接槎处接得高低不平。

⑤ 灰缝大小不匀：立皮数杆要保证标高一致，盘角时灰缝要掌握均匀，砌砖时小线要拉紧，防止一层线松，一层线紧。

⑥ 埋入砌体中的拉结筋位置不准；应随时注意正在砌的皮数，保证按皮数杆标明的位置放拉结筋，其外露部分在施工中不得任意弯折，并保证其长度符合设计要求。

⑦ 留槎不符合要求：砌体的转角和交接处应同时砌筑，否则应砌成斜槎。

⑧ 砌体临时间断处的高度差过大；一般不得超过一步架的高度。

⑨ 清水墙游丁走缝：排砖时必须把立缝排匀，砌完一步架高，每隔 2m 间距在丁砖立楞处用托线板吊直弹线，二步架往上继续吊直弹线，由低往上所有七分头的长度应保持一致，对于质量要求较高的工程七分头宜采用无齿锯切割，上层分窗口位置时必同下窗口保持垂直。

⑩ 窗口上部立缝变活：清水墙排砖时，为了使窗间墙、垛排成好活，把破活排在窗口中间或不明显位置，在砌过梁上第一皮砖时，不得变活。

⑪ 砖墙鼓胀：内浇外砌墙体砌筑时，在窗间墙上、抗震柱两边分上、中、下留出 60mm×120mm 通孔，在抗震柱外墙面上垫木模板，用花篮螺栓与大模板连接牢固。混凝土要分层浇筑，振捣棒不可直接触及外墙。楼层圈梁外三皮 120mm 砖墙也应认真加固。如在振捣时发现砖墙已鼓胀，则应及时拆掉重砌。

⑫ 混水墙粗糙：“舌头灰”未刮尽，半头砖集中使用，造成通缝，半头砖应分散使用在墙体较大的面上。一砖厚墙背面偏差较大，砖墙错层造成螺丝墙。首层或楼层的一皮砖要查对皮数杆的标高及层高，防止到顶砌成螺丝墙。一砖厚墙应外手挂线。

⑬ 构造柱处砌筑不符合要求：构造柱砖墙应砌成马牙槎，设置好拉结筋，从柱脚开始两侧都应先退后进；当退 120mm 时，宜上口一皮进 60mm，再上一皮进 60mm ，以保证混凝土浇筑时上角密实。构造柱内的落地灰、砖渣杂物未清理干净，导致混凝土内夹渣。

1. 示意图和现场照片

多孔砖砌筑示意图和现场照片分别见图 4-5 和图 4-6。

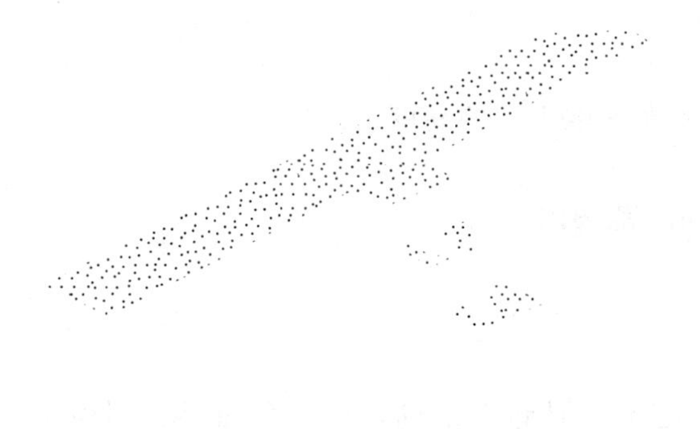

图 4-5　多孔砖砌筑示意图

图 4-6　多孔砖砌筑现场照片

2. 注意事项

① 墙体拉结筋、抗震构造柱钢筋、大模板混凝土墙体钢筋及各种预埋件、暖卫、电气管线等，均应注意保护，不得任意拆改或损坏。

② 砂浆稠度应适宜，砌墙时应防止砂浆溅脏墙面。

③ 在吊放平台脚手架或安装大模板时，指挥人员和吊车司机应认真指挥和操作，防止碰撞已砌好的砖墙。

④ 在高车架进料口周围，应用塑料薄膜或木板等遮盖，保持墙面洁净。

⑤ 尚未安装楼板或屋面板的墙和柱，当可能遇到大风时，应采取临时支撑等措施，以保证施工中墙体的稳定性。

3. 施工做法详解

施工工艺流程：确定组砌方法→砖浇水→拌制砂浆→排砖撂底→砖基础砌筑→抹防潮层→留槎。

（1）拌制砂浆

① 干拌砂浆的强度等级必须符合设计要求。施工人员应按使用说明书的要求操作。

② 干拌砂浆宜采用机械搅拌。如采用连续式搅拌器，应以产品使用说明书要求的加水量为基准，并根据现场施工稠度微调拌和加水量；如采用手持式电动搅拌器，应严格按照产品使用说明书规定的加水量进行搅拌，先在容器内放入规定量的拌和水，再在不断搅拌的情况下陆续加入干拌砂浆，搅拌时间宜为 3～5min，静停 10min 后再搅拌不少于 0.5min。

③ 不得自行添加某种成分来变更干拌砂浆的用途及等级。

④ 拌和好的砂浆拌合物应在使用说明书规定的时间内用完，在炎热或大风天气时应采取措施防止水分过快蒸发，超过初凝时间严禁二次加水搅拌使用。

⑤ 散装干拌砂浆应储存在专用储料罐内，储罐上应有标识。不同品种、强度等级的产

品必须分别存放，不得混用。袋装干拌砂浆宜采用糊底袋，在施工现场储存应采取防雨、防潮措施，并按品种、强度等级分别堆放，严禁混堆混用。

⑥ 如在有效存放期内发现干拌砂浆有结块，应在过筛后取样检验，检验合格后全部过筛方可继续使用。

（2）普通砂浆的拌制

① 砂浆的配合比应由试验室经试配确定。在砂浆中掺入有机塑化剂、早强剂、缓凝剂、防冻剂等，经检验和试配符合要求后，方可使用。有机塑化剂应有砌体强度的型式检验报告。

② 砂浆配合比应采取重量比。计量精度：水泥2%，砂、灰膏控制在±5%以内。

③ 水泥砂浆应采取机械搅拌，先倒砂子、水泥、掺和料，最后倒水。搅拌时间不少于2min。水泥粉煤灰砂架和掺用外加剂的砂浆搅拌时间不得少于3min，掺用有机塑化剂的砂浆应为3～5min。

④ 砂浆应随拌随用，水泥砂浆和水泥混合砂浆必须在拌成后3h和4h内使用完毕。当施工期间最高温度超过3min时，应分别在拌成后2h和3h内使用完毕。超过上述时间的砂浆，不得使用，并不应再次拌和后使用。对掺用缓凝剂的砂浆，其使用时间可根据具体情况延长。

（3）砖墙砌筑

① 砖墙排砖撂底（干摆砖样）：一般外墙一层砖撂底时，两山墙排丁砖，前后檐纵墙排条砖。根据弹好的门窗洞口位置线，认真核对窗间墙、垛尺寸，按其长度排砖。窗口尺寸不符合排砖好活的时候，可以适当移动。破活应排在窗口中间、附墙垛或其他不明显的部位。排砖时必须做全盘考虑，前后檐墙排一皮砖时，要考虑窗口后砌条砖，窗角上应砌七分头砖。

② 选砖：清水墙应选棱角整齐，无弯曲、裂纹，颜色均匀，规格一致的砖。焙烧过火变色、变形的砖可用在不影响外观的内墙上。

③ 盘角：砌砖前应先盘角，每次盘角不应超过五皮，新盘的大角，要及时进行吊、靠。如有偏差要及时修整。盘角时应仔细对照皮数杆的砖层和标高，控制好灰缝大小，使水平灰缝均匀一致。大角盘好后再复查一次，平整和垂直完全符合要求后，再挂线砌砖。

④ 挂线：砌筑砖墙应根据墙体厚度确定挂线方法。砌筑墙体超过一砖厚时，应双面挂线。超过10m的长墙，中间应设支线点，小线要拉紧，每皮砖都要穿线看平，使水平缝均匀一致，平直通顺；砌一砖厚混水墙时宜采用外手挂线，可照顾砖墙两面平整，为下道工序控制抹灰厚度奠定基础。

⑤ 砌砖：对抗震设防地区砌砖应采用一铲灰、一块砖、一挤压的砌砖法砌筑。对非抗震地区可采用铺浆法砌筑，铺装长度不得超过750mm；当施工期间最高气温高于30℃时，铺架长度不得超过500mm。砌砖时砖要放平，多孔砖的孔洞应垂直于砌筑面砌筑。里手高，墙面就要张；里手低，墙面就要背。砌砖应跟线，“上跟线，下跟棱，左右相邻要对平”。

⑥ 水平灰缝厚度和竖向灰缝宽度一般为10mm，但不应小于8mm，也不应大于12mm。水平灰缝的砂浆饱满度不得小于80%；竖向灰缝宜采用挤装或加浆方法，不得出现透明缝，严禁用水冲浆灌缝。

⑦ 为保证清水墙面主缝垂直，不游丁走缝，当砌完一步架高时，宜每隔2m水平间距，在丁砖立棱位置弹两道垂直立线，以分段控制游丁走缝。

⑧ 墙面勾缝应横平竖直、深浅一致、搭接平顺。勾缝时，应采用加浆勾缝，并宜采用

细砂拌制的 1∶1.5 水泥砂浆。当勾缝为凹缝时，凹缝深度宜为 4～5mm。内墙也可用原浆勾缝，但必须随砌随勾，并使灰缝光滑密实。

⑨ 240mm 厚承重墙的每层墙的最上一皮砖，砖砌体的阶台水平面上及挑出层，应整砖丁砌。

⑩ 留槎：除构造柱外，砖砌体的转角处和交接处应同时砌筑，严禁无可靠措施的内外墙分砌施工。对不能同时砌筑而又必须留置的临时间断处应砌成斜槎，斜槎水平投影长度不应小于高度的 2/3。槎子必须平直、通顺。

⑪ 施工洞口留设：洞口侧边离交接处外墙面不应小于 500mm，洞口净宽度不应超过 1m。施工洞口可留直槎，但直槎必须设成凸槎，并须加设拉结钢筋，在后砌施工洞口内的钢筋搭接长度不应小于 330mm。

⑫ 预埋混凝土砖、木砖：户门框、外窗框处采用预埋混凝土砖，室内门框采用木砖。混凝土砖采用 C15 混凝土现场制作而成，和多孔砖尺寸大小相同；木砖预埋时应小头在外，大头在内，数量按洞口高度确定。洞口高在 1.2m 以内，每边放 2 块；高 1.2～2m，每边放 3 块；高 2～3m，每边放 4 块。预埋砖的部位一般在洞口上边或下边四皮砖，中间均匀分布。木砖要提前做好防腐处理。

⑬ 预留槽洞及埋设管道：施工中应准确预留槽洞位置，不得在已砌墙体上凿孔打洞；不应在墙面上留（凿）水平槽、斜槽或埋设水平暗管和斜暗管。

（4）不得在下列墙体或部位设置脚手眼

① 120mm 厚墙和独立柱。

② 过梁上与过梁成 60°角的三角形范围及过梁净跨度 1/2 的高度范围内。

③ 宽度小于 1m 的窗间墙。

④ 砌体门窗洞口两侧 200mm 和转角处 450mm 范围内。

⑤ 设计上不允许设置脚手眼的部位。

4. 施工总结

① 砂浆配合比要准：散装水泥和砂都要车车过磅，计量要准确。搅拌时间要达到规定的要求。

② 墙面要平：一砖半墙必须双面挂线，一砖墙反手挂线；“舌头灰”要随砌随刮平。

③ 皮数杆要平：抄平放线时，要细致认真；钉皮数杆的木桩要牢固，防止碰撞松动。皮数杆立完后，要复验，确保皮数杆标高一致。

④ 水平灰缝要平：盘角时灰缝要掌握均匀，每层砖都要与皮数杆对平，通线要绷紧穿平。砌筑时要左右照顾，避免接槎处接得高低不平。

⑤ 灰缝大小要匀：立皮数杆要保证标高一致，盘角时灰缝要掌握均匀，砌砖时小线要拉紧，防止一层线松，一层线紧。

⑥ 埋入砌体中的拉结筋位置要准，应随时注意正在砌的皮数。保证按皮数杆标明的位置放拉结筋，其外露部分在施工中不得任意弯折，并保证其长度符合设计要求。

⑦ 留槎要符合要求：砌体的转角和交接处应同时砌筑，否则应砌成斜槎。

⑧ 砌体临时间断处的高度差不能过大，一般不得超过一步架的高度。

⑨ 混水墙不能粗糙：“舌头灰”未刮尽，半头砖集中使用，造成通缝，半头砖应分散使用在墙体较大的面上。一砖厚墙背面偏差较大，砖墙错层造成螺丝墙。首层或楼层的一皮砖要查对皮数杆的标高及层高，防止到顶砌成螺丝墙。一砖厚墙应外手挂线。

⑩ 构造柱处砌筑要符合要求：构造柱砖墙应砌成马牙槎，设置好拉结筋，从柱脚开始

两侧都应先退后进；当退120mm时，宜上口一皮进60mm，再上一皮进60mm，以保证混凝土浇筑时上角密实。构造柱内的落地灰、砖渣杂物未清理干净，导致混凝土内夹渣。

1. 示意图和现场照片

预留槽洞示意图和埋设管道现场照片分别见图4-7和图4-8。

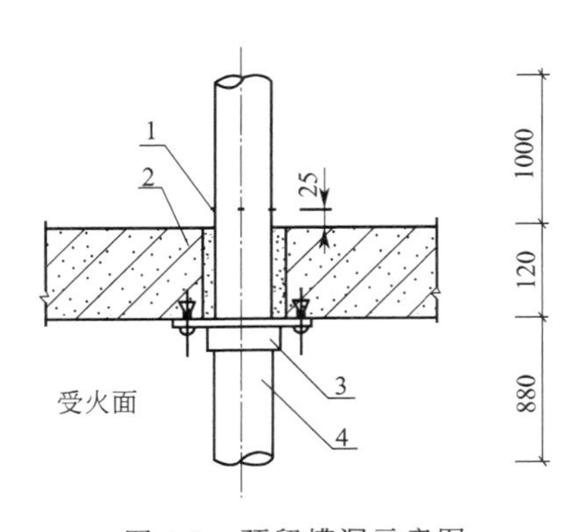

图4-7 预留槽洞示意图

1—密封油膏；2—油膏嵌缝；3—套管；4—嵌缝材料

图4-8 埋设管道现场照片

2. 注意事项

① 不应在截面长边小于500mm的承重墙体、独立柱内埋设管线。

② 不宜在墙体中穿行暗线或预留、开凿沟槽，无法避免时应采取必要的措施或按削弱后的截面验算墙体的承载力。

3. 施工做法详解

施工工艺流程：选制模具和埋件→放线、标记→安装模具、下预埋件。

（1）选制模具和埋件

① 根据设计图纸，参照预留尺寸表及位置图，选定形式、材质来制作模具木砖和铁件。

② 墙上的木砖，按要求做好后，在木砖中心钉一个钉子，木砖一般用红、白松，椴木等木料制成。须刮出斜坡，满刷防腐油。

③ 混凝土捣制构件中各类管道预埋件及吊环，须按要求事先下料焊制成型后待用。

（2）放线、标记

① 在钢筋绑扎前按图纸要求的规格、位置、标高，预留槽洞或预埋套管、预下铁件。

② 在砖墙上预留孔洞或预留暗配槽、竖管槽时，应根据管的位置及标高，根据轴线量出准确位置，向砌砖工交代清楚由砌砖工留出，并校核尺寸，以免出错。

（3）安装模具、下预埋件

① 在混凝土墙或梁、板上安装模具时，将事先制作好的模具中心对准标注的十字进行模具安装。待支完模板后，按要求在模板上锯出孔洞，将模具或套管钉牢或用钢丝绑在周围的钢筋上，并找平找正。

② 在基础墙上预下套管时，按管道标高、位置，在瓦工砌砖或砌石时镶入，找平找正，用砂浆稳固，并应考虑到结构自由下沉时不会损伤管道。

③ 在混凝土或砖基础中，预下防水套管时，两端应根据需要露出墙面一定长度，但不得小于30mm。

4. 施工总结

① 施工中应准确预留槽洞位置，不得在已砌墙体上凿孔开洞；不得在墙体上留槽（水平槽）、斜槽或埋设水平暗管或斜暗管。

② 墙体中的竖向暗管应预埋；无法预埋需留槽时，预留槽深度及宽度不得大于 95mm×95mm。

③ 管道安装完毕后，应采用强度等级不低于 C10 的细石混凝土或 M10 的水泥砂浆填塞。在宽度小于 500mm 的承重小墙段及壁柱内，不应埋设竖向管线。

1. 示意图和现场照片

构造柱施工示意图和现场照片分别见图 4-9 和图 4-10。

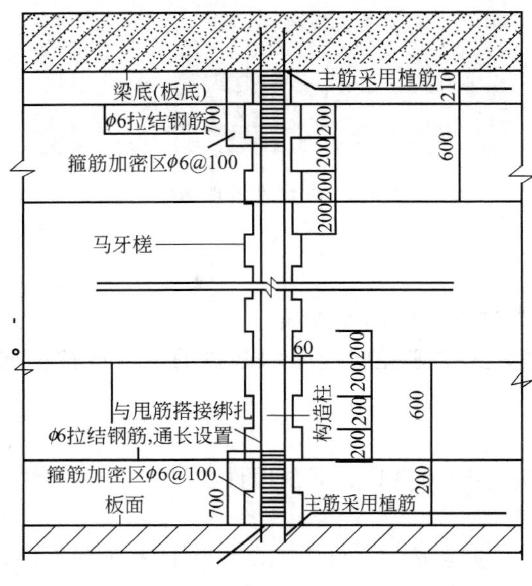

图 4-9　构造柱施工示意图

图 4-10　构造柱施工现场照片

2. 注意事项

① 设置构造柱的墙体，应先砌墙，后浇混凝土。砌砖时，与构造柱连接处应砌成马牙槎，每个马牙槎沿高度方向的尺寸不应超过 300mm，马牙槎应先退后进，构造柱应有外露面。

② 柱与墙拉结筋应按设计要求设置，设计无要求时，一般沿墙高 500mm，每 120mm 厚墙设置一根 $\phi6$ 水平拉结筋，每边深入墙内不得小于 1000mm。

3. 施工做法详解

施工工艺流程：预留构造柱位置砌体施工→钢筋安装与拉结筋预埋→模板安装与混凝土浇筑。

（1）预留构造柱位置砌体施工

按规范规定，砌体与构造柱的连接处应砌成马牙槎，每个马牙槎的高度不宜超过 300mm，马牙槎凹入深度宜为 50～60mm。目前砌体砌块普遍使用蒸压加气混凝土砌块，加气混凝土砌块模数高度为 250mm，刚好作为一个马牙。砌筑时第一块砖应为凹入，谓之咬脚，然后按顺数同进同退砌筑马牙槎（若底部采用灰砂砖砌筑也应视为一个马牙槎凹入咬脚）。无论马牙槎凹入凸出，同时都要用线坠掉垂直，马牙槎砌体界面应放整砖面，砌块切割面应放在里侧，确保马牙槎美观。

（2）构造柱钢筋安装与砌体拉结筋预埋

构造柱的截面尺寸和配筋应满足设计要求。当设计无要求时，构造柱截面最小宽度不得小于 200mm，厚度同墙厚，纵向钢筋不得小于 4ϕ10，箍筋可采用 ϕ6@200。纵向钢筋顶部和底部应锚入混凝土梁或板中。浇筑主体混凝土时应准确测量构造柱纵筋位置，确保插筋位置准确。为保证钢筋位置准确，可采用后植筋法预埋构造柱纵筋。若采用后植筋法施工，钻孔深度为 60mm，植筋前先用吹筒吹净孔内粉尘，然后注满结构胶液或环氧树脂液，再植入钢筋。

砌体与混凝土构造柱之间应设置拉结筋，拉结筋应沿砌筑全高设置，拉结筋间隔不得超过 600mm 设置 2ϕ6 拉结筋。蒸压加气混凝土砌块的拉结筋埋入深度宜为 700mm，且拉结筋末端应为弯钩，防止拉结筋的砌体水平灰缝厚度应比拉结筋直径大 4mm。

（3）构造柱模板安装与混凝土浇筑

为保证浇筑构造柱时有一定的操作空间，便于小型振动板插入，构造柱模板的对拉螺杆宜设置于构造柱两侧的砌体上，不宜设置于构造柱中。若对拉螺杆设置于构造柱中，会阻碍振动棒的插入。模板安装可分三种方式进行。

① 构造柱顶部梁高≥800mm 时，模板可以满封，端部一侧模板装成喇叭式进料口，进料口应比构造柱高出 100mm，浇筑柱混凝土时应把进料口也浇满，拆模后将突出的混凝土打凿掉即可。

② 构造柱顶部梁高<800mm 的，模板一侧满封，另一侧模板应预留缺口作为进料口及小型插入式振动棒使用，即浇筑构造柱端部还剩一小截混凝土没浇，必须进行二次补浇，拆模时满封一侧的模板不宜拆除，作为二次补浇模板，有缺口一侧的模板应拆除。二次补浇混凝土应制成较干硬混凝土（如面团状），二次补浇混凝土塞满后再钉模板，拆模后混凝土二次浇注外观较为模糊，观感较好。

③ 对于顶部没梁的构造柱，施工方法比较简单，可在楼板开口浇注。

4. 施工总结

墙体转角处和纵横墙交接处应设构造柱，门窗洞口两侧应设抱框柱。构造柱及抱框柱应留设马牙槎，支模时应加设海绵条防止漏浆。构造柱钢筋应伸至顶部混凝土结构内锚固。对于通孔砌块按图集要求设置灌芯柱。构造柱（芯柱）钢筋采用预埋或后锚固（植筋或胀栓固定）方式与混凝土结构连接。

1. 示意图和现场照片

混凝土小型空心砌块示意图和现场照片分别见图 4-11 和图 4-12。

2. 注意事项

① 装门窗框时，应注意保护好固定框的埋件，应参照相关图集施工，使门框固定牢固。

② 砌体上的设备槽孔以预留为主，因漏埋或未预留时，应采取措施，不因剔凿而损坏砌体的完整性。

③ 砌筑施工应及时清除落地砂浆。

④ 拆除施工架子时，注意保护墙体及门窗口角。

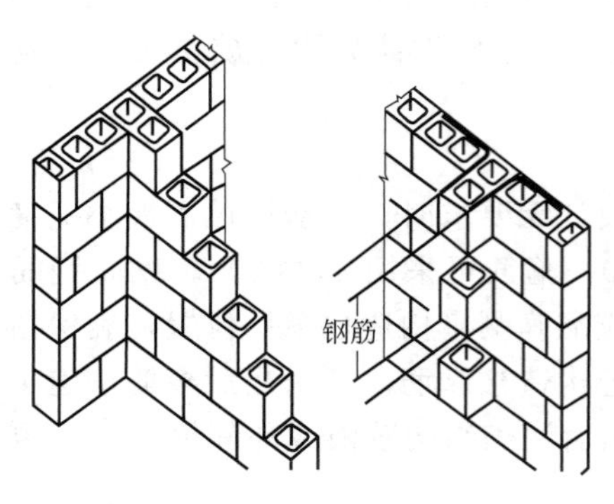

图 4-11 混凝土小型空心砌块示意图

图 4-12 混凝土小型空心砌块照片

⑤ 清水墙砌筑完毕后，宜从圈梁处向下用塑料薄膜覆盖墙体，以免墙体受到污染。

3. 施工做法详解

施工工艺流程：墙体放线→砌块排列→拌制砂浆→砌筑→灌芯柱混凝土。

（1）墙体放线

砌体施工前，应将基础面或楼层结构面按标高找平，依据砌筑图放出一皮砌块的轴线、砌体边线和洞口线。

（2）砌块排列

① 按砌块排列图在墙体线范围内分块定尺、画线，排列砌块的方法和要求如下。

小型空心砌块在砌筑前，应根据工程设计施工图，结合砌块的品种、规格、绘制砌体砌块的排列图。围护结构或二次结构，应预先设计好地导墙、混凝土带、接顶方法等，经审核无误，按图排列砌块。

小型空心砌块排列应从基础面开始，排列时尽可能采用主规格的砌块（390mm×190mm×190mm），砌体中主规格砌块应占总量的75%～80%。

外墙转角及纵横墙交接处，应将砌块分皮咬槎，交错搭砌，如果不能咬槎时，按设计要求采取其他的构造措施。

② 小砌块墙内不得混砌其他墙体材料。镶砌时，应采用与小砌块材料强度同等级的预制混凝土块。

③ 施工洞口留设：洞口侧边离交接处墙面不应小于500mm，洞口净宽度不应超过1m。洞口两侧应沿墙高每3皮砌块设2ϕ4拉结钢筋网片，锚入墙内的长度不小于1000mm。

④ 样板墙砌筑：在正式施工前，应先砌筑样板墙，经各方验收合格后，方可正式砌筑。

（3）拌制砂浆

与前面所述砖砌体施工中拌制砂浆的要求相同。

（4）砌筑

① 每层应从转角处或定位砌块处开始砌筑，应砌一皮，校正一皮，拉线控制砌体标高和墙面平整度。皮数杆应竖立在墙的转角处和交接处，间距宜不小于15m。

② 在基础梁顶和楼面圈梁顶砌筑第一皮砌块时，应满铺砂浆。

③ 砌筑时，小砌块包括多排孔封底小砌块、带保温夹芯层的小砌块均应底面朝上反砌于墙上。

④ 小砌块墙体砌筑形式应每皮顺砌，上下皮应对孔错缝搭砌，竖缝应相互错开1/2主规格小砌块长度，搭接长度不应小于90mm，墙体的个别部位不能满足上述要求时，应在灰

缝中设置拉结钢筋或采用4ϕ4钢筋点焊网片。网片两端与竖缝的距离不得小于400mm，但竖向通缝仍不能超过两皮小砌块。

⑤ 墙体转角处和纵横墙交接处应同时砌筑。临时间断处应砌成斜槎，斜槎水平投影长度不应小于斜槎高度。严禁留直槎。

⑥ 设置在水平灰缝内的钢筋网片和拉接筋应放置在小砌块的边肋上（水平墙梁、过梁钢筋应放在边肋内侧），且必须设置在水平灰缝的砂浆层中，不得有露筋现象。拉结筋的搭接长度不应小于55d（d为拉结筋的直径），单面焊接长度不小于10d（d为所焊钢筋的直径）。钢筋网片的纵横筋不得重叠点焊，应控制在同一平面内。

⑦ 砌筑小砌块的砂浆应随铺随砌，墙体灰缝应横平竖直。水平灰缝宜采用坐浆法满铺小砌块全部壁肋或多排孔小砌块的封底面；竖向灰缝应采取满铺端面法，即将小砌块端面朝上铺满砂浆再上墙挤紧，然后加浆插捣密实。墙体的水平灰缝厚度和竖向灰缝宽度宜为10min，但不应大于12mm，也不应小于5mm。

⑧ 砌体水平灰缝的砂浆饱满度，应按净面积计算不得低于90%；小砌块应采用双面碰头灰砌筑，竖向灰缝饱满度不得小于80%，不得出现瞎缝、透明缝。

⑨ 小砌块墙体孔洞中需填充隔热或隔声材料时，应砌一皮灌填一皮。应填满，不得捣实。充填材料必须干燥、洁净，品种、规格应符合设计要求。卫生间等有防水要求的房间，当设计选用灌孔方案时，应及时灌注混凝土。

⑩ 砌筑带保温夹芯层的小砌块墙体时，应将保温夹芯层一侧靠置室外，并应对孔错缝。左右相邻小砌块中的保温夹芯层应相互衔接，上下皮保温夹芯层之间的水平灰缝处应砌入同质保温材料。

⑪ 小砌块夹芯墙施工宜符合下列要求：

a. 内外墙均应按皮数杆依次往上砌筑；

b. 内外墙应按设计要求及时砌入拉结件；

c. 砌筑时灰缝中挤出的砂浆与空腔槽内掉落的砂浆应在砌筑后及时清理。

⑫ 固定圈梁、挑梁等构件侧模的水平拉杆、扁铁或螺栓应从小砌块灰缝中预留的4ϕ10孔中穿入，不得在小砌块块体上凿安装洞。内墙可利用侧砌的小砌块孔洞进行支模，模板拆除后应采用C20混凝土将孔洞填实。

⑬ 墙体顶面（圈梁底）砌块孔洞应采取封堵措施（如铺细钢丝网、窗纱等），防止混凝土下漏。

⑭ 顶层内粉刷必须待钢筋混凝土平屋面保温、隔热层施工完成后方可进行；对钢筋混凝土坡屋面，应在屋面工程完工后进行。

⑮ 墙面设有钢丝网的部位，应先采用有机胶拌制的水泥浆或界面剂等材料满涂后，方可进行抹灰施工。

（5）竖缝填实砂浆

每砌筑一皮，小砌块的竖凹槽部位应用砂浆填实。

（6）勒缝

混水墙面必须用原浆做勾缝处理。缺灰处应补浆压实，并宜做成凹缝，凹进墙面2mm。清水墙宜用1∶1水泥砂浆勾缝，凹进墙面深度一般为3mm。

（7）灌芯柱混凝土

① 芯柱所有孔洞均应灌实混凝土。每层墙体砌筑完后，砌筑砂浆强度达到指纹硬化时，方可浇灌芯柱混凝土；每一层的芯柱必须在一天内浇灌完毕。

② 每个层高混凝土应分两次浇灌，浇灌到 1.4m 左右，采用钢筋插捣或振捣棒振捣密实，然后再继续浇灌，并插（振）捣密实。当过多的水被墙体吸收后应进行复振，但必须在混凝土初凝前进行。

③ 浇灌芯柱混凝土时，应设专人检查记录芯柱混凝土强度等级、坍落度、混凝土的灌入量和振捣情况，确保混凝土密实。

④ 在门窗洞口两侧的小砌块，应按设计要求浇灌芯柱混凝土；临时施工洞口两侧砌块的第一个孔洞应浇灌芯柱混凝土。

⑤ 芯柱混凝土在预制楼盖处应贯通，采用设置现浇混凝土板带的方法或预制板预留缺口的方法，实施芯柱贯通，确保不削弱芯柱断面尺寸。

⑥ 芯柱位置处的每层楼板应留缺口或浇一条现浇板带。芯柱与圈梁或现浇板带应浇筑成整体。

4. 施工总结

① 砌体容易开裂：原因是砌块龄期不足 28d，使用了断裂的小砌块，与其他块材混砌，砂浆不饱满，砌块含水率过大（砌筑前一般不须浇水）等。

② 第一皮砌块底铺砂浆厚度不均匀：原因是基底未事先用细石混凝土找平，必然造成砌筑时灰缝厚度不一，应注意砌筑基底找平。

③ 砌体错缝不符合设计和规范的规定：未按砌块排列组砌图施工，应注意砌块的规格并正确地组砌。

④ 砌体偏差超规定：控制每皮砌块高度不准确。应严格按皮数杆高度控制，掌握铺灰厚度。

第二节　石砌体施工

1. 示意图和现场照片

石砌体施工示意图和现场照片分别见图 4-13 和图 4-14。

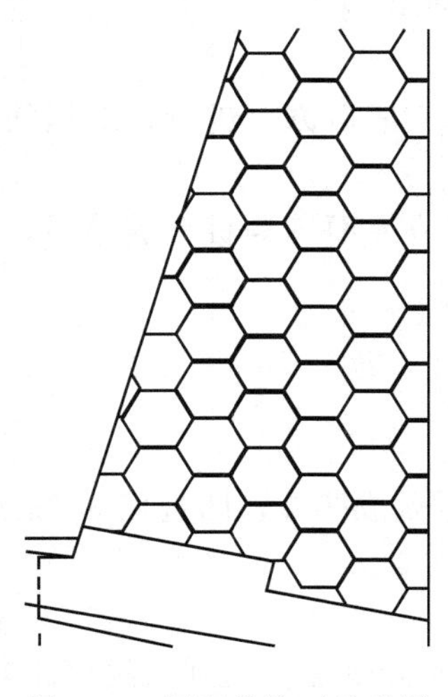

图 4-13　石砌体施工示意图

图 4-14　石砌体施工现场照片

2. 注意事项

① 垫层已施工完毕，并办完隐检手续。回填完基础两侧及房心土方，安装好暖气盖板。

② 根据图纸要求，做好测量放线工作，设置水准基点桩，立好皮数杆。有坡度要求的砌体，立好坡度门架。

3. 施工做法详解

施工工艺流程：确定参数→检查轴线及墙身线。

① 基础垫层已弹好轴线及墙身线，立好皮数杆，其间距约 15m 为宜。转角处应设皮数杆，皮数杆上应注明砌筑皮数及砌筑高度等。

② 砌筑前拉线检查基础或垫层表面、标高尺寸是否符合设计要求。如第一皮水平灰缝厚度超过 20mm 时，应用细石混凝土找平，不得用砌筑砂浆掺石子代替。

4. 施工总结

① 砂浆配合比由实验室确定，计量设备经检验合格，砂浆试模已经备好。

② 毛石应按砌筑的数量堆放于砌筑部位附近；料石应按规格和数量在砌筑前组织人员集中加工，按不同规格分类堆放、码齐，以备使用。

1. 示意图和现场照片

毛石砌筑示意图和现场照片分别见图 4-15 和图 4-16。

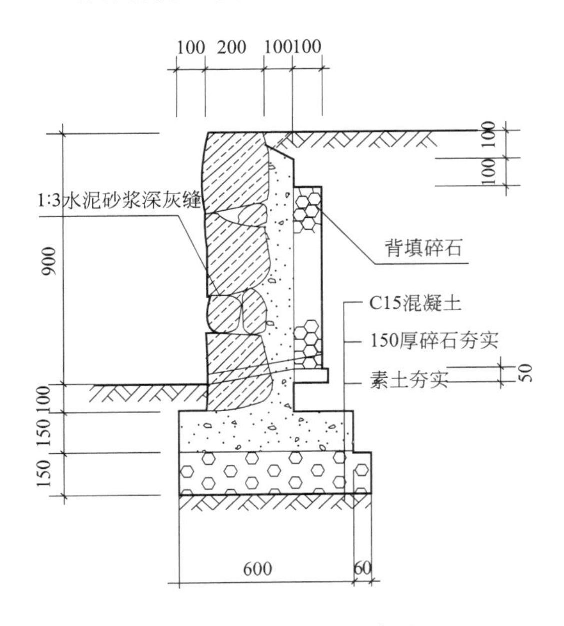

图 4-15　毛石砌筑示意图

图 4-16　毛石砌筑现场照片

2. 注意事项

① 毛料石砌体的第一皮及转角处、交接处和洞口处，应用较大的平毛石砌筑。砌体的最上一皮，宜选用较大的毛石砌筑。

② 毛料石砌体应分皮卧砌，各皮石块间应利用自然形状经敲打修整使能与先砌石块基本吻合、搭砌密切；应上下错缝、内外搭砌，不得采用外面侧力石块中间填心的砌筑方法；中间不得有铲口石（尖石倾斜向外的石块）、斧刃石和过桥石（仅在两段搭砌的石块）。

3. 施工做法详解

施工工艺流程：测量放线→砂浆拌制→砌筑。

基础的顶面宽度比墙厚大 200mm，即每边宽出 100mm，每阶高度一般为 300～400mm，并至少砌两皮毛石。上级阶梯的石块应至少压砌下级阶梯的 1/2，相邻阶梯的毛石应相互错缝搭砌。毛石基础必须设置拉结石。毛石基础同皮内每隔 2m 左右设置一块。拉结石长度：如基础宽度等于或小于 400mm，应于基础宽度相等；如基础宽度大于 400mm，可用两块拉结石内外搭接，搭接长度不应小于 150mm，且其中一块拉结石长度不应小于基础宽度的 2/3。

4. 施工总结

① 毛料石的砌体灰缝厚度宜为 20～30mm，石块间不得有相互接触现象。石块间较大的空隙应先填塞砂浆，后用碎石块嵌实，不得采用先摆碎石块后塞砂浆或干填碎石块的方法。

② 毛料石砌体必须设置拉结石。拉结石应均匀分布、相互错开，毛石基础同皮内每隔 2m 左右设置一块；毛石墙一般每 0.7m^2 墙面至少应设置一块，且同皮内的中距不应大于 2m。

拉结石的长度，如基础宽度或墙厚不大于 400mm，应于宽度或厚度相等。

③ 在毛石和实心砖的组合墙中，毛料石砌体与砖砌体应同时砌筑，并每隔 4～6 皮砖用 2～3 皮丁砖与毛料石砌体拉结砌合。两种砌体间的空隙应用砂浆填满。

④ 毛石墙和砖墙相接的转角处和交接处应同时砌筑。转角处应自纵墙（或横墙）每隔4～6 皮砖高度引出不小于 120mm 与横墙或纵墙相接；交接处应自纵墙每隔 4～6 皮砖高度引出不小于 120mm 与横墙相接。

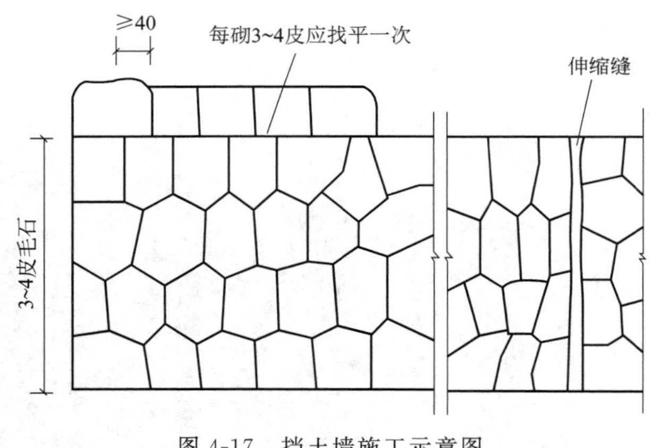

图 4-17 挡土墙施工示意图

1. 示意图和现场照片

挡土墙施工示意图和现场照片分别见图 4-17 和图 4-18。

2. 注意事项

① 地基承载试验结果应与设计一致，坑底表面无松软岩土。

② 墙趾处岩土层尽量少受施工扰动，斜面地基平整无补贴。

③ 基础周围大致平顺整齐或基坑壁贴紧。

④ 沉降缝、伸缩缝位置，缝的填塞应符合设计要求。

⑤ 泄水孔位置孔距应符合设计要求，孔内应通畅。

⑥ 墙面勾缝自然流畅，无暗缝、空缝、通缝。

3. 施工做法详解

施工工艺流程：测量放线→砂浆拌制→砌筑。

毛石挡土墙外露面的灰缝厚度不得大于 40mm，两个分层高度间分层处的错缝不得小于 80mm。料石挡土墙宜采用丁顺组砌的砌筑形式。挡土墙的泄水孔当设计无规定时，施工应符合下列规定：泄水孔应均匀设置，在每米高度上间隔 2m 左右设置一个泄水孔；泄水孔与

图 4-18　挡土墙施工现场照片

土体间铺长宽各为 300mm、厚 200mm 的卵石或碎石作为疏水层。

4. 施工总结

① 每砌 3～4 皮为一个分层高度，每个分层高度应找平一次。

② 当中间部分用毛石砌筑时，丁砌料石伸入毛石部分的长度不应小于 200mm。

③ 挡土墙内侧回填土必须分层夯填，分层松土厚度应为 300mm。墙顶土面应有适当坡度，使水流流向挡土墙外侧面。

1. 示意图和现场照片

毛石墙体砌筑示意图和现场照片分别见图 4-19 和图 4-20。

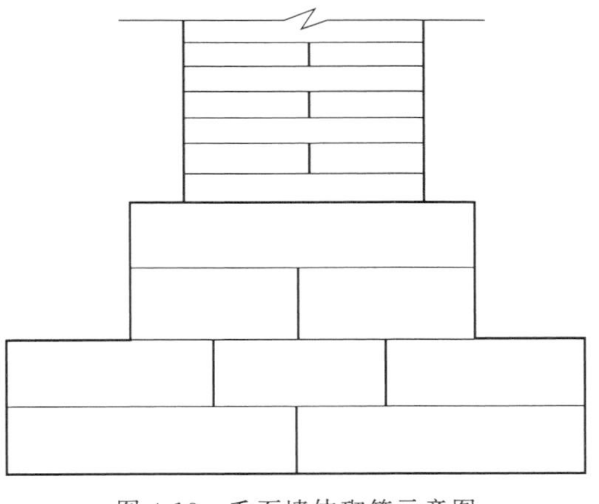

图 4-19　毛石墙体砌筑示意图

2. 注意事项

① 砌筑毛石墙时，应经常检查校核墙体的轴线和边线，以保证墙体轴线准确，不发生位移。

② 砌石应注意选石，石块大小搭配均匀。

③ 砌筑时应严格防止出现不坐浆砌筑或先填心后填塞砂浆，或采取铺石灌浆法施工。

④ 外露面的灰缝不得大于 30mm。

3. 施工做法详解

施工工艺流程：砌筑方法的选择与确定→砌筑→勾缝→养护。

① 砌筑方法采用坐浆法。砌前先试摆，使石料大小搭配，大面平放朝下，应利用自然形状经修理使其能与先砌毛石基本吻合，砌筑时先砌转角处、交接处和洞口处。逐块卧砌坐浆，使砂浆饱满，每皮高约 300～400mm。灰缝厚度一般控制在 20mm 左右，铺灰厚度 30～40mm。

② 砌筑时，避免出现通缝、干缝、空缝和孔洞，墙体中间不得有铲口石、斧刃石和过桥石，同时应注意合理摆放石块，以免出现承重后发生错位、劈裂外鼓等现象。

③ 在转角及两墙交接处应有较大和较规整的垛石相互搭砌，如不能同时砌筑，应留阶

图 4-20 毛石墙体砌筑现场照片

梯形斜槎，不得留直槎。

④ 毛石墙每日砌筑高度不得超过 1.2m，正常气温下，停歇 4h 后可继续垒砌。每砌 3～4 层应大致找平一次。砌至楼层高度时，应不适用平整的大石块压顶并用水泥砂浆全部找平。

⑤ 石墙面的勾缝：石墙面或柱面的勾缝形式有平缝、平凹缝、平凸缝、半圆凹缝、半圆凸缝、三角凸缝等，一般毛石墙面多采用平缝或平凸缝。

⑥ 勾缝砂浆宜采用 1∶1.5 水泥砂浆。毛石墙面勾缝按下列程序进行：

a. 拆除墙面或柱面上临时装设的拦风绳、挂钩等物；

b. 清除墙面或柱面上黏结的砂浆、泥浆、杂物和污渍等；

c. 刷缝，即将灰缝刮深 10～20mm，不整齐处加以修整；

d. 用水喷洒墙面或柱面，使其湿润，然后进行勾缝。

⑦ 勾缝线条应顺石缝进行，且均匀一致，深浅及厚度相同，压实抹光，搭接平整。阳角勾缝要两面方整；阴角勾缝不能上下直通；勾缝不得有丢缝、开裂或黏结不牢的现象。勾缝完毕应清扫墙面或柱面，早期应洒水养护。

4. 施工总结

① 料石墙砌筑有两顺一丁、丁顺组砌、全顺叠砌。两顺一丁是两皮顺石与一皮丁石相间，宜用于墙厚等于两块料石宽度时。丁顺组砌是同皮内每 1～3 块顺石与一块丁石相隔砌筑，丁石中距不大于 2m，上皮丁石坐中于下皮顺石，上下皮错缝相互错开至少 1/2 石宽，宜用于墙厚小于两块料石宽度时。全顺是每皮均为顺砌石，上下皮错缝相互错开 1/2 石长，宜用于墙厚度等于石宽时。

② 砌料石墙面应双面挂线（除全顺砌筑形式外），第一皮可按所放墙边砌筑以上各皮均按准线砌筑，可先砌转角处和交接处，后砌中间部分。

③ 料石可与毛石或砖砌成组合墙。料石与毛石的组合墙，料石在外、毛石在里；料石与砖的组合墙，料石在里、砖在外，也可料石在外、砖在里。

④ 砌筑时，砂浆铺设厚度应略高于规定灰缝厚度，其高出厚度：细石料、半细石料宜为 3～5mm；粗料石、毛料石宜为 6～8mm。

⑤ 料石清水墙中不得留脚手眼。

第三节 配筋砌体施工

1. 示意图和现场照片

构造柱配筋示意图和现场照片分别见图 4-21 和图 4-22。

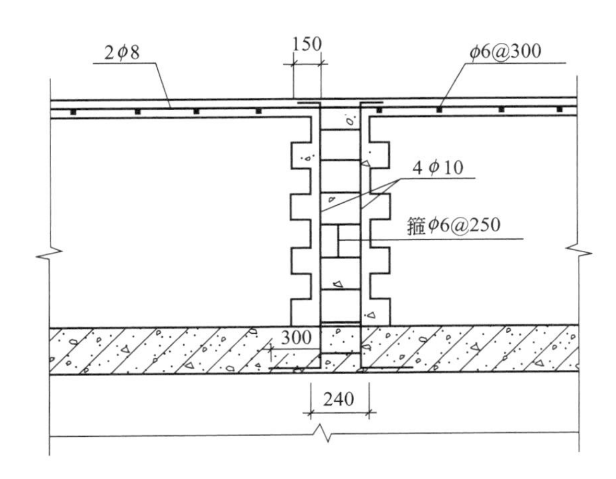

图 4-21 构造柱配筋示意图

图 4-22 构造柱配筋现场照片

2. 注意事项

① 当构造柱钢筋采用预制骨架时，应在指定地点垫平码放整齐。往楼层上吊运钢筋存放时，应清理好存放地点，以免变形。

② 构造柱钢筋绑扎完成后，不得攀爬或是用于搭设脚手架等。

③ 不得踩踏已绑好的圈梁钢筋或是在上行走，绑圈梁钢筋时不得将梁底砖碰松动。

④ 钢筋变形：钢筋骨架绑扎时应注意绑扣方法，宜采用十字扣或套扣绑扎。

⑤ 箍筋间距不符合要求：多为放置砖墙拉结筋时碰动所致，应在砌完后、合模前修整一次。

⑥ 构造柱伸出钢筋位置：除将构造柱伸出筋与圈梁钢筋绑牢外，并在伸出筋处绑一道定位箍筋，浇筑完混凝土后，应立即修整。

3. 施工做法详解

施工工艺流程：钢筋绑扎→修整底层伸出的构造柱搭接筋→安装构造柱钢筋骨架。

（1）构造柱钢筋绑扎

① 先将两根竖向受力钢筋平放在绑扎架上，并在钢筋上画出箍筋间距，自柱脚起始箍筋位置距竖筋端头为 40mm。放置竖筋时，柱脚始终朝一个方向，若构造柱竖筋超过 4 根，竖筋应错开布置。

② 在钢筋上画箍筋间距时，在柱顶、柱脚与圈梁钢筋交接的部位，应按设计和规范要求加密柱的箍筋，加密范围一般在圈梁上、下均不应小于 1/6 层高或 450mm，箍筋间距不宜大于 100mm（柱脚加密区箍筋待柱骨架立起搭接后再绑扎）。有抗震要求的工程，柱顶、柱脚箍筋加密，加密范围为 1/6 柱净高，同时不小于 450mm，箍筋间距应按 6d（d 为箍筋直径）或 100mm 加密进行控制，取较小值。钢筋绑扎接头应避开箍筋加密区，同时接头

范围的箍筋加密 5d（d 为所绑钢筋的直径），且≤100mm。

③ 根据画线位置，将箍筋套在主筋上逐个绑扎，要预留出搭接部位的长度。为防止骨架变形，宜采用反十字扣或套扣绑扎。箍筋应与受力钢筋保持垂直；箍筋弯钩叠合处，应沿受力钢筋方向错开放置。

④ 穿另外两根或更多受力钢筋，并与箍筋绑扎牢固，箍筋端头平直长度不小于 10d（d 为绑扎钢筋的直径），弯钩角度不小于 135°。

（2）修整底层伸出的构造柱搭接筋

① 根据已放好的构造柱位置线，检查搭接筋位置及搭接长度是否符合设计和规范的要求。若预留搭接筋位置偏差过大，应按 1∶6 坡度进行矫正。

② 底层构造柱竖筋应与基础圈梁锚固；无基础圈梁时，埋设在柱根部混凝土座内，当墙体附有管沟时，构造柱埋设深度应大于沟深。构造柱应伸入室外地面标高以下 500mm。

（3）安装构造柱钢筋骨架

① 先在搭接处的主筋处的套上箍筋，然后再将预制构造柱钢筋骨架立起来，对正伸出的搭接筋，搭接倍数按设计图纸和规范的要求，且不低于 35d（d 为绑扎钢筋的直径），对好标高线（柱脚钢筋端头距搭接筋上的 500cm 水平线的距离为 490mm），在竖筋搭接部位各绑至少 3 个扣，两边绑扣距钢筋端头距离为 50mm。

② 绑扎搭接部位钢筋：骨架调整方正后，可以绑扎根部加密区箍筋。按骨架上的箍筋位置线从上往下依次进行绑扎，并保证箍筋绑扎水平、稳固。

③ 绑扎保护层垫块：构造柱绑扎完成后，在与模板接触的侧面及时进行保护层垫块绑扎，采用带绑丝的砂浆垫块，间距不大于 800mm。

4. 施工总结

① 有抗震要求的工程，在构造柱上下端应加密箍筋，箍筋间距不得大于 100mm。

② 构造柱纵向钢筋的连接可采用焊接或绑扎搭接的方式。若构造柱纵向钢筋采用绑扎搭接时，在搭接长度范围内也应加密箍筋，箍筋间距不得大于 100mm。

③ 构造柱纵向钢筋宜采用 HPB300 或 HRB335 级热轧钢筋。

④ 钢筋绑扎。

a. 先将两根竖向受力钢筋平放在绑扎架上，并在钢筋上画上钢筋间距，自柱脚起始箍筋位置距竖筋端头 40mm。放置竖筋时，柱脚始终朝一个方向，若构造柱竖筋超过 4 根，竖筋应错开分布。

b. 在钢筋上画箍筋间距时，在柱顶、柱脚与圈梁钢筋交接的部位，应按设计和规范要求加密柱的箍筋，加密范围一般在圈梁上下均不应小于 1/6 层高或 450mm，箍筋间距不宜大于 100mm（柱脚加密区箍筋待柱骨架立起搭接后再绑扎）。

c. 有抗震要求的工程，柱顶、柱脚箍筋加密，加密范围为 1/6 净高，同时不小于 450mm，箍筋间距应按 6d（d 为箍筋直径）或 100mm 加密进行控制，取最小值。钢筋绑扎接头应避开箍筋加密区，同时接头范围的箍筋加密 5d（d 为箍筋直径），且不大于 100mm。

d. 根据画线位置，将箍筋套在主筋上逐个绑扎，要留出搭接部位的长度。为防止骨架变形，宜采用十字扣或套扣绑扎。箍筋应与受力钢筋保持垂直；箍筋弯钩叠合处，应沿受力钢筋方向错开放置。

e. 箍筋端头平直长度不应小于 10d（d 为箍筋直径），弯钩角度为 135°。

1. 示意图和现场照片

圈梁钢筋示意图和圈梁绑扎现场照片分别见图 4-23 和图 4-24。

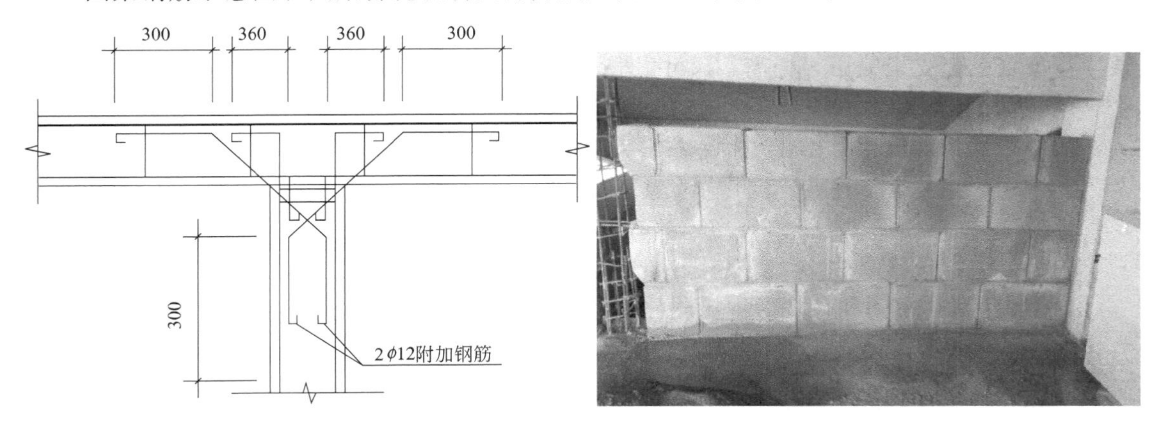

图 4-23　圈梁钢筋示意图

图 4-24　圈梁绑扎现场照片

2. 注意事项

① 圈梁及板缝钢筋如采用预制钢筋骨架时，应在现场指定地点垫平、堆放。

② 往楼板上临时吊放钢筋时，应清理好存放地点，垫平放置，以免变形。

③ 钢筋在堆放过程中，要保持钢筋表面清洁，不允许有油渍、泥土或其他杂物污染钢筋；存放期不宜过久，以防钢筋锈蚀。

④ 避免踩踏、碰动已绑好的钢筋；绑扎圈梁钢筋时，不得将砖墙和梁底砖碰松动。

3. 施工做法详解

施工工艺流程：划分箍筋位置线→放箍筋→穿圈梁主筋→绑扎箍筋→设置保护层垫块。

（1）划分箍筋位置线

支完圈梁模板并做完预检，即可绑扎圈梁钢筋，采用在模内直接绑扎的方法，按设计图纸要求间距，在模板侧帮上画出箍筋位置线。按每两根构造柱之间为一段，分段画线，箍筋起始位置距构造柱 50mm。

（2）放箍筋

箍筋位置线画好后，数出每段箍筋数量，放置箍筋。箍筋弯钩叠合处，应沿圈梁主筋方向互相错开设置。

（3）穿圈梁主筋

穿圈梁主筋时，应从角部开始，分段进行。圈梁与构造柱钢筋交叉处，圈梁钢筋宜放在构造柱受力钢筋内侧。圈梁钢筋在构造柱部位搭接时，其搭接倍数或锚入柱内长度要符合设计和规范要求。主筋搭接部位应绑扎 3 个扣。

圈梁钢筋应互相交圈，在内外墙交接处、墙大角转角处的锚固长度，均要符合设计和规范要求。

（4）绑扎箍筋

圈梁受力筋穿好后，进行箍筋绑扎，应分段进行。在每段两端及中间部位先临时绑扎，将主筋架起来，以利于绑扎。绑扎时，要让箍筋与圈梁主筋保证垂直，将箍筋对正模板侧帮上的位置线，先将下部主筋与箍筋绑扎，再绑上部筋，上部角筋处宜采用套扣绑扎。

（5）设置保护层垫块

圈梁钢筋绑完后，应在圈梁底部和与模板接触的侧面加水泥砂浆垫块，以控制受力钢筋的保护层厚度。底部的垫块应加在箍筋下面，侧面应绑在箍筋外侧。

4．施工总结

① 圈梁模板部分已支设完毕，并在模板上已弹好水平标高线。

② 模板已经支设完毕，标高、尺寸及稳定性符合设计要求；模板与所在砖墙及板缝已堵严，并办完预检手续。搭设好必要的脚手架。

③ 圈梁及板缝模板已做完预检，并将灰尘清理干净。

1．示意图和现场照片

拉结筋构造示意图和拉结筋现场照片分别见图 4-25 和图 4-26。

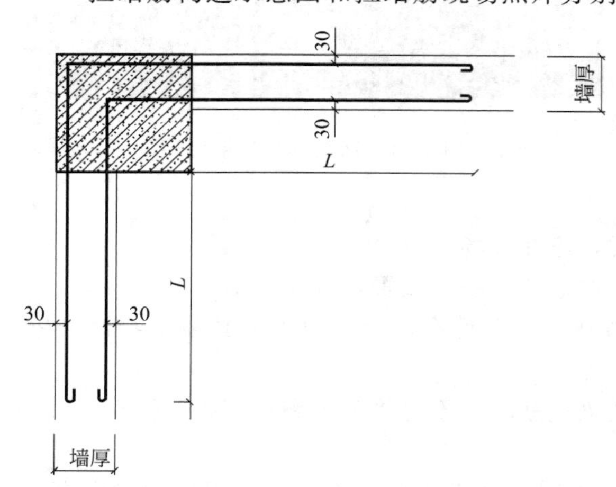

图 4-25　拉结筋构造示意图
L—拉结筋伸入墙内的长度

图 4-26　拉结筋现场施工照片

2．注意事项

① 拉结筋是通过植筋、预埋、绑扎等连接方式，使用 HPB300、HRB335 等钢筋按照一定的构造要求将后砌砌体与混凝土构件拉结在一起的钢筋。

② 墙长大于 5m 时，墙顶与梁宜有拉结；墙长超过层高 2 倍时，宜设置钢筋混凝土构造柱；墙高超过 4m 时候，墙体半高宜设置与柱连接且沿墙长贯通的钢筋混凝土水平系梁。

3．施工做法详解

施工工艺流程：确定参数→拉结筋的安装及摆放。

砌块填充墙应沿框架柱全高每 500mm 设 $2\phi6$ 拉结筋（墙厚＞240mm 时为 $3\phi6$）。拉结筋伸入墙内的长度 L：抗震设防烈度为 6 度、7 度时不应小于墙长的 1/5 且不小于 700mm；抗震设防烈度为 8 度、9 度时宜沿墙全长通贯，其搭接长度为 300mm。拉筋与混凝土结构连接可采用预埋或后锚固方式。

4．施工总结

拉结筋通常用直径为 6.5mm 的细钢筋制成，多用在砖墙的 L 转角和 T 字转角处，每隔 500mm 放一层，每层每 125mm 宽度范围内放一根，长度按照规范设置。在砌体留槎的地方必须按照规定设置拉结筋。

第五章　钢筋混凝土结构工程

第一节　模板工程

1. 示意图和现场照片

圈梁支模示意图和现场照片分别见图 5-1 和图 5-2。

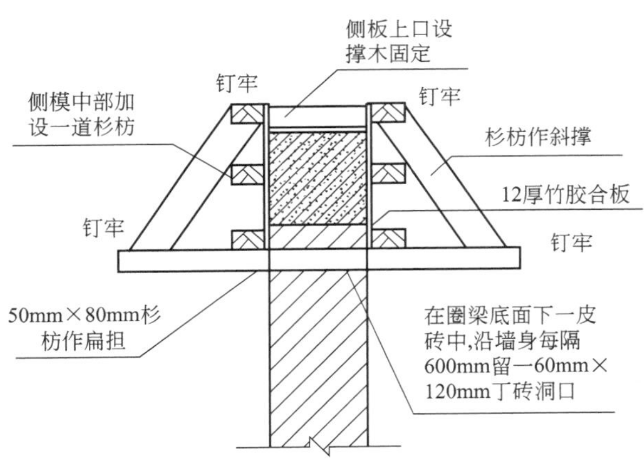

图 5-1　圈梁支模示意图

图 5-2　圈梁支模现场照片

2. 注意事项

① 在砖墙上支圈梁模板时，防止撞动最上一皮砖。

② 支完模板后，应保持模内清洁，防止掉入砖头、石子、木屑等杂物。

③ 应保护钢筋不受扰动。

3. 施工做法详解

施工工艺流程：清理模板内的杂物→构造柱模板制作及安装→圈梁模板制作及安装→模板拆除。

（1）清理模板内的杂物

支模板前将构造柱、圈梁处杂物全部清理干净。

（2）构造柱模板制作及安装

① 砖混结构构造柱的模板，可采用木模板、多层板或竹胶板、定型组合钢模板。为防止浇筑混凝土时模板变形，影响外墙平整，用木模或钢模板贴在外墙面上，使用穿墙螺栓与墙体内侧模板拉结，穿墙螺栓直径不应小于 $\phi 16$。穿墙螺栓竖向间距不应大于 1m，水平间距为 70mm 左右，下部第一道拉条距地面 300mm 以内。穿墙螺栓孔的平面位置在构造柱马牙槎以外一砖处，使用多层板或竹胶板应注意竖龙骨的间距，控制模板的挠度变形。

② 外砖内模结构工程的组合柱，用角模与大模板连接，在外墙处为防止浇筑混凝土挤动变形，应进行加固处理，模板贴在外墙面上，然后用穿墙螺栓拉牢，穿墙螺栓规格与间距同砖混结构。

③ 外砖内模结构在山墙处组合柱，模板采用木模多层板、竹胶板或组合钢模板，支撑方法可采用斜撑。使用多层板或竹胶板应注意木龙骨的间距及模板配置方法。

④ 构造柱根部应留置清扫口。

（3）圈梁模板制作及安装

① 圈梁模板可采用木模板、多层板或竹胶合板、定型组合钢模板，模板上口标高应根据墙身＋50cm（或＋100cm）水平线拉线找平。

② 圈梁模板的支撑可采用落地支撑，下面应垫方木。当用方木支撑时下面用木楔楔紧。用钢管支撑时高度调整合适。

③ 钢筋绑扎完成以后，模板上口宽度应进行校正，并用支撑进行校正定位。如采用组合钢模板可用卡具卡牢，保证圈梁的尺寸。

④ 砖混结构圈梁模板的支撑也可采用悬空支撑法。砖墙上口下一皮砖留洞，横带扁担留洞位置从距墙两端 240mm 开始留洞，间距 500mm 左右。

（4）模板拆除

① 组合柱、圈梁侧模拆除时的混凝土强度应能保证其表面及棱角不受损伤。

② 模板拆除时，不应对楼层形成冲击荷载。拆除的模板和支架宜分散堆放并及时清运。

③ 模板拆除应由项目技术负责人批准，并记录。

4. 施工总结

① 构造柱外砖墙变形：支模板时没有在外墙面采取加固措施或措施不当。

② 圈梁模板外胀：圈梁模板支撑没夹紧，支撑不牢固，加固方法不当。

③ 流坠：模板板缝不严密，墙面不平，应粘贴密封条。灰缝砂浆不饱满致使水泥浆顺砖缝流坠。清水砖墙外墙圈梁没有先支模板浇筑圈梁混凝土，而是先包砖再浇筑混凝土，致使水泥浆顺砖缝流坠。

1. 示意图和现场照片

组合钢模示意图和现场照片分别见图 5-3 和图 5-4。

2. 注意事项

① 吊装模板时轻起轻放，不准碰撞，防止模板变形。

② 拆模时不得用大锤硬砸或撬棍硬撬，以免损伤混凝土表面和棱角。

③ 拆下的钢模板，如发现模板不平或肋边损坏变形应及时修理。

④ 在使用过程中应加强管理，分规格堆放并及时补刷防锈漆。

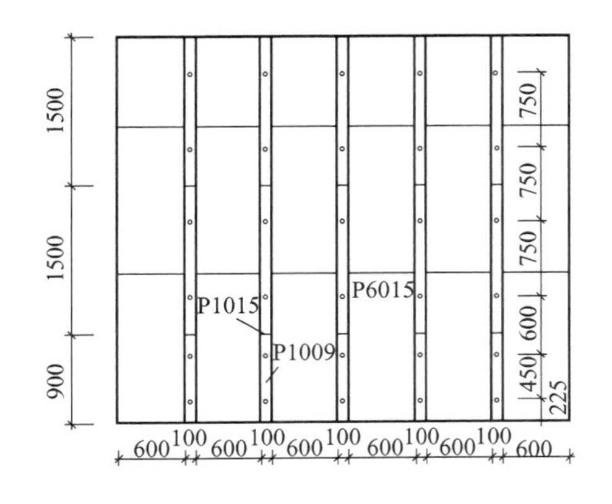

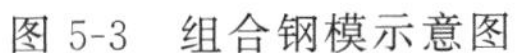
图 5-3　组合钢模示意图

图 5-4　组合钢模现场照片

3. 施工做法详解

施工工艺流程：安装柱模板→安装剪力墙模板→安装梁模板→安装楼梯模板→安装楼板模板→模板拆除。

（1）安装柱模板

① 按照放线位置，在柱内四边的预留地锚筋上焊接支杆，从四面顶住模板以防止位移。

② 安装柱模板：先安装楼层平面的两边柱子，经校正、固定，再拉通线校正中间各柱，一般情况下模板预拼成一面一片（组合钢模一面的一边带两个角模），就位后先用钢丝与主筋绑扎临时固定，组合钢模用 U 形卡子将两侧模板连接卡紧。安装完两面后，再安装另外两面模板。

③ 安装柱箍：柱箍可用方钢、角钢、槽钢、钢管等制成，也可以采用钢木夹箍。柱箍应根据柱模尺寸、侧压力大小等因素在模板设计时确定柱箍尺寸间距。柱断面大时，可增加穿模螺栓。

④ 安装柱模的拉杆或斜撑。柱模每边设两根拉杆，固定于事先预埋在楼板内的钢筋拉环上，用线坠（必要时用经纬仪）控制垂直度，用花篮螺栓或螺杆调节校正。拉杆或斜撑与楼板面夹角宜为 45°，预埋在楼板内的钢筋拉环与柱距离宜为 3/4 柱高。

⑤ 将柱模内清理干净，封闭清理口，办理模板预检。

（2）安装剪力墙模板

① 按位置线安装门洞口模板，下预埋件或木砖，门窗洞口模板应加定位筋固定和支撑，洞口设 4～5 道横撑。门窗洞口模板与墙模接合处应加垫海绵条防止漏浆。

② 把预先拼装好的一面墙体模板按位置线就位，然后安装拉杆或斜撑，安塑料套管和穿墙螺栓，穿墙螺栓规格和间距应符合模板设计规定。

③ 清扫墙内杂物，再安另一侧模板，调整斜撑（拉杆）使模板垂直后，拧紧穿墙螺栓。注意模板上口应加水平楞，以保证模板上口水平向的顺直。

④ 调整模板顶部的钢筋位置、钢筋水平定距框的位置，确认保护层厚度。

⑤ 模板安装完毕后，检查扣件、螺栓是否紧固，模板拼缝是否严密，办预检手续。

（3）安装梁模板

① 放线、抄平：柱子拆模后在混凝土柱上弹出水平线，在楼板上和柱子上弹出梁轴线。安装梁柱头节点模板。

② 铺设垫板：安装梁模板支柱之前应先铺垫板。垫板可用 50mm 厚脚手板或 50mm×

100mm 木方，长度不小于 400mm，当施工荷载大于 1.5 倍设计使用荷载或立柱支设在基土上时，垫通长脚手板。

③ 安装立柱：一般梁支柱采用单排，梁截面较大时可采用双排或多排，支柱的间距应由模板设计确定，支柱间应设双向水平拉杆，离地 300mm 设第一道。当四面无墙时，每一开间内支柱应加一道双向剪刀撑，保证支撑体系的稳定性。

④ 调整标高和位置、安装梁底模板：按设计标高调整支柱的标高，然后安装梁底模板，并拉线找直，按梁轴线找准位置。梁底模板跨度大于或等于 4m 应按设计要求起拱。当设计无明确要求时，一般起拱高度为跨度的 1/1000～1.5/1000。

⑤ 绑扎梁钢筋，经检查合格后办理隐检手续。

⑥ 清理杂物，安装侧模板，把两侧模板与梁底板固定牢固，组合小钢模用 U 形卡连接。

⑦ 用梁托架加支撑固定两侧模板。龙骨间距应由模板设计确定，梁模板上口应用定型卡子固定。当梁高超过 600mm 时，应加穿梁螺栓加固（或使用工具式卡子）。

⑧ 安装后校正梁中线、标高、断面尺寸，将梁模板内杂物清理干净。梁端头一般作为清扫口，直到浇筑混凝土前再封闭。检查合格后办模板预检手续。

（4）安装楼梯模板

① 放线、抄平：弹好楼梯位置线，包括楼梯梁、踏步首末两级的角部位置、标高等。

② 铺垫板、立支柱：支柱和龙骨间距应根据模板设计确定，先立支柱、安装龙骨（有梁楼梯先支梁），然后调节支柱高度，将大龙骨找平，校正位置标高，并加拉杆。

③ 铺设平台模板和梯段底板模板：铺设时，组合钢模板龙骨应与组合钢模板长向相垂直，在拼缝处可采用窄尺寸的拼缝模板或木板代替。当采用木板时，板面应高于钢模板板面 2～3mm。

④ 绑扎楼梯钢筋，有梁先绑扎梁钢筋，吊楼梯踏步模板，办钢筋的隐检和模板的预检。注意梯步高度应均匀一致，最下一步及最上一步的高度必须考虑到楼地面最后的装修厚度及楼梯踏步的装修做法，防止与装修厚度不同而形成楼梯踏步高度不协调，装修后楼梯相邻踏步高度差不得大于 10mm。

（5）安装楼板模板

① 安装楼板模板支柱之前应先铺垫板。垫板可用 50mm 厚脚手板或 50mm×100mm 木方，长度不小于 400mm，当施工荷载大于 1.5 倍设计使用荷载或立柱支设在基土上时，垫通长脚手板。采用多层支架支模时，支柱应垂直，上下层支柱应在同一竖向中心线上。

② 严格按照各房间支撑图支模。从边跨一侧开始安装，先安第一排龙骨和支柱，临时固定后再安装第二排龙骨和支柱，依次逐排安装。支柱和龙骨间距应根据模板设计确定，碗扣式脚手架还要符合模数要求。

③ 调节支柱高度，将大龙骨找平。楼板跨度大于或等于 4m 时应按设计要求起拱，当设计无明确要求时，一般起拱高度为跨度的 1/1000～1.5/1000。

④ 铺设定型组合钢模板：可从一侧开始铺，每两块板间纵向边肋上用 U 形卡连接，U 形卡与 L 形插销应全部安满。每个 U 形卡卡紧方向应正反相间，不要同一方向。楼板大面积均应采用大尺寸的定型组合钢模板块，在拼缝处可采用窄尺寸的拼缝模板或木板代替。当采用木板时，板面应高于钢模板板面 2～3mm，但均应拼缝严密不得漏浆。

⑤ 楼板模板铺完后，用水准仪测量模板标高，然后进行校正，并用靠尺检查平整度。

（6）模板拆除

① 侧模拆除时的混凝土强度也应能保证其表面及棱角不受损伤，不应对楼层形成冲击荷载。拆除的模板和支架宜分散堆放并及时清运。模板拆除应有拆模申请并由项目技术负责人批准。

② 柱子模板拆除：先拆掉柱斜拉杆或斜支撑，卸掉柱箍，再把连接每片柱模板的连接件拆掉，使模板与混凝土脱离。

③ 墙模板拆除：先拆掉穿墙螺栓等附件，再拆除斜拉杆或斜撑，用撬棍轻轻撬动模板，使模板脱离墙体，即可把模板吊运走。

④ 宜先拆除梁侧模，再拆除楼板模板；楼板模板拆模先拆掉水平拉杆，然后拆除支柱，每根龙骨留 1～2 根支柱暂不拆。

⑤ 操作人员站在已拆出的空间，拆去近旁余下的支柱。

⑥ 当楼层较高，支模采用多层排架时，应从上而下逐层拆除，不可采用在一个局部拆除到底再转向相邻部位的方法。

⑦ 有穿梁螺栓者先拆掉穿梁螺栓和梁底模板支架，再拆除梁底模板。

4. 施工总结

① 柱子模板容易产生的问题：截面尺寸不准、梁柱节点轴线偏移、钢筋保护层过大或过小、柱身扭曲。防止办法：支模前按图弹位置线，校正钢筋位置，支模前柱子根部 200mm 宽范围内应严格找平。柱模顶安好钢筋双控水平定距框，控制钢筋保护层厚度和钢筋间距。根据柱子截面尺寸及高度，设计好柱箍尺寸及间距，柱四角做好支撑或拉杆。梁柱节点模板与施工的混凝土柱固定牢固。

② 梁模板容易产生的问题：梁身不平直、梁底不平、梁侧面鼓出、梁上口尺寸偏大。

③ 梁板模板应通过设计确定龙骨、支柱的尺寸及间距，使模板支撑系统有足够的强度和刚度，防止浇筑混凝土时模板变形。模板支柱的底部应支在坚实的地面上，垫通长脚手板防止支柱下沉，梁板模板应按设计要求起拱，防止挠度过大。支梁模板时梁底两侧拉通线。梁模板上口应有拉杆锁紧，梁侧模下口应严格楔紧，梁上口应拉通线，支模、浇筑混凝土时看着通线，发现胀模立即加固，防止变形。

④ 墙模板容易产生的问题：墙体混凝土薄厚不一致，截面尺寸不准确，拼接不严，缝子过大造成跑浆。防止办法：根据墙体高度和厚度通过设计确定纵横龙骨的尺寸及间距；墙体的支撑方法、角模的形式；墙体钢筋支棍的间距、支顶位置；模板上口应拉通线、加设拉结螺栓，使用钢筋双控水平定距框；控制钢筋保护层厚度和竖钢筋间距、位置，防止上口尺寸出现偏差，看着通线浇筑混凝土，发现变形立即加固，混凝土初凝前及时进行模板的校正。模板接缝处使用密封条，防止出现跑浆现象。

1. 示意图和现场照片

墙体全钢大模板示意图和现场照片分别见图 5-5 和图 5-6。

2. 注意事项

① 吊装模板时轻起轻放，不准碰撞，防止模板变形、破损。

② 拆模时不得用锤硬砸或撬棍硬撬，以免损伤混凝土表面和棱角。

③ 拆下的模板，如发现模板不平或破损变形应及时修理。

④ 在使用过程中应加强管理，分规格堆放。

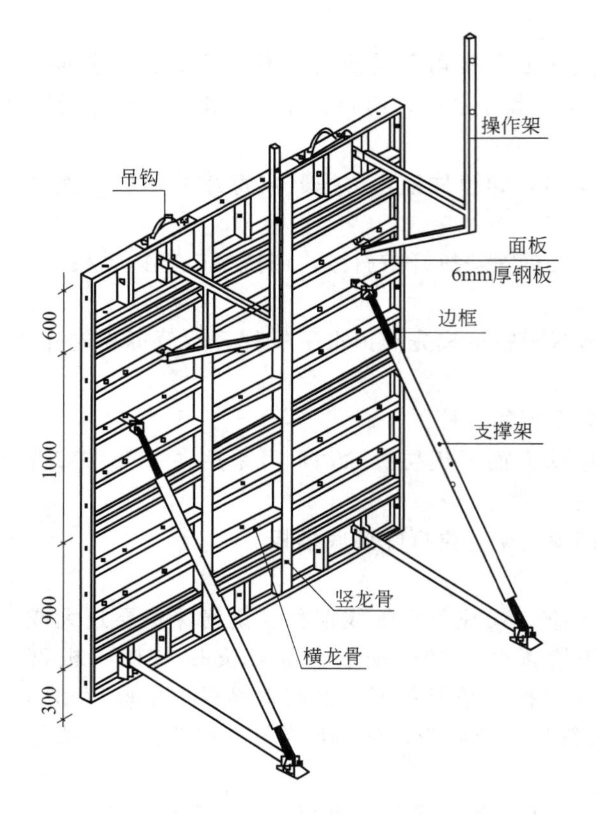

图 5-5 墙体全钢大模板示意图

图 5-6 墙体全钢大模板现场照片

3. 施工做法详解

施工工艺流程；清理模板→安装大模板→模板拆除。

(1) 外板内模结构安装大模板

① 根据纵横模板之间的构造关系安排安装顺序，将一个流水段的正号模板用塔吊按位置吊至安装位置初步就位，用撬棍按墙位置先调整模板位置，对称调整模板的对角螺栓或斜杆螺栓。用 2m 靠尺板测垂直校正标高，使模板的垂直度、水平度、标高符合设计要求，立即拧紧螺栓。

② 安装外挂板，用花篮螺栓或卡具将下端与混凝土楼板锚固钢筋拉结固定。

③ 合模前检查钢筋、水电预埋管件、门窗洞口模板、穿墙套管是否遗漏，位置是否准确，安装是否牢固或削弱混凝土断面过多等，合反号模板前将墙内杂物清理干净。

④ 安装反号模板，经校正垂直后用穿墙螺栓将两块模板锁紧。

⑤ 正反模板安装完后检查角模与墙模，模板与墙面间隙必须严密，防止漏浆、错台现象，检查每道墙口是否平直。办完模板工程预检验收，方准浇灌混凝土。

(2) 全现浇结构大模板安装

① 按照方案要求，安装模板支撑平台架。

② 安装门洞口模板、须留洞模板及水电预埋件，门窗洞口模板与墙模板结合处应加垫海绵条防止漏浆。如结构保温采用大模内置外墙外保温（EPS 保温板），应安装保温板。

③ 在流水段分段处，墙体模板的端头安装卡槎子模板，它可以用木板或川胶合板根据墙厚制作，模板要严密，防止浇筑内墙混凝土时，混凝土从外端头部分流出。

④ 安装外墙内侧模板，按模板的位置线将大模板安装就位找正。

⑤ 安装外墙外侧模板，模板放在支撑平台架上（为保证上下接缝平整、严密，模板支撑尽量利用下层墙体的穿墙螺栓紧固模板），将模板就位找正，穿螺栓，与外墙内模连接紧固校正。注意施工缝模板的连接必须严密，牢固可靠，防止出现错台和漏浆的现象。

⑥ 穿墙螺栓与顶撑可在一侧模立好后先安，也可以两边立好从一侧穿入。

（3）拆除大模板

① 模板拆除时，结构混凝土强度应符合设计和规范要求，混凝土强度应以保证表面及棱角不因拆除模板而受损，且混凝土强度达到1MPa。

② 冬季施工中，混凝土强度达到1MPa可松动螺栓，当采用综合蓄热法施工时待混凝土达到4MPa后方可拆模，且应保证拆模时混凝土温度与环境温度之差不大于20℃，且混凝土冷却到5℃及以下。拆模后的混凝土表面应及时覆盖，使其缓慢冷却。

③ 拆除模板：首先拆下穿墙螺栓，再松开地脚螺栓使模板向后倾斜与墙体脱开。如果模板与混凝土墙面吸附或粘接不能离开时，可用撬棍撬动模板下口。但不得在墙体上撬模板，或用大锤砸模板，且应保证拆模时不晃动混凝土墙体，尤其在拆门窗洞模板时不能用大锤砸模板。

④ 拆除全现浇混凝土结构模板时，应先拆外墙外侧模板，再拆除内侧模板。

⑤ 清除模板平台上的杂物，检查模板是否有钩挂兜绊的地方，调整塔臂至被拆除模板的上方，将模板吊出。

⑥ 大模板吊至存放地点时，必须一次放稳，其自稳角应根据模板支撑体系的形式确定，中间留500mm工作面，及时进行模板清理，涂刷隔离剂保证不漏刷、不流淌。每块模板后面挂牌，标明清理、涂刷人名单。

⑦ 大模板应定期进行检查和维修，在大模板后开的孔洞应打磨平整，不用者应补堵后磨平，保证使用质量。冬季大模板背后做好保温，拆模后发现有脱落及时补修。

⑧ 为保证墙筋保护层准确，大模板上口顶部应配合钢筋工安装控制竖向钢筋位置、间距和钢筋保护层工具式的定距框。

⑨ 当风力大于5级时，停止对墙体模板的拆除。

4. 施工总结

① 墙身超厚：墙身放线时误差较大，模板就位调整不认真，穿墙螺栓没有全部穿齐，拧紧。

② 墙体上口过大：支模时上口卡具没按设计尺寸卡紧。

③ 混凝土墙体表面粘连：模板清理不好，涂刷隔离剂不均匀，拆模过早混凝土强度低所造成。

④ 角模与大模板缝隙过大跑浆：模板拼装时缝隙过大，连接固定措施不牢固，应加强检查，及时处理调整加固方法。

⑤ 角模入墙过深：支模时角模与大模板连接凹入过多或不牢固，应改进角模支模方法或墙体钢筋支棍位置。

⑥ 门窗洞口混凝土变形：原因是门窗洞口模板组装时，内支撑间距过大，缺少斜撑，与大模板的固定不牢固；混凝土不是对称下灰，对称振捣。必须认真进行洞口模板设计，能够保证尺寸，便于装拆。

⑦ 严格控制模板上口标高（模板高度应为楼层净高＋50mm），墙顶混凝土浮浆及软弱层全部剔除后，应仍比楼板底模高3～5mm。

⑧ 上下楼层窗洞口位置偏移：窗帮未设垂直通线。

⑨ 如果有条件，将滴水线或鹰嘴一次支模，混凝土一步到位。

⑩ 模板经常在阳角或上下接槎处胀开而漏浆，注意尽量减少模板悬挑部分尺寸。为减少墙体接缝，模板设计时阳角处可考虑不设置阳角模，采用大钢模硬拼。连接时采用定型连接器和专用螺栓交错连接。

⑪ 外墙、楼梯间、电梯井墙面接槎错台：原因是模板方案不合理，上层模与下层墙体无法支顶、拉结，或下层墙体模板上口不直，或下层墙体模板垂直偏差过大。

1. 施工示意图和现场照片

弧形墙体模板施工示意图和现场照片分别见图 5-7 和图 5-8。

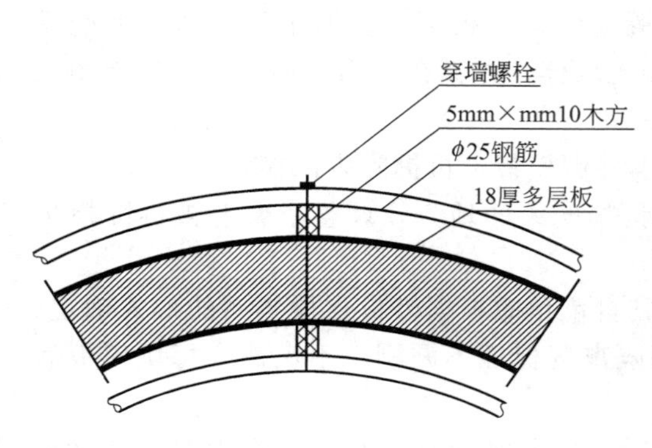

图 5-7 弧形墙体模板施工示意图

图 5-8 弧形墙体模板施工现场照片

2. 注意事项

① 加固的水平楞应按曲率分别堆放。

② 拆模时不得用大锤硬砸或撬棍硬撬，以免损伤混凝土表面和棱角。

③ 拆下的模板，如发现模板破损变形应及时修理。

④ 在使用过程中应加强管理，按规格分别堆放。

3. 施工做法详解

施工工艺流程：放线→安装模板→模板拆除。

（1）放线

按照放线位置，在墙两侧预地锚筋上焊接支杆，顶住模板以防止位移，使用木制多板、竹胶板模板时，支杆端头应有悍好的垫片，防止螺栓紧固后模板板面破损或截面尺寸变小。

（2）安装模板

① 安装墙模板：根据放样位置从一头安装一侧墙模板，就位后先用钢丝与主筋绑扎临时固定，然后再安装另外一侧模板。注意使用木制多层板竹胶板模板时，因板面较宽，安装时应考虑安装长度。

② 安装水平楞（坡道应顺着坡道的坡度）和竖楞：水平楞可用方钢、钢管等制成，加工圆弧时，应放大样，可用压弯机或手工调弯，加工后应与大样对比。应根据侧压力大小等因素在模板设计时确定水平楞及竖楞的尺寸间距、穿墙螺栓的规格和间距。紧固螺栓调整模板，注意模板上口必须设一道水平楞（坡道应顺着坡道的坡度）。

③ 安装墙模的拉杆或斜撑。模板拉杆，应固定于事先预埋在楼板内的钢筋拉环上。用线坠控制墙体垂直度，吊线的长度不应小于 2m，或根据墙的高度吊墙体全高的垂直度。用花篮螺栓（或螺杆）调节校核模板垂直度。拉杆（或斜撑）与楼板面夹角宜为 45°，预埋在楼板内的钢筋拉环与柱距离宜为 3/4 墙高。

④ 将模内清理干净，封闭清理口，办理模板预检。

（3）模板拆除

① 先拆除穿墙螺栓等附件，再拆除斜拉杆或斜撑，用撬棍轻轻撬动模板，使模板离开墙体，即可把模板拆下。

② 墙体模板拆除时要能保证混凝土表面及棱角不因拆除而受损坏，要有拆模申请，经批准后方可拆模。

③ 拆下的模板及时清理黏结物，涂刷脱模剂。拆下的扣件要及时清理、运出工作面。

4. 施工总结

① 墙模板容易产生的问题：墙体混凝土薄厚不一致，弧线不顺，截面尺寸不准确，拼接不严，缝子过大造成跑浆。

② 防止办法：根据墙体高度和厚度，通过设计确定纵横龙骨的尺寸及间距，墙体的支撑方法，模板连接的形式，墙体钢筋支棍的间距、支顶位置，模板上口应加设拉结螺栓，使用钢筋双控水平定距框，控制钢筋保护层厚度和竖向钢筋间距、位置，防止上口尺寸出现偏差，发现变形立即加固，混凝土初凝前及时进行模板的校正。模板接缝处使用密封条，防止出现跑浆现象。穿墙螺栓套管尺寸要准确。

③ 墙身超厚：墙身放线时误差较大，模板就位调整不认真，穿墙螺栓没有全部穿齐、拧紧。穿墙螺栓套管尺寸不准确。

④ 墙体上口过大：支模时上口卡具没按设计尺寸卡紧。

⑤ 混凝土墙体表面粘连：由于模板清理不好、涂刷隔离剂不均匀、拆模过早混凝土强度低所造成。

⑥ 模板接槎处错台：应改进墙体模板的支模方法或墙体钢筋支辊位置，模板接槎处应处理干净，保证接槎处不出错台。

⑦ 门窗洞口混凝土变形：门窗洞口模板的组装，内支撑间距过大，缺少斜撑，与墙体模板的固定不牢固，混凝土不是对称下灰、对称振捣。必须认真进行洞口模板设计，能够保证尺寸便于装拆。

⑧ 严格控制模板的标高［模板高度应为楼层净高 30～50mm，即：楼板高度＝层高－顶板厚度（或梁高）＋30～50mm］。墙顶混凝土浮浆及软弱层全部剔除后，应仍比楼板底模高 3～5mm。

⑨ 墙体支模垂直度不好，造成上下接槎错台。

第二节　钢筋工程

1. 示意图和现场照片

底板钢筋绑扎示意图和现场照片分别见图 5-9 和图 5-10。

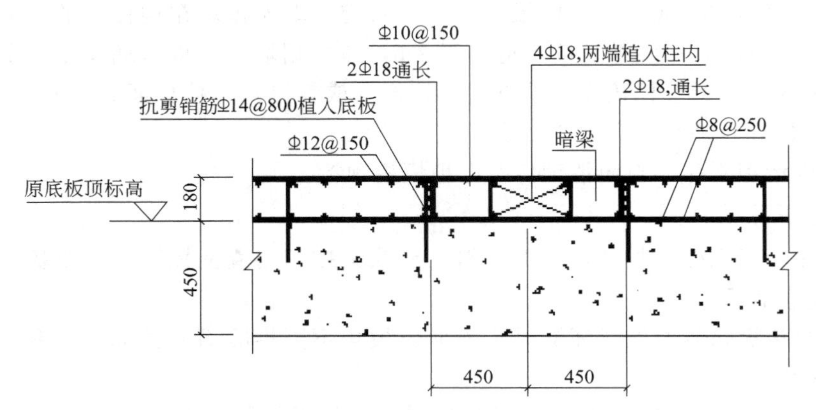

图 5-9　底板钢筋绑扎示意图

图 5-10　底板钢筋绑扎现场照片

2. 注意事项

① 成型钢筋应按指定地点堆放，用垫木垫放整齐，防止钢筋变形、锈蚀、油污。

② 妥善保护基础四周外露的防水层，以免被钢筋碰破。

③ 底板上、下层钢筋绑扎时，支撑马凳要绑牢靠，防止操作时被踩变形。

④ 基础底板在浇筑混凝土前，基础底板的墙、柱插筋应套好塑料管保护或用彩条布条、塑料条包裹严密，防止在浇混凝土时污染墙、柱插筋。

⑤ 严禁任意隔断钢筋，不能在钢筋上进行电弧点焊。如设备管线安装施工与结构钢筋有影响时，必须征求设计的同意，有正确的处理措施。

3. 施工做法详解

施工工艺流程；弹钢筋位置线→绑扎、绑紧设置垫块→水电工种预留施工→设置马凳→插墙、柱预埋钢筋。

(1) 弹钢筋位置线

按图纸标明的钢筋间距，算出底板实际需用的钢筋根数，靠近底板模板边的钢筋离模板边为 50mm，满足迎水面钢筋保护层厚度不应小于 50mm 的要求。在垫层上弹出钢筋位置线（包括基础梁钢筋位置线）和插筋位置线。插筋位置线包含剪力墙、框架柱和暗柱等竖向筋插筋位置，谨防遗漏。剪力墙竖向起步筋距柱或暗柱为 50mm，中间插筋按设计图纸标明的竖向筋间距分挡，如分到边时不到一个整间距时，可按根数均分，以达到间距偏差不大于 10mm 的要求。

(2) 运钢筋到使用部位

按照钢筋绑扎使用的先后顺序，分段进行钢筋吊运。吊运前，应根据弹线情况算出实际需要的钢筋根数。

(3) 绑底板下层及地梁钢筋

① 先铺底板下层钢筋，根据设计、规范和下料单要求，决定下层钢筋哪个方向钢筋在下面，一般先铺短向钢筋，再铺长向钢筋（如果底板有集水坑、设备基坑，在铺底板下层钢

筋前，先铺集水坑、设备基坑的下层钢筋）。

② 根据已弹好的位置线将横向、纵向的钢筋依次摆放到位，钢筋弯钩应垂直向上。平行地梁方向在地梁下一般不设底板钢筋，钢筋端部距导墙的距离应两端一致并符合相关规定，特别是两端设有地梁时，应保证弯钩和地梁纵筋相互错开。

③ 底板钢筋如有接头时，搭接位置应错开，满足设计要求或在征得设计同意时可不考虑接头位置，按照25%错开接头。当采用焊接或机械连接接头时，应按焊接或机械连接规程规定确定抽取试样的位置。

④ 钢筋采用直螺纹机械连接时，钢筋应顶紧，连接钢筋处于接头的中间位置，偏差不大于1P（P为螺距），外露螺纹不超过一个完整螺纹。检查合格的接头，用红油漆做上标记，以防遗漏。

⑤ 进行钢筋绑扎时，如单向板靠近外围两行的相交点应逐点绑扎，中间部分相交点可相隔交错绑扎，双向受力的钢筋必须将钢筋交叉点全部绑扎，如采用一面顺扣应交错变换方向，也可采用八字扣，但必须保证钢筋不产生位移。

（4）地梁绑扎

对于短基础梁、门洞口下地梁，可采用事先预制，施工时吊装就位即可，对于较长、较大基础梁采用现场绑扎。

① 绑扎地梁时，应先搭设绑扎基础梁的钢管临时支撑架，临时支架的高度达到能够将主跨基础梁支离基础底板下层钢筋50mm即可，如果两个方向的基础梁同时绑扎，后绑的次跨基础梁的临时支架高度要比先绑基础梁的临时支架高50～100mm（保证后浇的次跨基础梁在绑扎钢筋穿筋时方便为宜）。

② 基础梁的绑扎先排放主跨基础梁的上层钢筋，根据设计的基础梁的间距，在基础梁的上层钢筋上用粉笔画出箍筋的间距，按照画出的箍筋间距安装箍筋并绑扎（基础底板门洞口地梁箍筋应满布，洞口处箍筋距离暗柱边50mm）。如果基础梁上层钢筋有两排钢筋，穿上层钢筋的下排钢筋（先不绑扎，等次跨基础梁上层钢筋绑扎完毕再绑扎），下排钢筋的临时支架使得下排钢筋距上排钢筋50～100mm为宜，以便后绑的次跨基础梁穿上层钢筋的下排钢筋。

③ 穿主跨基础梁的下层钢筋的下排钢筋并绑扎，穿主跨基础梁的下层钢筋的上排钢筋（先不绑扎，等次跨基础梁下层钢筋下排钢筋绑扎完毕再绑扎），下层钢筋的上排钢筋的临时支架使得上排钢筋距下排钢筋50～100mm为宜，以便后绑的次跨基础梁穿下层钢筋的下排钢筋。

④ 排放次跨基础梁的上层钢筋的上排筋，根据设计的次跨基础梁箍筋的间距，在次跨基础梁的上层钢筋上用粉笔画出箍筋的间距，按照画出的箍筋间距安装箍筋并绑扎。如果基础梁上层钢筋有两排钢筋，穿上层钢筋的下排钢筋并绑扎。

⑤ 穿次跨基础梁的下层钢筋的下排钢筋并绑扎，穿次跨基础梁的下层钢筋的上排钢筋（先不绑扎，等主跨基础梁的下层钢筋的上排钢筋绑扎完毕后再绑扎）。

⑥ 将主跨基础梁的临时支架拆除，使得主跨基础梁平稳放置在基础底板的下层钢筋上，并进行适当的固定以保证主跨基础梁不变形，再将次跨基础梁的临时支架拆除，使得次跨基础梁平稳放置在主跨基础梁上，并进行适当的固定以保证次跨基础梁不变形，接着按次序分别绑扎次跨基础梁的上层钢筋的下排筋、主跨基础梁的上层钢筋的下排筋、主跨基础梁的下层钢筋的上排筋、次跨基础梁的下层钢筋的上排筋。

⑦ 绑扎基础梁钢筋时，梁纵向钢筋超过两排的，纵向钢筋中间要加短钢筋梁垫，保证

纵向钢筋间距大于 25mm（且大于纵向钢筋直径），基础梁上下纵筋之间要加可靠支撑，保证梁钢筋的截面尺寸；基础梁的箍筋接头位置应按照规范要求相互错开。

（5）设置垫块

检查底板下层钢筋施工合格后，放置底板混凝土保护层用垫块，垫块的厚度等于钢筋保护层厚度，按照 1m 左右距离梅花形摆放。如基础底板或基础梁用钢量较大，摆放距离可缩小。

（6）水电工序插入

在底板和地梁钢筋绑扎完成后，方可进行水电工序插入。

（7）设置马凳

基础底板采用双层钢筋时，绑完下层钢筋后，摆放钢筋马凳。马凳的摆放按施工方案的规定确定间距。马凳宜支撑在下层钢筋上，并应垂直于底板上层筋的下筋摆放，摆放要稳固。

（8）绑底板上层钢筋

在马凳上摆放纵横两个方向的上层钢筋，上层钢筋的弯钩朝下，进行连接后绑扎。绑扎时上层钢筋和下层钢筋的位置应对正，钢筋的上下次序及绑扣方法同底板下层钢筋。

（9）插墙、柱预埋钢筋

① 将墙、柱预埋筋伸入底板内下层钢筋上，拐尺的方向要正确，将插筋的拐尺与下层筋绑扎牢固，便将其上部与底板上层筋或地梁绑扎牢固，必要时可附加钢筋电焊焊牢，并在主筋上绑一道定位筋。插筋上部与定位框固定牢靠。

② 墙插筋两边距暗柱 50mm，插入基础深度应符合设计和规范锚固长度要求，甩出的长度和甩头错开百分比及错开长度应符合本工程设计和规范的要求。其上端应采取措施保证甩筋垂直，不歪斜、倾倒、变位。同时要考虑搭接长度、相邻钢筋错开距离。

4. 施工总结

① 墙、柱预埋钢筋位移：墙、柱主筋的插筋与底板上下筋要加固定框进行固定，绑扎固定，确保位置准确。必要时可附加钢筋电焊焊牢。混凝土浇筑时应有专人检查修整。

② 搭接长度不够：绑扎时对每个接头进行尺量，检查搭接长度是否符合本工程的设计要求；浇筑混凝土前应仔细检查绑扣是否牢靠，防止混凝土振捣造成钢筋下沉使上层甩筋长度不够。

③ 绑扎对焊接头未错开：经闪光对焊加工的钢筋，在现场进行绑扎时，对焊要按接头面积的 50%和≥35d 错开接头位置。

④ 所有埋件不得和受力钢筋直接进行电弧点焊。

1. 示意图和现场照片

剪力墙钢筋接头示意图和现场照片分别见图 5-11 和图 5-12。

2. 注意事项

① 绑扎钢筋时严禁碰撞预埋件，如碰动应按设计位置重新固定牢靠。

② 应保证预埋电线管的位置准确，如发生冲突时，可将竖向钢筋沿平面左右弯曲，横向钢筋上下弯曲，绕开预埋管。但一定要保证保护层的厚度，严禁任意切割钢筋。

③ 大模板板面刷隔离剂时，严禁污染钢筋。

④ 各工种操作人员不准任意蹬踩钢筋，改动及切割钢筋。

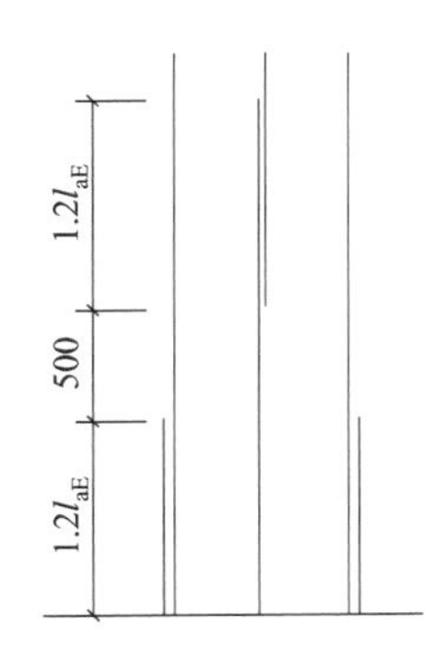

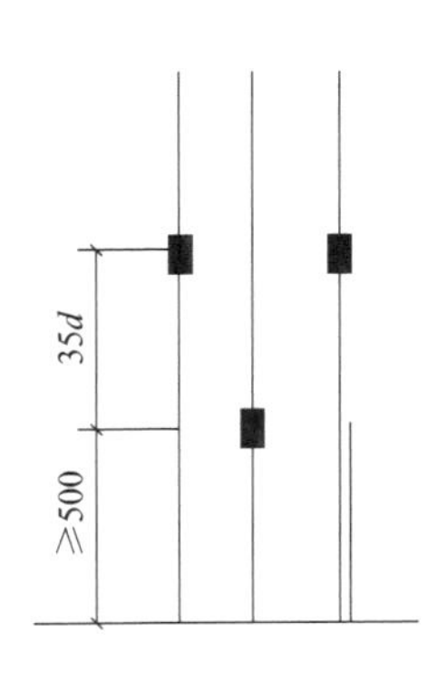

图 5-11　剪力墙钢筋接头示意图
l_{aE}—受拉钢筋抗震锚固长度；
d—剪力墙钢筋直径

图 5-12　剪力墙钢筋接头现场照片

⑤ 为防止浇筑混凝土时顶部主筋钢筋位移，在墙模板顶端部位设置水平定位筋，并在其上再绑扎不少于两道水平筋。

3. 施工做法详解

施工工艺流程：弹线→调整钢筋位置→绑扎钢筋→设置拉钩及垫块→设置拉钩及水平筋→验收检查。

（1）在顶板上弹墙体外皮线和模板控制线

将墙根浮浆清理干净到露出石子，用墨斗在钢筋两侧弹出墙体外皮线和模板控制线。

（2）调整竖向钢筋位置

根据墙体外皮线和墙体保护层厚度检查预埋筋的位置是否正确，竖筋间距是否符合要求，如有位移时，应按 1∶6 的比例将其调整到位。如有位移偏大时，应按技术洽商要求认真处理。

（3）接长竖向钢筋

预埋筋调整合适后，开始接长竖向钢筋。按照既定的连接方法连接竖向筋，当采用绑扎搭接时，搭接段绑扣不少于 3 个。采用焊接或机械连接时，连接方法详见相关施工工艺标准。

（4）绑竖向梯子筋

① 根据预留钢筋上的水平控制线安装预制的竖向梯子筋，应保证方正、水平。一道墙设置 2～3 个竖向梯子筋为宜。

② 梯子筋如代替墙体竖向钢筋，应大于墙体竖向钢筋一个规格，梯子筋中控制墙厚度的横挡钢筋的长度比墙厚小 2mm，端头用无齿锯锯平后刷防锈漆，根据不同墙厚画出梯子筋一览表。

（5）绑扎暗柱及门窗过梁钢筋

① 暗柱钢筋绑扎：绑扎暗柱钢筋时先在暗柱竖筋上根据箍筋间距划出箍筋位置线，起步筋距地 30mm 在每一根墙体水平筋下面）。将箍筋从上面套入暗柱，并按位置线顺序进行绑扎，箍筋的弯钩叠合处应相互错开。暗柱钢筋绑扎应方正，箍筋应水平，弯钩平直段应相

互平行。

② 门窗过梁钢筋绑扎：为保证门窗洞口标高位置正确，在洞口竖筋上划出标高线。门窗洞口要按设计和规范要求绑扎过梁钢筋，锚入墙内长度要符合设计和规范要求，过梁箍筋两端各进入暗柱一个，第一个过梁箍筋距暗柱边50mm，顶层过梁入支座全部锚固长度范围内均要加设箍筋，间距为150mm。

（6）绑墙体水平钢筋

① 暗柱和过梁钢筋绑扎完成后，可以进行墙体水平筋绑扎。水平筋应绑在墙体竖向筋外侧，按竖向梯子筋的间距从下到上顺序进行绑扎，水平筋第一根起步筋距地应为50mm。

② 绑扎时将水平筋调整水平后，先与竖向梯子筋绑扎牢固，再与竖向立筋绑扎，注意将竖筋调整竖直。墙筋为双向受力钢筋，所有钢筋交叉点应逐点绑扎，绑扣采用顺扣时应交错进行，确保钢筋网绑扎稳固，不发生位移。

③ 绑扎时水平筋的搭接长度及错开距离要符合设计图纸及施工规范的要求。

④ 剪力墙的水平钢筋在端部锚固应按设计和规范要求施工，做成暗柱或加U形钢筋。

⑤ 剪力墙的水平钢筋在“丁”字节点及转角节点的绑扎锚固。

⑥ 剪力墙钢筋与外墙连接：先绑外墙，绑内墙钢筋时，先将外墙预留$\phi 6$拉结筋并理顺，然后再与内墙钢筋搭接绑牢，内墙水平筋间距及锚固按专项工程图纸施工。

（7）设置拉钩和垫块

① 拉钩设置：双排钢筋在水平筋绑扎完成后，应按设计要求间距设置拉钩，以固定双排钢筋骨架间距。拉钩应呈梅花形设置，应卡在钢筋的十字交叉点上。注意用扳手将拉钩弯钩角度调整到135°，并应注意拉钩设置后不应改变钢筋排距。

② 设置垫块：在墙体水平筋外侧应绑上带有钢丝的砂浆或塑料卡，以保证保护层的厚度，垫块间距1m左右，梅花形布置。注意钢筋保护层垫块不要绑在钢筋十字交叉点上。

（8）设置墙体钢筋上口水平筋梯子筋

对绑扎完成后的钢筋板墙进行调整，并在上口距混凝土面150mm处设置水平梯子筋，以控制竖向筋的位置和固定伸出筋的间距，水平梯子筋应与竖筋固定牢靠。同时在模板上口加扁铁与水平梯子筋一起控制墙体竖向钢筋的位置。

（9）墙体钢筋验收

对墙体钢筋进行自检。对不到位处进行修整，并将墙脚内杂物清理干净，报请工长和质检员验收。

4. 施工总结

① 水平筋位置、间距不符合要求：墙体绑扎钢筋时应搭设工具式高凳或简易脚手架，以免水平筋发生位移。

② 下层伸出的墙体钢筋和竖直钢筋绑扎不符合要求：绑扎时应先将下层墙体伸出的钢筋调直理顺，然后再绑扎或焊接。如果下层伸出的钢筋位移大时，应征得设计同意，并按1∶6进行调整。

③ 门窗洞口加强筋位置尺寸不符合要求：认真学习图纸，在拐角、十字节点、墙端、连梁等部位钢筋的锚固应符合设计和规范要求。

④ 箍筋的抗震加密、接头加密。

1. 示意图和现场照片

框架结构中间层节点示意图和框架结构钢筋绑扎现场照片分别见图 5-13 和图 5-14。

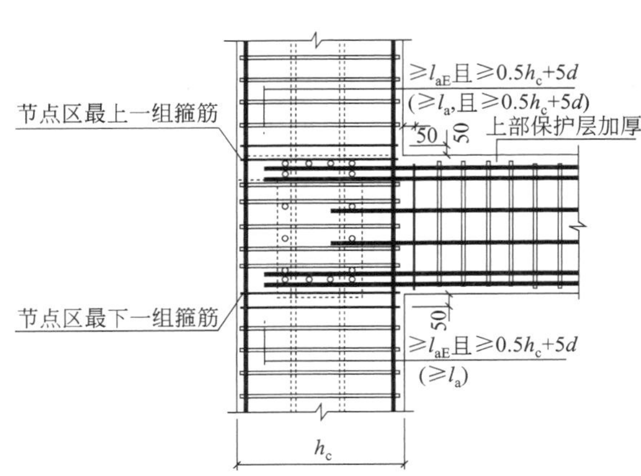

图 5-13　框架结构中间层节点示意图

图 5-14　框架结构钢筋绑扎现场照片

2. 注意事项

① 柱子钢筋绑扎后，不准踩踏。

② 楼板的弯起钢筋、负弯矩钢筋绑扎好后，不准在上面踩踏行走。浇筑混凝土时派钢筋工专门负责修理，保证负弯矩位置的正确性。

③ 绑扎钢筋时禁止碰动预埋件及洞口模板。

④ 钢模板内面涂隔离剂时不要污染钢筋。

⑤ 安装电线管、暖卫管线或其他设施时，不得任意在主筋上引弧或焊接，不得切断和移动钢筋。

3. 施工做法详解

施工工艺流程：柱钢筋绑扎→梁钢筋绑扎→板钢筋绑扎→楼梯钢筋绑扎。

（1） 柱钢筋绑扎

① 弹柱位置线、模板控制线。

② 清理柱筋污渍、柱根浮浆。

③ 根据柱皮位置线向柱内偏移 5mm 弹出控制线，将控制线内的柱根混凝土浮浆用剁斧清理到全部露出石子，用水冲洗干净，但不得留有明水。

④ 修整底层伸出的柱预留钢筋。根据柱外皮位置线和柱竖筋保护层厚度大小，检查柱预留钢筋位置是否符合设计要求及施工规范的规定，如柱筋位移过大，应按 1∶6 的比例将其调整到位。

⑤ 在预留钢筋上套柱子箍筋。按图纸要求间距及柱箍筋加密区情况，计算好每根柱箍筋数量，先将箍筋套在下层伸出的搭接筋上。

⑥ 绑扎（焊接或机械连接）柱子竖向钢筋、连接柱子竖向钢筋时，相邻钢筋的接头应相互错开，错开距离符合有关施工规范、图集及图纸要求，并且接头距柱根起始面的距离要符合施工方案的要求。

⑦ 采用绑扎形式立柱子钢筋，在搭接长度内，绑扣不少于 3 个，绑扣要向柱中心，如果柱子主筋采用光圆钢筋搭接时，角部弯钩应与模板成 45°，中间钢筋的弯钩应与模板成 90°角。

⑧ 标识箍筋间距线。在立好的柱子竖向钢筋上，按图纸要求用粉笔画出箍筋间距线（或使用皮数杆控制箍筋间距）。柱上下两端及柱筋搭接区箍筋应加密，加密区长度及加密区箍筋间距应符合设计图纸和规范要求。

⑨ 在柱顶绑定距框。为控制柱子竖向主筋的位置，一般在柱子预留筋的上口设置一个定距框，定距框距混凝土面上 150mm 设置，定距框用 ϕ14 以上的钢筋焊制，可做成“井”字形，卡口的尺寸大于柱子竖向主筋直径 2mm 即可。

⑩ 保护层垫块设置。钢筋保护层厚度应符合设计要求，垫块应绑扎在柱筋外皮上，间距一般为 1000mm（或用塑料卡卡在外竖筋上），以保证主筋保护层厚度准确。

（2）梁钢筋绑扎

① 画主次梁箍筋间距。框架梁底模支设完成后，在梁底模板上按箍筋间距画出位置线，箍筋起始筋距柱边为 50mm，梁两端应按设计、规范的要求进行加密。

② 放主次梁箍筋。根据箍筋位置线，算出每道梁箍筋数量，将箍筋放在底模上。

③ 穿主梁底层纵筋及弯起筋。先穿主梁的下部纵向受力钢筋及弯起钢筋，梁筋应放在柱竖筋内侧，底层纵筋弯钩应朝上，端头距柱边的距离应符合设计及有关图集、规范的要求；梁下部纵向钢筋伸入中间节点锚固长度及伸过中心线的长度要符合设计、规范及施工方案要求。框架梁纵向钢筋在端节点内的锚固长度也要符合设计、规范及施工方案要求。

④ 穿次梁底层纵筋。在主、次梁所有接头末端与钢筋弯折处的距离，不得小于钢筋直径的 10 倍。接头不宜位于构件最大弯矩处。受拉区域内 HPB300 级钢筋绑扎接头的末端应做弯钩；螺纹钢筋可不做弯钩。搭接处应在中心和两端扎牢。接头位置应相互错开，当采用绑扎搭接接头时，同一连接区段内，纵向钢筋搭接接头面积百分率不大于 25%。

⑤ 穿主梁上层纵筋及架立筋。底层纵筋放置完成后，按顺序穿上层纵筋和架立筋，上层纵筋弯钩应朝下，一般应在下层筋弯钩的外侧，端头距柱边的距离应符合设计图纸的要求。框架梁上部纵向钢筋应贯穿中间节点，支座负筋的根数及长度应符合设计、规范的要求。框架梁纵向钢筋在端节点内的锚固长度也要符合设计、规范及施工方案要求。

⑥ 绑主梁箍筋。主梁纵筋穿好后，将箍筋按已画好的间距逐个分开，隔一定间距将架立筋与箍筋绑扎牢固。调整好箍筋位置，应与梁保持垂直，绑架立筋，再绑主筋。箍筋在叠合处的弯钩，在梁中应交错绑扎，箍筋弯钩为 135°，平直部分长度为 $10d$（d 为箍筋直径），如做成封闭箍时，单面焊缝长度为 $10d$（d 为箍筋直径）。

⑦ 穿次梁上层纵向钢筋。按相同的方法穿次梁上层纵向钢筋，次梁的上层纵筋一般在主梁上层纵筋上面。当次梁钢筋锚固在主梁内时，应注意主筋的锚固位置和长度符合要求。

⑧ 拉筋设置。当设计要求梁设有拉筋时，拉筋应钩住箍筋与腰筋的交叉点。

⑨ 保护层垫块设置。框架梁绑扎完成后，在梁底放置砂浆垫块（也可采用塑料卡），垫块应设在箍筋下面，间距一般为 1m 左右。

（3）板钢筋绑扎

① 模板上弹线。清理模板上面的杂物，按板筋的间距用墨线在模板上弹出下层筋的位置线。板筋起始筋距梁边为 50mm。

② 绑板下层钢筋。按弹好的钢筋位置线，按顺序摆放纵横向钢筋。板下层钢筋的弯钩应竖直向上，下层筋应伸入到梁内，其长度应符合设计的要求。

③ 水电工序插入。预埋件、电气管线、水暖设备预留孔洞等及时配合安装。

④ 绑板上层钢筋。按上层筋的间距摆放好钢筋，上层筋通常为支座负弯矩钢筋，应横跨梁上部，并与梁筋绑扎牢固；上层筋的直钩应垂直朝下，不能直接落在模板上；上层筋为负弯矩钢筋，每个相交点均要绑扎，绑扎方法同下层筋。

⑤ 设置马凳及保护层垫块。如板为双层钢筋，两层筋之间必须加钢筋马凳，以确保上部钢筋的位置。钢筋马凳应设在下层筋上，并与上层筋绑扎牢靠，间距 800mm 左右，呈梅花形布置。在钢筋的下面垫好砂浆垫块（或塑料卡），间距 1000mm，梅花形布置。垫块厚度等于保护层厚度，应满足设计要求。

（4）楼梯钢筋绑扎

① 绑扎楼梯梁。对于梁式楼梯，先绑扎楼梯梁，再绑扎楼梯踏步板钢筋，最后绑扎楼梯平台板钢筋。钢筋绑扎要注意楼梯踏步板和楼梯平台板负弯矩筋的位置。楼梯梁的绑扎同框架梁的绑扎方法。

② 画钢筋位置线。根据下层筋间距，在楼梯底板上画出主筋和分布筋的位置线。

③ 绑下层筋。板筋要锚固到梁内。板筋每个交点均应绑扎。绑扎方法同板钢筋绑扎。

④ 绑上层筋。绑扎方法同板钢筋绑扎。

⑤ 设置马凳及保护层垫块。上下层钢筋之间要设置马凳以保证上层钢筋的位置。板底应设置保护层垫块以保证下层钢筋的位置。

4. 施工总结

① 浇筑混凝土前检查钢筋位置是否正确，振捣混凝土时防止碰动钢筋，浇完混凝土后立即修整甩筋的位置，防止柱筋、墙筋位移。

② 梁钢筋骨架尺寸小于设计尺寸：配制箍筋时应按内皮尺寸计算。

③ 梁柱端、柱核心区箍筋应加密，应熟悉图纸按要求施工。

④ 箍筋末端应弯成 135°，平直部分长度为 $10d$（d 为箍筋直径）。

⑤ 梁柱主筋进入支座长度要符合设计和规范要求，弯起钢筋位置应准确。

⑥ 板的弯起钢筋和负弯矩钢筋位置应准确，施工时不应踩到下面。

⑦ 绑板的钢筋时用尺杆划线，绑扎时随时找正调直，防止板筋不顺直。

⑧ 绑纵向受力筋时要吊正，搭接部位绑 3 个扣，绑扣不能用同一方向的顺扣。层高超过 4m 时，搭专用架子进行绑扎，并采取措施固定钢筋，防止柱、墙钢筋骨架不垂直。

⑨ 在钢筋配料加工时要注意，端头有对焊接头时，要避开搭接范围，防止绑扎接头内混入对焊接头。

1. 示意图和现场照片

电渣压力焊接头示意图和现场照片分别见图 5-15 和图 5-16。

2. 注意事项

接头焊毕应停歇 20～30s 后才能卸下夹具，以免接头弯折或发生冷脆变化。

3. 施工做法详解

施工工艺流程：检查设备→钢筋端头制备→选择焊接参数→安装焊接夹具和钢筋→试焊、做试件→施焊→质量检查。

（1）检查设备、电源

全面彻底地检查设备、电源，确保始终处于正常状态，严禁超负荷工作。

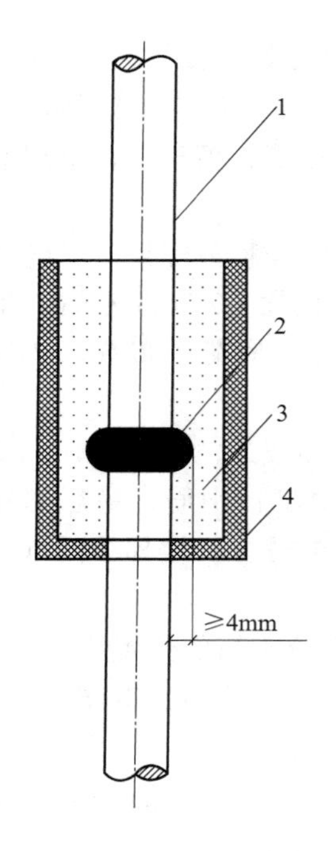

图 5-15　电渣压力焊接头示意图
1—钢筋；2—压力焊接头
3—焊剂；3—焊剂盒

图 5-16　电渣压力焊接头现场照片

（2）钢筋端头制备

钢筋安装之前，应将钢筋焊接部位和电极钳口接触（150mm 区段内）位置的锈斑、油污、杂物等清除干净，钢筋端部若有弯折、扭曲，应予以矫直或切除，但不得用锤击矫直。

（3）选择焊接参数

钢筋电渣压力焊的焊接参数主要包括：焊接电流、焊接电压和焊接通电时间，当采用 HJ431 焊剂时应符合表 5-1 的要求。不同直径钢筋焊接时，按较小直径钢筋选择参数，焊接通电时间延长约 10%。

表 5-1　钢筋电渣压力焊的焊接参数

钢筋直径/mm	焊接电流/A	焊接电压/V		焊接通电时间/s	
		电弧过程	电渣过程	电弧过程	电渣过程
14	200～220	35～45	18～22	12	3
16	200～250		18～22	14	4
18	250～300	35～45	18～22	15	5
20	300～350	35～45	18～22	17	5
22	350～400	35～45	18～22	18	6
25	400～450	35～45	18～22	21	6
28	500～550	35～45	18～22	24	6
32	600～650	35～45	18～22	27	7

（4）安装焊接夹具和钢筋

① 夹具的下钳口应夹紧于下钢筋端部的适当位置，一般为 1/2 焊剂罐高度偏下 5～10mm，以确保焊接处的焊剂有足够的淹埋深度。

② 上钢筋放入夹具钳口后，调准动夹头的起始点，使上下钢筋的焊接部位位于同轴状

态，方可夹紧钢筋。

③ 钢筋一经夹紧，严防晃动，以免上下钢筋错位和夹具变形。

(5) 安放引弧用的钢丝圈（也可省去）

安放焊剂罐、填装焊剂。

(6) 试焊、做试件、确定焊接参数

① 在正式进行钢筋电渣压力焊之前，参与施焊的焊工必须进行现场条件下的焊接工艺试验，以便确定合理的焊接参数。

② 试验合格后，方可正式生产。

③ 当采用半自动、自动控制焊接设备时，应按照确定的参数设定好设备的各项控制数据，以确保焊接接头质量可靠。

(7) 施焊

① 闭合电路、引弧：通过操作杆或操纵盒上的开关，先后接通焊机的焊接电流回路和电源的输入回路，在钢筋端面之间引燃电弧，开始焊接。

② 电弧过程：引燃电弧后，应控制电压值。借助操纵杆使上下钢筋端面之间保持一定的间距，进行电弧过程的延时，使焊剂不断熔化而形成必要深度的渣池。

③ 电渣过程：随后逐渐下送钢筋，使上钢筋端部插入渣池，电弧熄灭，进入电渣过程的延时，使钢筋全断面加速熔化。

④ 挤压断电：电渣过程结束，迅速下送上钢筋，使其断面与下钢筋端面相互接触，趁热排出熔渣和熔化金属，同时切断焊接电源。

(8) 回收焊剂及卸下夹具

接头焊毕，应停歇 20～30s（在寒冷地区施焊时，停歇时间应适当延长）后，才可回收焊剂和卸下焊接夹具。

(9) 质量检查

在钢筋电渣压力焊的焊接生产中，焊工应认真进行自检，若发现偏心、弯折、烧伤、焊包不饱满等焊接缺陷，应切除接头重焊，并查找原因，及时消除。切除接头时，应切除热影响区的钢筋，即离焊缝中心约为 1.1 倍钢筋直径的长度范围内部分应切除。

4. 施工总结

① 在钢筋电渣压力焊生产中，应重视焊接全过程中的任何一个环节。接头部位应清理干净；钢筋安装应上下同轴；夹具紧固，严防晃动；引弧过程，力求可靠；电弧过程，延时充分；电渣过程，短而稳定；挤压过程，压力适当。

② 电渣压力焊可在负温条件下进行，但当环境温度低于−20℃时，则不宜施焊；雨天、雪天不宜进行施焊。必须施焊时，应采取有效的遮蔽措施。焊后未冷却的接头，应避免碰到冰雪。

1. 示意图和现场照片

钢筋直螺纹连接示意图和现场照片分别见图 5-17 和图 5-18。

2. 注意事项

① 锁母与套筒在运输和储存时应防止锈蚀和污染，套筒应有保护盖，盖上应标明套筒的规格。现场分批验收，并按不同规格分别堆放。

② 对加工好的丝头，应用专用的保护帽或连接套筒将钢筋丝头进行保护，防止螺纹被磕碰或被污染。

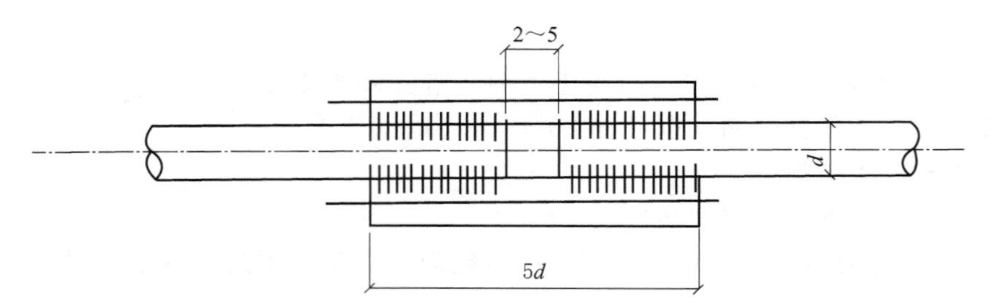

图 5-17　钢筋直螺纹连接示意图

图 5-18　钢筋直螺纹连接现场照片

③ 钢筋应按规格分别堆放，底部用木方垫好，在雨季要采取防锈措施。

④ 施工作业时，要搭设临时架子，不得随意蹬踩接头或连接钢筋。

3. 施工做法详解

施工工艺流程：钢筋下料→冷镦扩粗→切削螺纹→钢筋接头工艺检验→连接施工→质量检查。

（1）钢筋下料

钢筋下料时，应采用砂轮切割机，切口的端面应与轴线垂直，不得有马蹄形或挠曲。

（2）冷镦扩粗

钢筋下料后在钢筋镦粗机上将钢筋镦粗，按不同规格检验冷镦后的尺寸。

（3）切削螺纹

钢筋冷镦后，在钢筋套丝机上切削加工螺纹。钢筋端头螺纹规格应与连接套筒的型号匹配。

（4）丝头检查带塑料保护帽

钢筋螺纹加工后，随即用配置的量规逐根检测，合格后，再由专职质检员按一个工作班10％的比例抽样校验。如发现有不合格螺纹，应全部逐个检查，并切除所有不合格的螺纹，重新镦粗和加工螺纹。对检验合格的丝头加塑料帽进行保护。

（5）运送至现场

运送过程中注意丝头的保护，虽然已经戴上塑料帽，但由于塑料帽的保护有限，所以仍要注意丝头的保护，不得与其他物体发生撞击，造成丝头的损伤。

（6）钢筋接头工艺检验

钢筋连接工程开始前及施工过程中，应对每批进场钢筋进行接头工艺检验，工艺检验应符合下列要求：

① 每种规格钢筋的接头试件不应少于 3 根；

② 对接头试件的钢筋母材应进行抗拉强度试验；

③ 3 根接头试件的抗拉强度均应满足现行国家标准《钢筋机械连接通用技术规程》（JGJ 107）的规定。

（7）连接施工

① 钢筋连接时连接套规格与钢筋规格必须一致，连接之前应检查钢筋螺纹及连接套螺纹是否完好无损，钢筋螺纹丝头上如发现杂物或锈蚀，可用钢丝刷清除。

② 对于标准型和异型接头连接：首先用工作扳手将连接套与一端的钢筋拧到位，然后再将另一端的钢筋拧到位。

③ 活连接型接头连接：先对两端钢筋向连接套方向加力，使连接套与两端钢筋丝头挂上扣，然后用工作扳手旋转连接套，并拧紧到位。在水平钢筋连接时，一定要将钢筋托平对正后，再用工作扳手拧紧。

④ 被连接的两钢筋端面应处于连接套的中间位置，偏差不大于一个螺距，并用工作扳手拧紧，使两钢筋端面顶紧。

⑤ 每连接完 1 个接头必须立即用油漆作上标记，防止漏拧。

（8）质量检查

① 外观质量检查：在钢筋连接生产中，操作人员应对头数的 10％进行外观质量检查。应满足钢筋与连接套的规格一致，外露螺纹不得超过 1 个完整扣，并填写检查记录。如发现外露螺纹超过 1 个完整扣，应重拧并查找原因及时消除，并用工作扳手抽检接头的拧紧程度。若有不合格品，应全数进行检查。

② 单向拉伸试验。接头的现场检验应按批进行。同一施工条件下采用同一批材料的同等级、同型式、同规格接头，以 500 个为一个验收批进行检验和验收，不足 500 个也作为一批；对接头的每一验收批，必须在工程中随机截取 3 个试件做拉伸试验；当 3 个试件单向拉伸试验结果均符合国家现行标准《钢筋机械连接通用技术规程》（JGJ 107）的规定时，该验收批评为合格。

4. 施工总结

① 钢筋在套丝前，必须对钢筋规格及外观质量进行检查。如发现钢筋端头弯曲，必须先进行调直处理。

② 钢筋套丝前，应根据钢筋直径先调整好套丝机定位尺寸的位置，并按照钢筋规格配以相对应的滚丝轮。

③ 钢筋镦粗时要保证镦粗头与钢筋轴线不得大于 4°的倾斜，不得出现与钢筋轴线相垂直的横向表面裂缝。发现外观质量不符合要求时，应及时割除，重新镦粗。

④ 现场截取抽样试件后，原接头位置的钢筋允许采用同等规格的钢筋进行搭接连接，或采用焊接及机械连接方法补接。

1. 示意图和现场照片

焊缝尺寸示意图和电弧焊现场照片分别见图 5-19 和图 5-20。

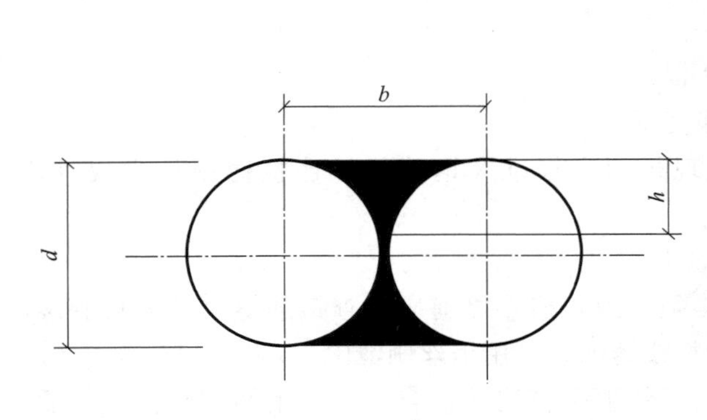

图 5-19 焊缝尺寸示意图

图 5-20 电弧焊现场照片

2. 注意事项

注意对已绑扎好的钢筋骨架的保护，不乱踩乱拆，不粘油污，在施工中拆乱的骨架要认真修复，保证钢筋骨架中各种钢筋位置正确。

3. 施工做法详解

施工工艺流程：检查设备→选择焊接参数→试焊、做试件→施焊。

（1）检查设备

检查电源、焊机及工具。焊接地线应与钢筋接触良好，防止因起弧而烧伤钢筋。

（2）选择焊接参数

根据钢筋级别、直径、接头形式和焊接位置，选择适宜的焊条直径、焊接层数和焊接电流，保证焊缝与钢筋熔合良好。

（3）试焊、做模拟试件（送试/确定焊接参数）

在每批钢筋正式焊接前，应焊接 3 个模拟试件做拉力试验，经试验合格后，方可按确定的焊接参数成批生产。

（4）施焊

① 引弧：带有垫板或帮条的接头，引弧应在钢板或帮条上进行。无钢筋垫板或无帮条的接头，引弧应在形成焊缝的部位，防止烧伤主筋。

② 定位：焊接时应先焊定位点再施焊。

③ 运条：运条时的直线前进、横向摆动和送进焊条三个动作要协调平稳。

④ 收弧：收弧时，应将熔池填满，拉灭电弧时，应将熔池填满，注意不要在工作表面造成电弧擦伤。

⑤ 多层焊：如钢筋直径较大，需要进行多层施焊时，应分层间断施焊，每焊一层后，应清渣再焊接下一层，应保证焊缝的高度和长度。

⑥ 熔合：焊接过程中应有足够的熔深。主焊缝与定位焊缝应结合良好，避免气孔、夹渣和烧伤缺陷，并防止产生裂缝。

⑦ 平焊：平焊时要注意熔渣和铁水混合不清的现象，防止熔渣流到铁水前面。熔池也

应控制成椭圆形，一般采用右焊法，焊条与工作表面成 70°。

⑧ 立焊：立焊时，铁水与熔液易分离。要防止熔池温度过高，铁水下坠形成焊瘤，操作时焊条与垂直面形成 60°～80°角使电弧略向上，吹向熔池中心。焊第一道时，应压住电弧向上运条，同时作较小的横向摆动，其余各层用半圆形横向摆动加挑弧法向上焊接。

⑨ 横焊：焊条倾斜 70°～80°，防止铁水受自重作用坠到下坡口上。运条到上坡口处不作运弧停顿，迅速带到下坡口根部，作微小横拉稳弧动作，依次匀速进行焊接。

⑩ 仰焊：仰焊时宜用小电流短弧焊接，熔池宜薄，且应确保与母材熔合良好。第一层焊缝用短电弧作前后推拉动作，焊条与焊接方向成 80°～90°。其余各层焊条横摆，并在坡口侧略停顿稳弧，保证两侧熔合。

⑪ 钢筋与钢板搭接焊：钢筋与钢板搭接焊时，HPB300 级钢筋的搭接长度 l 不得小于 4 倍钢筋直径。HRB335 和 HRB400 钢筋的搭接长度 l 不得小于 5 倍钢筋直径，焊缝宽度 b 不得小于钢筋直径的 0.6 倍，焊缝厚度 S 不得小于钢筋直径的 0.35 倍。

⑫ 在装配式框架结构的安装中，钢筋焊接应符合下列要求：两钢筋轴线偏移较大时，宜采用冷弯矫正，但不得用锤敲击。如冷弯矫正有困难，可采用氧气乙炔焰加热后矫正，加热温度不得超过 85℃，避免烧伤钢筋。

⑬ 钢筋低温焊接：在环境温度低于－5℃的条件下进行焊接时，为钢筋低温焊接。低温焊接时，除遵守常温焊接的有关规定外，应调整焊接工艺参数，使焊缝和热影响区缓慢冷却。当环境温度低于－20℃时，不宜施焊。风力超过 4 级时，焊接应有挡风措施。焊后未冷却的接头应避免碰到冰雪。

4. 施工总结

① 检查帮条尺寸、坡口角度、钢筋端头间隙、钢筋轴线偏移，以及钢材表面质量情况，不符合要求时不得焊接。

② 搭接线应与钢筋接触良好，不得随意乱搭，防止打弧。

③ 带有钢板或帮条的接头，引弧应在钢板或帮条上进行。无钢板或无帮条的接头，引弧应在形成焊缝部位，不得随意引弧，防止烧伤主筋。

④ 根据钢筋级别、直径、接头形式和焊接位置，选择适宜的焊条直径和焊接电流，保证焊缝与钢筋熔合良好。

⑤ 焊接过程中及时清渣，焊缝表面光滑平整，焊缝美观，加强焊缝应平缓过渡，弧坑应填满。

第三节　混凝土工程

1. 施工照片

混凝土运输照片见图 5-21 和图 5-22。

2. 注意事项

① 运输混凝土的容器应严密、不漏浆，容器内壁应平整光洁，不吸水。

② 混凝土要以最少的转运次数、最短的运输时间，从搅拌地点运至浇筑地点。

③ 混凝土运至浇筑地点，如出现离析或初凝现象，必须在建筑前进行二次搅拌后，方可入模。

④ 同时运输两种以上混凝土时，应在运输设备上设置标志，以免混淆。

图 5-21　混凝土运输照片（一）

图 5-22　混凝土运输照片（二）

3. 施工做法详解

施工工艺流程：确定运距、数量→运至现场。

① 从搅拌机鼓筒卸出来的混凝土拌合料，是介于固体与液体之间的弹塑性物体，极易产生分层离析，且受初凝时间限制和施工和易性要求，对混凝土在运输过程中应予以重视。

② 运送混凝土，宜采用搅拌运输车，如果运距不远，也可采用翻斗车，运量少也可采用手推车。运送的容器应严密，其内壁应平整光洁。粘附的混凝土残渣应经常清除。冬期施工，混凝土罐车必须有保温措施，防止混凝土热量散失。

4. 施工总结

① 混凝土在装入容器前应先用水将容器湿润，气候炎热时应覆盖，以防水分蒸发。冬期施工时，在寒冷地区应采取保温措施，以防在运输途中冻结。

② 混凝土运输必须保证其浇筑过程能连续进行。若因故停歇过久，混凝土发现初凝时，应作废料处理，不得再用于过程中。

③ 混凝土在运输后如发现离析，必须进行二次搅拌。当坍落度损失后没有满足施工要求时，应加入原水胶比的水泥砂浆或二次加入减水剂进行搅拌，事先应经实验室验证，严禁直接加水。

④ 混凝土垂直运输自由落差高度以不小于 2m 为宜，超过 2m 时应采取缓降措施，或用皮带机运输。

1. 示意图和现场照片

混凝土泵送支设示意图和现场照片分别见图 5-23 和图 5-24。

2. 注意事项

① 混凝土输送管安装完毕后，不得碰撞泵管，以免泵管发生变形。

② 泵管在使用过程中不得随意拆卸泵管。

③ 凡穿过楼板处应用钢管固定，并有木楔固定等防滑措施。垂直管下端的弯管不能作为上部管道的支撑点，应设置钢支撑承受垂直重量。

3. 施工做法详解

施工工艺流程：泵送设备布置→泵送设备的安装及固定→泵送→混凝土浇筑。

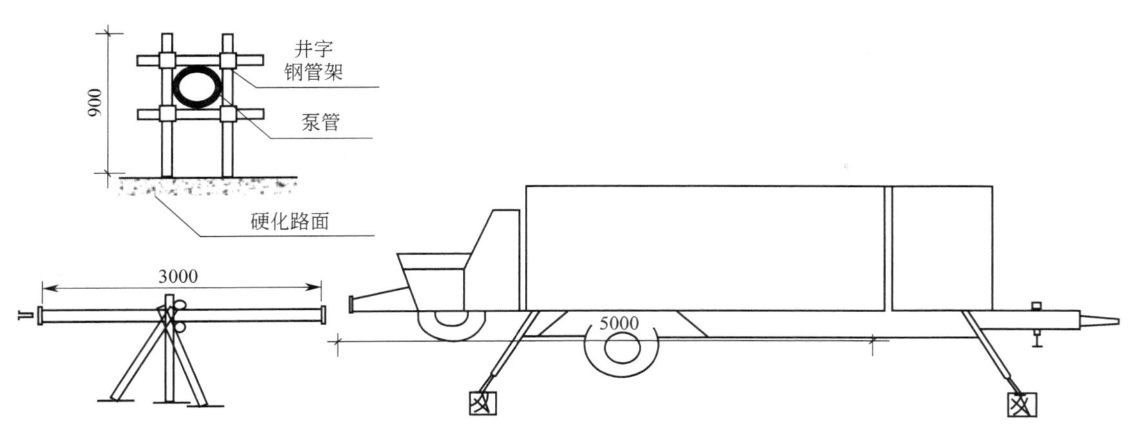

图 5-23　混凝土泵送支设示意图

图 5-24　混凝土泵送现场照片

（1）泵送设备平、立面布置

① 泵设置位置应场地平整、道路通畅、供料方便、距离浇筑地点近，便于配管，供电、供水、排水便利。

② 作业范围内不得有高压线等障碍物。

③ 泵送管布置宜缩短管路长度，尽量少用弯管和软管。输送管的铺设应保证施工安全，便于清洗管道、排除故障和维修。

④ 在同一管路中应选择管径相同的混凝土输送管，输送管的新、旧程度应尽量相同；新管与旧管连接使用时，新管应布置在泵送压力较大处，管路要布置得横平竖直。

⑤ 管路布置应先安排浇筑最远处，由远向近依次后退进行浇筑，避免泵送过程中接管。

⑥ 布料设备应覆盖整个施工面，并能均匀、迅速地进行布料。

（2）泵送设备的安装及固定

① 泵管安装、固定前应进行泵送设备设计，画出平面布置图和竖向布置图。

② 高层建筑采用接力泵泵送时，接力泵的设置位置使上、下泵送能力匹配，对设置接力泵的楼面应进行结构受力验算，当强度和刚度不能满足要求时应采取加固措施。

③ 输送管路必须保证连接牢固、稳定，弯管处加设牢固的嵌固点，以避免泵送时管路摇晃。

④ 各管卡要紧到位，保证接头密封严密，不漏浆、不漏气。各管、卡与地面或支撑物不应有硬接触，要保留一定间隙，便于拆装。

⑤ 与泵机出口锥管直接相连的输送管必须加以固定，便于清理管路时拆装方便。

⑥ 输送泵管方向改变处应设置嵌固点。输送管接头应严密，卡箍处有足够强度，不漏浆，并能快速拆装。

⑦ 垂直向上配管时，凡穿过楼板处宜用木楔子嵌固在每层楼板预留孔处。垂直管固定在墙、柱上时每节管不得少于 1 个固定点。垂直管下端的弯管不能作为上部管道的支撑点，应设置刚性支撑承受垂直重量。

⑧ 垂直向上配管时，地面水平管长度不宜小于 15m，且不宜小于垂直管长度的 1/4，在混凝土泵机 Y 形出料口 3～6m 处的输送管根部应设置截止阀，防止混凝土拌合物反流。固定水平管的支架应靠近管的接头处，以便拆除、清洗管道。

⑨ 倾斜向下配管时，应在斜管上端设置排气阀，当高差大于 20m 时，在斜管下端设置 5 倍高差长度的水平管，或采取增加弯管与环形管，以满足 5 倍高差长度要求。

⑩ 泵送地下结构的混凝土时，地上水平管轴线应与 Y 形出料口轴线垂直。

⑪ 布料设备应安设牢固和稳定，并不得碰撞或直接搁置在模板或钢筋骨架上，手动布料杆下的模板和支架应加固。

（3）泵送

① 泵送混凝土前，先把储料斗内清水从管道泵出，达到湿润和清洁管道的目的，然后向料斗内加入与混凝土内除粗骨料外的其他成分相同配合比的水泥砂浆（或 1：2 水泥砂浆或水泥浆），润滑用的水泥浆或水泥砂浆应分散布料，不得集中浇筑在同一处。润滑管道后即可开始泵送混凝土。

② 开始泵送时，泵送速度宜放慢，油压变化应在允许范围内，待泵送顺利后，才用正常速度进行泵送。采用多泵同时进行大体积混凝土浇筑施工时，应每台泵依顺序逐一启动，待泵送顺利后，启动下一台泵，以防意外。

③ 泵送期间，料斗内的混凝土量应保持不低于罐筒口上 10mm 到料斗口下 150mm 之间为宜。太少吸入效率低，容易吸入空气而造成塞管，太多则反抽时会溢出并加大搅拌轴负荷。

④ 混凝土泵送应连续作业。混凝土泵送、浇筑及间歇的全部时间不应超过混凝土的初凝时间。如必须中断时，其中断时间不得超过混凝土从搅拌至浇筑完毕所允许的延续时间。在混凝土泵送过程中，有计划中断时，应在预先确定的中断部位停止泵送，且中断时间不宜超过 1h。

⑤ 泵送中途若停歇时间超过 20min，管道又较长时，应每隔 5min 开泵一次，泵送少量混凝土，管道较短时，可采用每隔 5min 正反转 2～3 行程，使管内混凝土蠕动，防止泌水离析，长时间停泵（超过 45min）、气温高、混凝土坍落度小时可能造成塞管，宜将混凝土从泵和输送管中清除。

⑥ 泵送先远后近，在浇筑中逐渐拆管。

⑦ 泵送将结束时，应估算混凝土管道内和料斗内储存的混凝土量及浇筑现场所需混凝土量（ϕ150 管径每 100mm 长有 1.75m^3 混凝土），以便决定供应混凝土量。

⑧ 泵送完毕清理管道时，采用空气压缩机推动清洗球：先安好专用清洗水，再启动空

压机，渐进加压。清洗过程中，应随时敲击输送管，了解混凝土是否接近排空。当输送管内尚有10m左右混凝土时，应将压缩机缓慢减压，防止出现大喷爆和伤人。

⑨ 泵送完毕，应立即清洗混凝土泵和输送管，管道拆卸后按不同规格分类堆放。

⑩ 冬期混凝土输送管应用保温材料包裹，保证混凝土的入模温度。在高温季节泵送，宜用湿草袋覆盖管道进行降温，以降低入模温度。

（4）混凝土浇筑

① 混凝土浇筑前，应根据工程结构特点、平面形状和几何尺寸、混凝土供应和泵送设备能力、劳动力和管理能力，以及周围场地大小等条件，预先划分好混凝土浇筑区域。

② 混凝土的浇筑顺序应符合下列规定：当采用输送管输送混凝土时，应由远而近浇筑；同一区域的混凝土，应按先竖向结构后水平结构的顺序，分层连续浇筑；当不允许留施工缝时，区域之间、上下层之间的混凝土浇筑间歇时间，不得超过混凝土初凝时间；当下层混凝土初凝后，浇筑上层混凝土时，应先按留预留施工缝的有关规定处理后再开始浇筑。

③ 混凝土的布料方法，应符合下列规定：在浇筑竖向结构混凝土时，布料设备的出口离模板内侧面不应小于50mm，且不得向模板内侧面直冲布料，也不得直冲钢筋骨架；浇筑水平结构混凝土时，不得在同一处连续布料，应2～3m范围内水平移动布料，且宜垂直于模板布料。

④ 混凝土的分层厚度宜为300～500mm。水平结构的混凝土浇筑厚度超过500mm时，按(1∶6)～(1∶10)坡度分层浇筑，且上层混凝土应超前覆盖下层混凝土500mm以上。

⑤ 振捣泵送混凝土时，振动棒移动间距宜为400mm左右，振捣时间宜为15～30s，隔20～30min后，进行第二次复振。

⑥ 对于有预留洞、预埋件和钢筋太密的部位，应预先制定技术措施，确保顺利布料和振捣密实。在浇筑混凝土时，应经常观察，当发现混凝土有不密实等现象，应立即采取措施予以纠正。

⑦ 水平结构的混凝土表面，适时用木抹子抹平搓毛两遍以上。必要时，先用铁滚筒压两遍以上，防止产生收缩裂缝。

4. 施工总结

① 混凝土供应要连续、稳定以保证混凝土泵能连续工作。

② 泵送前应先用适量的与混凝土内除粗骨料外其他成分相同配合比的水泥砂浆或1∶2水泥砂浆或水泥浆润滑输送管内壁。泵送时受料斗内应经常有足够的混凝土，防止吸入空气形成阻塞。

③ 当混凝土可泵性差或混凝土出现泌水、离析而难以泵送时，应立即对配合比、混凝土泵、配管及泵送工艺等在预拌混凝土供货方监督指导下进行研究，并采取相应措施解决。

④ 开始泵送时，混凝土泵应处于慢速、匀速运行的状态，然后逐渐加速。同时应观察混凝土泵的压力和各系统的工作情况，待各系统工作正常后方可以正常速度泵送。

⑤ 混凝土泵若出现压力过高且不稳定、油温升高、输送管明显振动及泵送困难等现象时，不得强行泵送，应立即查明原因予以排除。可先用木槌敲击输送管的弯管、锥形管等部位，并进行慢速泵送或反泵，以防止堵塞。

⑥ 当混凝土泵送过程需要中断时，其中断时间不宜超过1h。并应每隔5～10min进行反泵和正泵运转，以防止管道中因混凝土泌水或坍落度损失过大而堵管。

⑦ 泵送时，料斗内的混凝土存量不能低于搅拌轴位置，以避免空气进入泵管引起管道振动。

⑧ 泵送完毕后，必须认真清洗料斗及输送管道系统。混凝土缸内的残留混凝土若清除不干净，将在缸壁上固化，当活塞再次运行时，活塞密封面将直接承受缸壁上已固化的混凝土对其的冲击，导致推送活塞局部剥落。这种损坏不同于活塞密封的正常磨损，密封面无法在压力的作用下自我补偿，从而导致漏浆或吸空，引起泵送无力、堵塞等。

1. 示意图和现场照片

剪力墙结构楼梯浇筑施工缝示意图和剪力墙结构普通混凝土浇筑现场照片分别见图 5-25和图 5-26。

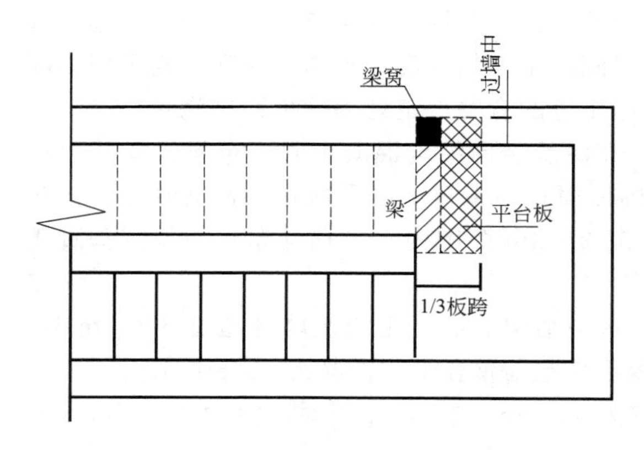

图 5-25　剪力墙结构楼梯浇筑施工缝示意图

图 5-26　剪力墙结构普通混凝土浇筑现场照片

2. 注意事项

① 不得任意拆改大模板的连接件及螺栓，以保证大模板的外形尺寸准确。

② 混凝土浇筑、振捣至最后完工时，要保证甩出钢筋的位置正确。

③ 留好预留洞口、预埋件及水电预埋管、盒等。

3. 施工做法详解

施工工艺流程：混凝土浇筑→顶板混凝土浇筑→楼梯混凝土浇筑→后浇带混凝土浇筑→施工缝的留置和处理→混凝土的养护。

（1） 混凝土浇筑

① 墙体浇筑混凝土前，在底部接槎处宜先浇筑 30～50mm 厚与墙体混凝土配合比相同的减石子砂浆。砂浆用铁锹均匀入模，不可用吊斗或泵管直接灌入模内，且与后续入模混凝土间隔时间≤2.5h。

② 混凝土应采用赶浆法分层浇筑、振捣，分层浇筑高度应为振捣棒有效作用部分长度的 1.25 倍。每层浇筑厚度在 400～500mm，浇筑墙体应连续进行，间隔时间不得超过混凝土初凝时间。墙、柱根部由于振捣棒影响作用不能充分发挥，可适当提高下灰高度并加密振捣和振动模板。

③ 浇筑洞口混凝土时，应使洞口两侧混凝土高度大体一致，对称均匀，振捣棒应距洞边 300mm 以上为宜，为防止洞口变形或位移，振捣应从两侧同时进行。暗柱或钢筋密集部位应用振捣棒振捣，振捣棒移动间距应小于 500mm，每一振点延续时间以表面呈现浮浆、不产生气泡和不再沉落为度，振捣棒振捣上层混凝土时应插入下层混凝土内 50mm，振捣时应尽量避开预埋件。振捣棒不能直接接触模板进行振捣，以免模板变形、位移以及拼缝扩大

造成漏浆。遇洞口宽度大于1.2m时，洞口模板下口应预留振捣口。

④ 外砖内模、外板内模大角及山墙构造柱应分层浇筑，每层不超过500mm，内外墙交界处加强振捣，保证密实。外砖内模应采取措施，防止外墙鼓胀。

⑤ 振捣棒应避免碰撞钢筋、模板、预埋件、预埋管、外墙板空腔防水构造等，发现有变形、移位等情况，各有关工种相互配合进行处理。

⑥ 墙体、柱浇筑高度及上口找平。混凝土浇筑振捣完毕，将上口甩出的钢筋加以整理，用木抹子按预定标高线，将表面找平。墙体混凝土浇筑高度控制在高出楼板下皮上5mm软弱层高度5～10mm，结构混凝土施工完后，及时剔凿软弱层。

⑦ 布料杆软管出口离模板内侧面不应小于50mm，且不得向模板内侧面直冲布料和直冲钢筋骨架；为防止混凝土散落、浪费，应在模板上口侧面设置斜向挡灰板。混凝土下料点宜分散布置，间距控制在2m左右。

（2）顶板混凝土浇筑

① 顶板混凝土浇筑宜从一个角开始退进，楼板厚度≥120mm可用插入式振捣棒振捣，楼板厚度<120mm可用平板振捣器振捣。振捣棒应平放，插点要均匀排列，可采用“行列式”或“交错式”的移动，不应混乱。

② 混凝土振捣随浇筑方向进行，随浇筑随振捣，要保证不漏振。

③ 用铁插尺检查混凝土厚度，振捣完毕后用3m长刮杠根据标高线刮平，然后拉通线用木抹子抹。靠墙两侧100mm范围内严格找平、压光，以保证上部墙体模板下口严密。

④ 为防止混凝土产生收缩裂缝，应进行二次压面，二次压面的时间控制在混凝土终凝前进行。

⑤ 施工缝设置应浇筑前确定，并应符合图纸或有关规范要求。

（3）楼梯混凝土浇筑

① 楼梯施工缝留在休息平台自踏步往外1/3的地方，楼梯梁施工缝留在≥1/2墙厚的范围内。

② 楼梯段混凝土随顶板混凝土一起自下而上浇筑，先振实休息平台板接缝处混凝土，达到踏步位置再与踏步一起浇捣，不断连续向上推进，并随时用木抹子将踏步上表面抹平。

（4）后浇带混凝土浇筑

浇筑时间应符合图纸设计要求。图纸设计无要求时，在后浇带两侧混凝土龄期达到42d后，高层建筑的后浇带应在结构顶板浇筑混凝土14d后，用强度等级不低于两侧混凝土的补偿收缩混凝土浇筑。后浇带的养护时间不得少于28d。

（5）施工缝的留置和处理

① 墙体水平施工缝留在顶板下皮向上约5mm，竖向施工缝留在门窗洞口过梁中间1/3范围内。

② 顶板施工缝应留在顶板跨中1/3范围内。

③ 施工缝处理：水平施工缝应剔除软弱层，露出石子，竖向施工缝剔除松散石子和杂物，露出密实混凝土。施工缝应冲洗干净，浇筑混凝土前应浇水润湿，并浇同混凝土配合比相同减石子砂浆。

（6）混凝土的养护

混凝土浇筑完毕后，应在12h内加以覆盖并保湿养护。普通硅酸盐水泥或矿渣硅酸盐水泥拌制的混凝土养护时间不得少于7d，掺加外加剂或有抗渗要求的混凝土养护时间不得少于14d。

4. 施工总结

① 墙体烂根：混凝土楼板浇筑后靠墙两侧 100mm 范围内严格找平、压光，以保证上部墙体模板下口严密。在距墙皮线外 3～5mm 处贴宽度≥30mm 的海绵条，保证模板下口严密。粘贴海绵条距模板线 2mm，使其模板压住后海绵条与线齐平，防止海绵条浇入混凝土内。墙体混凝土浇筑前，在底部接槎处先浇筑 30～50mm 厚与墙体混凝土配合比相同的减石子砂浆。砂浆用铁锹均匀入模，不可用吊斗或泵管直接灌入模内。混凝土坍落度要严格控制，防止混凝土离析，底部振捣应加密操作。

② 洞口移位变形：浇筑时混凝土冲击洞口模板。洞口两侧混凝土应对称均匀进行浇筑、振捣。洞口模板两侧应采用钢筋或铁埋件顶紧，穿墙螺栓应紧固可靠。

③ 墙面气泡过多：采用高频振捣棒，每层混凝土均要振捣至泛浆，不再冒气泡、不再下沉为止。

④ 混凝土与模板粘连：注意清理模板，拆模不能过早，隔离剂涂刷均匀。

⑤ 低温期或冬施期间，应延长养护时间，过早拆模易发生粘连、掉角和混凝土受冻。

1. 示意图和现场照片

框架结构楼梯施工缝示意图和框架结构混凝土建筑现场照片分别见图 5-27 和图 5-28。

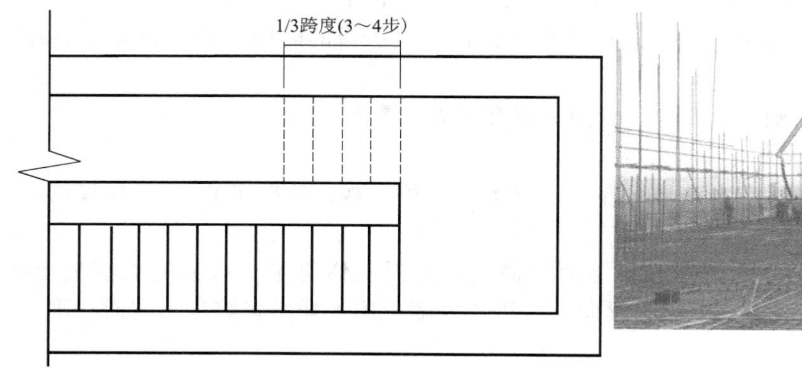

图 5-27 框架结构楼梯施工缝示意图

图 5-28 框架结构混凝土建筑现场照片

2. 注意事项

① 要采取足够措施保证钢筋位置正确，不得踩楼板、楼梯的弯起钢筋，不得碰动预埋件和插筋。

② 不用重物冲击模板，不在梁或楼梯踏步模板吊帮上蹬踩，应搭设跳板，保护模板的牢固和严密。

③ 已浇筑楼板、楼梯踏步的上表面混凝土要加以保护，必须在混凝土强度达到1.2MPa以后，方准在面上进行操作。安装结构用的支架和模板，应严格轻吊轻放。

④ 冬期施工在已浇的模板上覆盖或测温时，要先铺脚手板后上人操作，尽量不留脚印。

3. 施工做法详解

施工工艺流程；混凝土运输及现场检验→混凝土浇筑和振捣→混凝土养护。

(1) 混凝土运输及现场检验

① 采用混凝土罐车进行场外运输，要求每辆罐车的运输、浇筑和间歇的时间不得超过

初凝时间，混凝土从搅拌机卸出到浇筑完毕的时间不宜超过 1.5h，空泵间隔时间不得超过 45min。

② 预拌混凝土运输车应有运输途中和现场等候时间内的二次搅拌功能。混凝土运输车到达现场后，进行现场坍落度测试，一般每个工作班不少于 4 次，坍落度异常或有怀疑时，及时增加测试。从搅拌车运卸的混凝土中，分别在卸料 1/4 和 3/4 处取试样进行坍落度试验，两个试样的坍落度之差不得超过 30mm。当实测坍落度不能满足要求时，应及时通知搅拌站。严禁私自加水搅拌。

③ 运输车给混凝土泵喂料前，应中、高速旋转拌筒，使混凝土拌和均匀。

④ 根据实际施工情况及时通知混凝土搅拌站调整混凝土运输车的数量，以确保混凝土的均匀供应。

⑤ 冬期混凝土运输车罐体要进行保温。夏季混凝土运输车罐体要覆盖防晒。

（2）混凝土浇筑与振捣

① 防止混凝土散落、浪费，应在模板上口侧面设置斜向挡灰板。混凝土自吊斗口下落的自由倾落高度不得超过 2m，浇筑高度如超过 2m 时必须采取措施，用串桶或溜管等。

② 浇筑混凝土时应分层进行，浇筑层高度应根据结构特点、钢筋疏密决定，一般为振捣器作用部分长度的 1.25 倍，常规 $\phi 50$ 振捣棒是 400～480mm。

③ 使用插入式振捣器应快插慢拔，插点要均匀排列，逐点移动，顺序进行，不得遗漏，做到均匀振实。移动间距不大于振捣作用半径的 1.5 倍（一般为 300～400mm）。振捣上一层时应插入下层大于或等于 50mm，以消除两层间的接缝。表面振动器（或称平板振动器）的移动间距，应保证振动器的平板覆盖已振实部分的边缘。

④ 浇筑混凝土应在前层混凝土凝结之前，将次层混凝土浇筑完毕。间歇的最长时间应按所用水泥品种、气温及混凝土凝结条件确定，超过初凝时间应按施工缝处理。

⑤ 浇筑混凝土时应经常观察模板、钢筋、预留孔洞、预埋件和插筋等有无移动、变形或堵塞情况，发现问题应立即处理，并应在已浇筑的混凝土凝结前修正完好。

（3）柱的混凝土浇筑

① 柱浇筑前底部应先填以 30～50mm 厚与混凝土配合比相同减石子砂浆，柱混凝土应分层振捣，使用插入式振捣器时每层厚度不大于 500mm，振捣棒不得触动钢筋和预埋件。除上面振捣外，下面要有人随时敲打模板。

② 柱高在 3m 之内，可在柱顶直接下灰浇筑，超过 3m 时，应采取措施（用串桶）或在模板侧面开洞安装斜溜槽分段浇筑。每段高度不得超过 2m。每段混凝土浇筑后将洞模板封闭严实，并用柱箍箍牢。

③ 柱子的浇筑高度控制在梁底向上 15～30mm（含 10～25mm 的软弱层），待剔除软弱层后，施工缝处于梁底向上 5mm 处。

④ 柱与梁板整体浇筑时，为避免裂缝，注意在墙柱浇筑完毕后，必须停歇 1～1.5h，使柱子混凝土沉实达到稳定后再浇筑梁板混凝土。

⑤ 浇筑完后，应随时将伸出的搭接钢筋整理到位。

（4）梁、板混凝土浇筑

① 梁、板应同时浇筑，浇筑方法应由一端开始用“赶浆法”，即先浇筑梁，根据梁高分层浇筑成阶梯形，当达到板底位置时再与板的混凝土一起浇筑，随着阶梯形不断延伸，梁板混凝土浇筑连续向前进行。

② 与板连成整体高度大于 1m 的梁，允许单独浇筑，其施工缝应留在板底以上 15～

30mm 处。浇捣时，浇筑与振捣必须紧密配合，第一层下料慢些，梁底充分振实后再下二层料，每层均应振实后再下料，梁底及梁帮部位要注意振实，振捣时不得触动钢筋及预埋件。

③ 梁柱节点钢筋较密时，浇筑此处混凝土时宜用小直径振捣棒振捣，采用小直径振捣棒应另计分层厚度。

④ 梁柱节点核心区处混凝土强度等级相差 2 个及 2 个以上时，混凝土浇筑留槎按设计要求执行。该处混凝土坍落度宜控制在 80～100mm。

⑤ 浇筑楼板混凝土的虚铺厚度应略大于板厚，用振捣器顺浇筑方向及时振捣，不允许用振捣棒铺摊混凝土。在钢筋上挂控制线，保证混凝土浇筑标高一致。顶板混凝土浇筑完毕后，在混凝土初凝前，用 3m 长杠刮平，再用木抹子抹平，压实刮平遍数不少于两遍，初凝时加强二次压面，保证大面平整、减少收缩裂缝。浇筑大面积楼板混凝土时，提倡使用激光铅直、扫平仪控制板面标高和平整。

⑥ 施工缝位置：宜沿次梁方向浇筑楼板，施工缝应留置在次梁跨度的中间 1/3 范围内。施工缝表面应与梁轴线或板面垂直，不得留斜槎。复杂结构施工缝留置位置应征得设计人员同意。施工缝宜用齿形模板挡牢或采用钢板网挡支牢固，也可采用快易收口网，直接进行下段混凝土的施工。

⑦ 施工缝处应待已浇筑混凝土的抗压强度不小于 1.2MPa 时，才允许继续浇筑。在继续浇筑混凝土前，施工缝混凝土表面应凿毛，剔除浮动石子，并用水冲洗干净。模板留置清扫口，用空压机将碎渣吹净。水平施工缝可先浇筑一层 30～50mm 厚与混凝土同配比减石子砂浆，然后继续浇筑混凝土，应细致操作振实，使新旧混凝土紧密结合。

（5）剪力墙混凝土浇筑

① 如柱、墙的混凝土强度等级相同时，可以同时浇筑，反之宜先浇筑柱混凝土，预埋剪力墙锚固筋，待拆柱模后，再绑剪力墙钢筋、支模、浇筑混凝土。

② 剪力墙浇筑混凝土前，先在底部均匀浇筑 30～50mm 厚与墙体混凝土同配比的减石子砂浆，并用铁锹入模，不应用料斗直接灌入模内。

③ 浇筑墙体混凝土应连续进行，间隔时间不应超过混凝土初凝时间，每层浇筑厚度严格按混凝土分层尺杆控制，因此必须预先安排好混凝土下料点位置和振捣器操作人员数量。

④ 振捣棒移动间距应不大于振捣作用半径的 1.5 倍，每一振点的延续时间以表面呈现浮浆为度，为使上下层混凝土结合成整体，振捣器应插入下层混凝土 50mm。振捣时注意钢筋密集及洞口部位。为防止出现漏振，须在洞口两侧同时振捣，下灰高度也要大体一致。大洞口的洞底模板应开口，并在此处浇筑振捣。竖向构件最底层第一步混凝土容易出现烂根现象，应适当提高第一步下灰高度、振捣棒间隔加密。

⑤ 混凝土墙体浇筑完毕之后，将上口甩出的钢筋加以整理，用木抹子按标高线将墙上表面混凝土找平，墙顶高宜为楼板底标高加 30mm（预留 25mm 的浮浆层剔凿量）。

（6）楼梯混凝土浇筑

① 楼梯段混凝土自下而上浇筑，先振实底板混凝土，达到踏步位置时再与踏步混凝土一起浇捣，不断连续向上推进，并随时用木抹子（或塑料抹子）将踏步上表面抹平。

② 施工缝位置：框架结构两侧无剪力墙的楼梯施工缝宜留在楼梯段自休息平台往上 1/3 的地方，约 3～4 踏步。框架结构两侧有剪力墙的楼梯施工缝宜留在休息平台自踏步往外 1/3 的地方，楼梯梁应有入墙≥1/2 墙厚的梁窝。

（7）混凝土养护

① 混凝土浇筑完毕后，应在 12h 以内加以覆盖和浇水，浇水次数应能保持混凝土保持

足够的润湿状态。框架柱优先采用塑料薄膜包裹、在柱顶淋水的养护方法。

② 养护期一般不少于 7d。掺缓凝型外加剂的混凝土其养护时间不得少于 14d。

4. 施工总结

① 蜂窝：原因是混凝土一次下料过厚、振捣不实、不及时或漏振；模板有缝隙使水泥浆流失；钢筋较密而混凝土坍落度过小或石子过大，柱、墙根部模板有缝隙，以致混凝土中的砂浆从下部涌出而造成。

② 露筋：原因是钢筋垫块位移、间距过大、漏放、钢筋紧贴模板、造成露筋；或梁、板底部振捣不实，也可能出现露筋。

③ 麻面：拆模过早或模板表面漏刷隔离剂或模板湿润不够，构件表面混凝土易粘附在模板上造成麻面脱皮。

④ 孔洞：原因是钢筋较密的部位混凝土被卡，未经振捣就继续浇筑上层混凝土。

⑤ 缝隙与夹渣层：施工缝处杂物清理不净或未浇底架等原因，易造成缝隙、夹渣层。

⑥ 梁、柱连接处断面尺寸偏差过大，主要原因是柱接头模板刚度差或支此部位模板时未认真控制断面尺寸。

⑦ 现浇楼板面和楼梯踏步上表面平整度偏差太大：主要原因是混凝土浇筑后，表面没有用抹子认真抹平。冬期施工在覆盖保温层时，上人过早或未垫板进行操作。

⑧ 当梁板混凝土强度等级与墙、柱不一致时，梁柱接头混凝土留槎随意和漏振，应减小不同等级混凝土供货和浇筑时间差，开盘前必须有预控措施。

1. 示意图和现场照片

后浇带施工示意图和现场照片分别见图 5-29 和图 5-30。

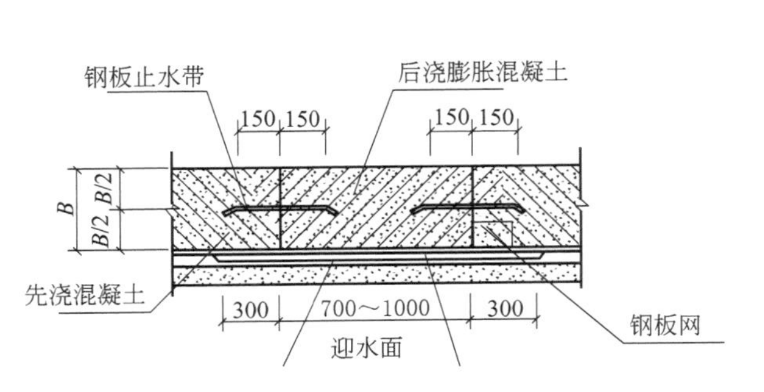

图 5-29　后浇带施工示意图

图 5-30　后浇带施工现场照片

2. 注意事项

① 结构主体施工时，在后浇带两侧应采取防护措施，防止破坏防水层、钢筋及泥浆灌入底板后浇带。底板及顶板后浇带均应在混凝土浇筑完成后的养护期间内，及时用单皮砖挡墙（或砂浆围堰）及多层板加盖保护，防止泥浆及后续施工对后浇带接缝处产生污染。

② 后浇带混凝土施工前，后浇带部位和外贴式止水带（根据设计或施工方案要求选用）应予以保护，严防落入杂物和损伤外贴式止水带。

③ 后浇带混凝土剔凿、清理时，应避免损坏原有预埋管线和钢筋。

④ 对于梁、板后浇带应支顶严密，避免新浇筑混凝土污染原成型混凝土底面。

3. 施工做法详解

施工工艺流程：后浇带的清理→后浇带浇筑→后浇带混凝土养护。

(1) 后浇带两侧混凝土处理

楼板板底及立墙后浇带两侧混凝土与新鲜混凝土接触的表面，用匀石机按弹线切出剔凿范围及深度，剔除松散石子和浮浆，露出密实混凝土，并用水冲洗干净。

(2) 后浇带清理

清除钢筋上的污垢及锈蚀，然后将后浇带内积水及杂物清理干净，支设模板。

(3) 后浇带混凝土浇筑

① 后浇带混凝土施工时间应按设计要求确定；当设计无要求时，应在其两侧混凝土龄期达到 42d 后再施工，但高层建筑的沉降后浇带应在结构顶板浇筑混凝土 14d 后进行。

② 后浇带浇灌混凝土前，在混凝土表面涂刷水泥净浆或铺与混凝土同强度等级的水泥砂浆，并及时浇灌混凝土。

③ 混凝土浇灌时，避免直接靠近缝边下料。机械振捣宜自中央向后浇带接缝处逐渐推进，并在距缝边 80～100mm 处停止振捣，然后辅助人工抱实，使其紧密结合。

(4) 后浇带混凝土养护

① 后浇带混凝土浇筑后 8～12h 以内根据具体情况采用浇水或覆盖塑料薄膜法养护。

② 后浇带混凝土的保湿养护时间应不少于 28d。

4. 施工总结

① 底板施工时，建议预先每隔 40～60m，距离设一小积水坑（600mm×600mm×600mm），便于清洗后浇带的污水、泥浆，待污水和泥浆汇集后抽出。

② 施工后浇带两侧主体结构时，对落入后浇带内的混凝土应立即清理，避免经较长时间硬化后清理损坏止水带或防水层。

③ 后浇带混凝土在施工前一定要认真试配，符合各项技术要求后再施工。

④ 由于在进行后浇带混凝土的浇筑及后浇带混凝土达到强度要求前，后浇带两侧的结构处于悬臂结构状态，故其底模必须单独支承，直到后浇带部位混凝土达到强度要求后方可拆除模板。

⑤ 严禁因为抢工期而随意缩短后浇混凝土应当间隔的时间。

1. 示意图和现场照片

大体积混凝土温测传感器埋设示意图和底板大体积混凝土浇筑现场照片分别见图 5-31 和图 5-32。

2. 注意事项

① 跨越模板及钢筋应搭设马道。

② 泵管下应设置木方，不准直接摆放在钢筋上。

③ 混凝土浇筑振动棒不准长时间触及钢筋、埋件和测温元件。

④ 测温元件导线或测温管应妥善保护，防止损坏。

⑤ 混凝土强度达到 1.2N/mm^{2}之前除浇筑人员外，他人不准踩踏。

⑥ 测温人员记录完测温值后应及时覆盖测温部位，保证各点混凝土表面覆盖严密。

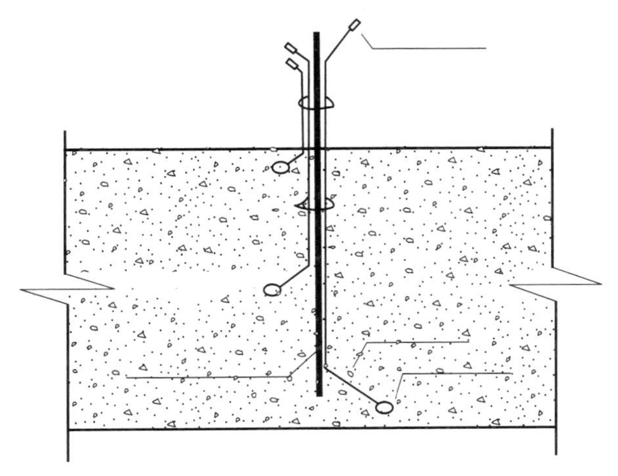

图 5-31　大体积混凝土温测传感器埋设示意图

图 5-32　底板大体积混凝土浇筑现场照片

3. 施工做法详解

施工工艺流程：混凝土的运输与布料→混凝土浇筑→混凝土的表面处理→混凝土养护→测温

（1）混凝土的场内运输与布料

① 受料斗必须配备孔径为 50mm×50mm 的振动筛，防止个别大颗粒骨料流入泵管，料斗内混凝土上表面距离上口宜为 200mm 左右以，防止泵入空气。

② 泵送混凝土前，先将储料斗内清水从管道泵出，以湿润和清洁管道，然后压入纯水泥装或(1∶1)～(1∶2)水泥砂浆，滑润管道后再泵送混凝土。

③ 开始压送混凝土时速度宜慢，待混凝土送出管子端部时，速度可逐渐加快，并转入用正常速度进行连续泵送。遇到运转不正常时，可放慢泵送速度进行抽吸，往复推动数次，以防堵管。

④ 泵送混凝土浇筑入模时，端部软管均匀移动，使每层布料均匀，不应成堆浇筑。

⑤ 泵管向下倾斜输送混凝土时，应在下斜管的下端设置相当于 5 倍落差长度的水平配管，若与上水平线倾斜度大于 7°时应在斜管上端设置排气活塞。如因施工长度有限，下斜管无法按上述要求长度设置水平配管时，可用弯管或软管代替，但换算长度仍应满足 5 倍落差的要求。

⑥ 沿地面铺管，每节管两端应垫 50mm×100mm 方木，以便拆装；向下倾斜输送时，应搭设宽度不小于 1m 的斜道，上铺脚手板，管两端垫方木支承，泵管不应直接铺设在模板、钢筋上，而应搁置在马凳或临时搭设的架子上。

⑦ 泵送将结束时，计算混凝土需要量，并通知搅拌站，避免剩余混凝土过多。

⑧ 混凝土泵送完毕，混凝土泵及管道可采用压缩空气推动清洗球清洗，压力不超过 0.7MPa。方法是先安好专用清洗管，再启动空压机，渐渐加压。清洗过程中随时敲击输送管判断混凝土是否接近排空。管道拆卸后按不同规格分类堆放备用。

⑨ 泵送中途停歇时间不应长于 45min，如超过 60min 则应清管。

⑩ 泵管混凝土出口处，管端距模板应大于 500mm。

⑪ 在预留凹槽模板或预埋件处，应沿其四周均匀布料。

（2）混凝土浇筑

① 混凝土浇筑可根据面积大小和混凝土供应能力采取全面分层（适用于结构平面尺寸≤14m、厚度1m以上）、分段分层（适用于厚度不太大，面积或长度较大的结构）或斜面分层（适用于长度超过宽度的3倍的结构）连续浇筑，分层厚度300～500mm且不大于振动棒长1.25倍。分段分层多采取踏步式分层推进，按从远至近布灰（原则上不反复拆装泵管），一般踏步宽为1.5～2.5m。斜面分层浇灌每层厚300～350mm，坡度一般取(1∶6)～(1∶7)。

② 混凝土浇筑应配备足够的混凝土输送泵，既不能造成混凝土留浆冬季受冻，也不能常温时出现混凝土冷缝（浇筑时，要在下一层混凝土初凝之前浇筑上一层混凝土，避免产生冷缝）。

③ 全面分层法在整个基础内全面分层浇筑混凝土，第一层全面浇筑完毕回来浇筑第二层时，第一层浇筑的混凝土还未初凝；如此逐层进行，直至浇筑好。施工时从短边开始，沿长边进行，构件长度超过20m时可分为两段，从中间向两端或两端向中间同时进行。

④ 分段分层法混凝土从底层开始浇筑，进行一定距离后回来浇筑第二层，如此依次向前浇筑以上各分层。

⑤ 局部厚度较大时先浇深部混凝土，然后再根据混凝土的初凝时间确定上层混凝土浇筑的时间间隔。

⑥ 根据大面积基础底板混凝土浇筑速度、范围，由专一（或多台）混凝土泵提前进行临近集水坑底、吊帮模板内泵送混凝土浇筑，并振捣密实。将集水坑混凝土浇筑至与大底板平齐，与基础底板混凝土整体衔接。

⑦ 较深的集水坑采用间歇浇筑的方法，模板做成整体式并预先架立好，先将地坑底板浇至与模板底平，待坑底混凝土可以承受坑壁混凝土反压力时，再浇筑地坑坑壁混凝土，要注意保证坑底标高与衔接质量。间歇时间应摸索确定。

⑧ 振捣混凝土应使用高频振动器，振动器的插点间距为1.5倍振动器的作用半径，防止漏振。斜面推进时振动棒应在坡脚与坡顶处插振。

⑨ 振动混凝土时，振动器应均匀地插拔，插入下层混凝土50mm左右，每点振动时间为10～15s，以混凝土泛浆不再溢出气泡为准，不可过振。

（3）混凝土的表面处理

① 当混凝土大坡面的坡角接近顶端模板时，改变浇灌方向，从顶端往回浇灌，与原斜坡相交成一个集水坑，并有意识地加强两侧模板处的混凝土浇筑速度，使泌水逐步在中间缩小成水潭，并使其汇集在上表面，派专人用泵随时将积水抽出。

② 基础底板大体积混凝土浇筑施工中，其表面水泥浆较厚，为提高混凝土表面的抗裂性，在混凝土浇筑到底板顶标高后要认真处理，用大杠刮平混凝土表面，待混凝土收水后，再用木抹子搓平两次（墙、柱四周150mm范围内用铁抹子压光），初凝前用木抹子再搓平一遍，以闭合收缩裂缝，然后覆盖塑料薄膜进行养护。

（4）混凝土的养护

① 高温季节优先采用蓄水法（水深50～100mm）养护，后用薄膜覆盖。冬施大体积混凝土养护先采用不透水、气的塑料薄膜将混凝土表面敞露部分全部严密地覆盖起来，塑料薄膜上面需覆盖一至两层防火草帘进行保温。保持塑料薄膜内有凝结水、混凝土在不失水的情况下得到充分养护。

② 塑料薄膜、防火草帘应叠缝、骑马铺放，以减少水分的散发。

③ 对边缘、棱角部位的保温层厚度增加到2倍，加强保温养护。

④ 为保证混凝土核心与混凝土表面温差小于25℃及混凝土表面温度与大气温度差小于25℃，采用塑料薄膜和防火草帘覆盖养护的同时，还要根据实际施工时的气候、测温情况、混凝土内表温差和降温速率，通过热工计算来随时增加或减少养护措施。

⑤ 为了确保新浇筑的混凝土有适宜的硬化条件，防止在早期干缩、后期温差变形而产生裂缝，使用硅酸盐或普通硅酸盐水泥拌制的混凝土养护时间不少于7d，对掺用缓凝型外加剂或有抗渗要求以及使用其他品种水泥拌制的混凝土不少于14d，炎热天气还宜适当延长。

⑥ 保温层在混凝土达到强度标准值的30%后，内外温差及表面与大气最低温差均连续48h小于25℃时，方可撤除，并应继续测温监控。必要时适当恢复保温，解除保温应分层逐步进行。

（5）测温

① 测温点的布置：测温点的布置应具有代表性和可比性。沿所浇筑高度，一般应布置在底部（指梁板结构）、中部（核心）和表面；平面则应布置在温度变化敏感部位、构件的边缘与中间，平面测点间距一般为15～25m。深度方向测温点分布离上、下边缘部位的距离约50～100mm，距边角和表面应大于5mm。

② 测温点应在平面图上编号，并在现场明示编号标志，便于他人检查。在混凝土温度上升阶段每2～4h测一次，温度下降阶段每8h测一次，同时应测大气温度并与其对比，绘制温度-时间变化曲线，测温周期应不小于14d。测温记录应及时反馈现场技术部门，当各种温差达到20℃时应预警，25℃时应报警。

③ 使用普通玻璃温度计测温：测温管端应用软木塞封堵，只允许在放置或取出温度计时打开。温度计应系线绳垂吊到管底，停留不少于3min后取出并迅速查看记录温度值。

④ 使用建筑电子测温仪测温：附着于钢筋上的半导体传感器应与钢筋隔离，保护测温探头的导线接口不受污染、不受水浸，接入测温仪前应擦拭干净，保持干燥以防短路，也可事先埋管，管内插入可周转使用的传感器测温。

⑤ 测温温差控制值：内部温差（核心与表面下100～50mm处）不大于25℃，表面温度（表面以下100～50mm）与混凝土表面外500mm处温差不大于25℃，补偿收缩混凝土≤30℃（蓄水养护条件下）；当欲撤除保温层时，表面与大气温差应不大于20℃，否则夜间应恢复保温措施。

4．施工总结

① 水泥品种应选用铝酸三钙含量较低、水化游离氧化钙、氧化镁和二氧化碳尽可能低的低收缩水泥；宜选用含碱量不大于0.4%的水泥。

② 混凝土坍落度不稳定：混凝土运输车到达现场后，每车混凝土的坍落度都需进行目测，对混凝土搅拌车不小于2h至少进行一次抽测，每工作班不少于4次。从搅拌车运卸的混凝土中，分别取1/4和3/4处试样进行坍落度试验，两个试样的坍落度之差不得超过30mm。当实测坍落度不能满足要求时，应及时通知搅拌站，严禁私自加水搅拌。

③ 混凝土冷缝：浇筑时，要在下一层混凝土初凝之前浇筑上一层混凝土，避免产生冷缝。

④ 混凝土振捣不密实：浇筑时，每条泵管配备2～4条振捣棒。使混凝土自然缓慢流动，然后全面振捣。根据混凝土泵送时自然形成的坡度，在每步混凝土前后各布置两台振动器。第一道布置在混凝土卸料点，解决上部混凝土的振实，由于底皮钢筋间距较密，第二道布置在混凝土坡角处，解决下部混凝土的密实，随着混凝土浇筑工作的向前推进，振动器相

应跟上，保证混凝土流淌处及各点不漏振。

⑤ 混凝土表面形成泌水：当混凝土大坡面的坡角接近顶端模板时，改变浇灌方向，从顶端往回浇灌，与原斜坡相交成一个集水坑，并有意识地加强两侧模板处的混凝土浇筑速度，使集水坑逐步在中间缩小成水潭，使最后一部分泌水汇集在上表面，派专人随时用泥装泵将积水抽除，不断排除大量泌水。

⑥ 混凝土表面浮浆较厚，易发生裂缝：在混凝土浇筑到底板顶标高后要认真处理，可用铁锹铲走并按标高用大杠刮平混凝土表面，待混凝土收水后，再用木抹子搓平两次，以闭合收缩裂缝，然后覆盖塑料薄膜进行养护。

⑦ 大体积混凝土内部水泥水化热高又不容易散失，导致混凝土内部与外部温差变大，温度应力也相应变大，易造成混凝土开裂。测温中如发现混凝土核心温度与表面温度差大于20℃时，测温人员应进行警惕。当发现混凝土核心温度与表面温度差大于22℃时，测温人员应将测温数据及时上报项目技术组，由技术组会同生产、材料等部门进行协调，采取保温、苫盖、延长覆盖时间等措施保证混凝土核心温度与表面温度差不超过25℃。

⑧ 夏季施工应采取对砂石等原材料覆盖、冰水拌制混凝土等技术措施控制混凝土入模温度低于28℃，以减低混凝土构件核心温度。

⑨ 严冬施工可不掺防冻剂，但应适当增加混凝土输送泵数量，防止混凝土流浆、留槎受冻。

第六章　屋面工程

第一节　屋面找平层施工

1. 示意图和现场照片

排气道做法示意图和排气道施工现场照片分别见图 6-1 和图 6-2。

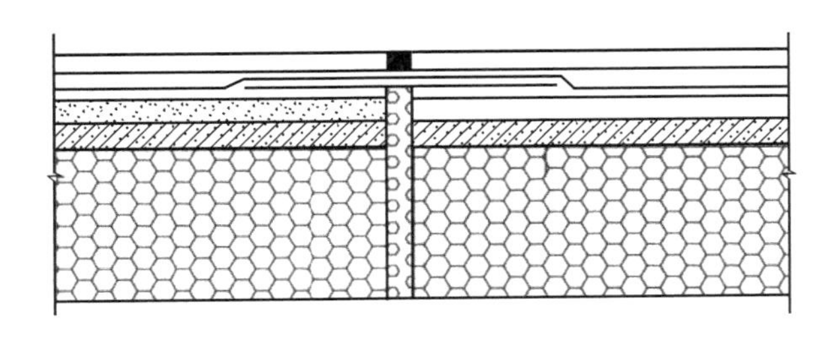

图 6-1　排气道做法示意图

图 6-2　排气道施工现场照片

2. 注意事项

① 排气道应留设在预制板支撑边的拼缝处，其纵横向的最大间距为 6m，宽度不宜大于 80mm。

② 屋面每 36m^2 宜设置一个排气孔，排气道应与排气孔相互沟通，并与大气相通，不得堵塞，排气孔应做防腐处理。

③ 找平层分隔缝的位置应与保温层及排气道位置一致，以便兼作排气道。

3. 施工做法详解

施工工艺流程：基层处理→定位弹线→扫气道施工→排气孔施工→面层施工。

（1）基层处理

屋面结构找平层表面的杂物、垃圾应清理干净。

(2) 定位弹线

按设计要求及排气道、排气孔设置数量，弹线分格定位。

(3) 扫气道施工

当采用水泥膨胀蛭石及水泥膨胀珍珠岩作屋面保温层时或当屋面保温层和找平层干燥有困难时，应做排气屋面。

排气屋面可通过在保温层中设置排气通道实现，其施工要点如下。

① 排气道应纵横设置，排气道间距应按设计要求和按面层材料种类的实际情况而定。同时必须考虑排气道整齐美观要求。

② 排气道应纵横贯通，不得堵塞，并同大气连通的排气孔相通。

③ 找平层设置的分隔缝可兼作排气道，铺粘卷材时宜采用条粘法或点粘法。

④ 在保温层中预留槽做排气道时，其宽度一般在 30～40mm；在保温层中埋设打孔细管（塑料管或镀锌钢管）作排气道时，管径宜为 $\phi25$，管子四周间距 30mm 打上小孔，排气道应与找平层分隔缝相重合。

(4) 排气孔施工

①排气出口应埋设排气管，排气管应设置在结构层上，穿过保温层的管壁应设排气孔，作为通气沟的管端头应插入排气管底部与其相连，下端应与屋面结构紧密焊接或连接，上端高出屋面面层≥250mm，排气孔高度与排气帽方向应保持整齐一致。

② 为避免排气孔与在基层接触发生渗漏，其伸出屋面管子四周的找平层应做成圆锥台，管子与找平层之间应留凹槽，并填嵌密实材料，防水层收头处应用金属箍箍紧，并用密封材料封严。

(5) 面层施工

① 排气屋面防水层施工前，应检查排气道是否被堵塞，并加以清扫，然后宜在排气道上粘贴一层隔离纸或塑料薄膜，宽约 200mm，对中排气道贴好，完成后才可铺贴防水卷材（或刷防水涂料）。防水层施工时不得刺破隔离纸，以免胶黏剂（或涂料）流入排气道，造成堵塞排气不畅。

② 当进行下道工序或相邻施工时，应对排气屋面工程已完成部分采取保护措施，防止损坏。

4. 施工总结

① 有保温层的做法：先确定排气道的位置、走向及出气孔的位置。在板状隔热保温层施工时，当粘铺板块时，应在已确定的排气道位置处拉开 80～140mm 的通缝，缝内用大粒径、大孔洞炉渣填平，中间留设 12～15mm 的通风口，再抹找平层。铺设防水层前，在排气槽位置处、找平层上部附加宽度为 300mm 的单边点粘的卷材覆盖层。

② 有找平层、无保温层屋面的做法：先确定排气道的位置、走向及出气孔的位置。分隔缝做排气道的间距以 4～5m 为宜，不宜大于 6m，缝宽度 12～15mm，铺设防水层前缝上部附加宽度为 250mm 的单边点粘的卷材覆盖层。

1. 示意图和现场照片

找平层分隔缝示意图和现场照片分别见图 6-3 和图 6-4。

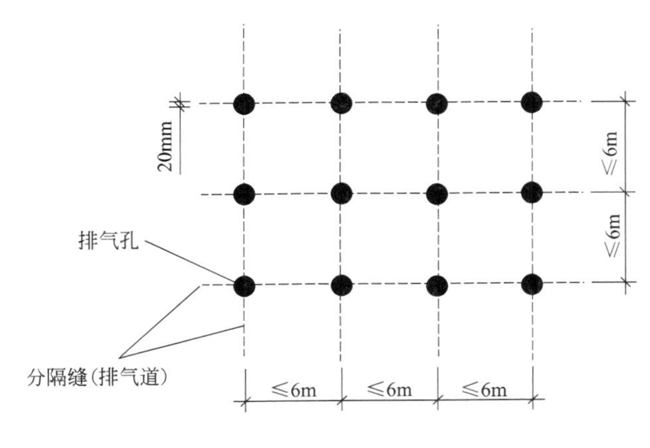

图 6-3 找平层分隔缝示意图

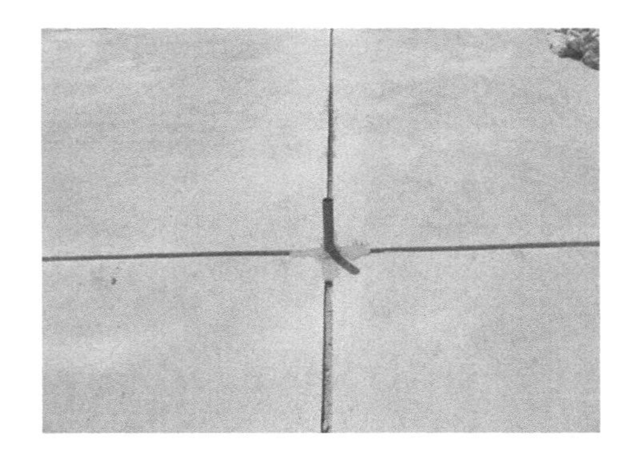

图 6-4 找平层分隔缝现场照片

2. 注意事项

屋面找平层宜留置分隔缝，对于大面积的找平层、装配式钢筋混凝土板和加气混凝土板材轻型屋面的找平层宜留置分隔缝，缝宽宜为 20mm，待基层充分干燥后，缝槽内嵌填密封材料。

3. 施工做法详解

施工工艺流程：参数的确定→分隔缝施工。

分隔缝的宽度一般为 20mm；水泥砂浆或稀释混凝土找平层纵横分隔缝的最大间距不超过 6m，分隔缝内应填嵌沥青砂等弹性密封材料；基层应坡度正确、平整光洁，平整度偏差不大于 5mm，无空鼓裂缝；防水找平层、防水保护层、面层的分隔缝位置上下相对应，面层分隔缝预留位置应满足验收规范要求。

4. 施工总结

① 找平层设置分隔缝的方法：在铺抹找平层时，格局确定的分格距离、分格的部位、分隔缝的宽度、分隔缝的深度，采用大小合适的木条按规定置于屋面板各部位后，再铺抹砂浆，待找平层已充分养护好能上人时，起掉木方，打通各路分隔缝通道即可。

② 对于有保温层的屋面，保温层和找平层干燥有困难时，宜采用排气屋面。找平层设置分隔缝兼作排气道，缝宽可调宽至 40mm，以利于排出潮气。保温层通过排气道上的设置孔与大气连通，排气道之间要纵横贯通，不得堵塞，间距宜为 6m，排气孔以不大于 $36m^2$ 设置一个为宜，待基层充分干燥（将 $1m^2$ 大小的卷材平铺于找平层上，静置 3～4h 后掀起观察，在找平层的覆盖部位及卷材底面未见水纹或水珠）后，缝槽内嵌填密封材料。

1. 施工照片

水泥砂浆找平层施工照片分别见图 6-5 和图 6-6。

2. 注意事项

① 基层表面应洁净湿润，但有保温层时不洒水。

② 分隔缝应与板缝对齐，缝高同找平层高度，缝宽 20mm 左右，用小木条或金属条嵌缝。

3. 施工做法详解

施工工艺流程：基层处理→找标高、弹线→洒水湿润→抹灰饼和标筋→刷水泥浆结合层→铺设找平层→抹光。

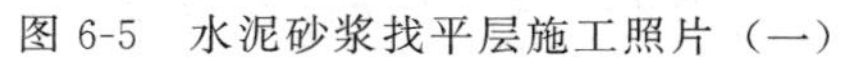

图 6-5 水泥砂浆找平层施工照片（一）

图 6-6 水泥砂浆找平层施工照片（二）

（1）基层处理

① 在铺设找平层前，应将基层表面处理干净，当找平层下有松散填充层时，应铺平振实。

② 用水泥砂浆铺设找平层，其下一层为水泥混凝土垫层时，应予湿润；当表面光滑时，尚应划毛或凿毛。

（2）找标高、弹线

根据墙上的＋50cm 水平线，往下量测出面层标高，并弹在墙上。

（3）洒水湿润

用喷壶等工具将地面基层均匀洒水一遍。

（4）抹灰饼和标筋

测量放线，定出变形缝、分格线和标高控制点并做出灰饼。

（5）刷水泥浆结合层

铺设时先刷一道水泥浆，其水灰比宜为 0.4～0.5，并应随刷随铺。

（6）铺设找平层

涂刷水泥浆之后跟着铺水泥砂浆，在灰饼之间将砂浆铺均匀，然后用木刮杠按灰饼高度刮平。铺砂浆时如果灰饼已硬化，木刮杠刮平后，同时将利用过的灰饼敲掉，并用砂浆填平。

（7）抹光

当设计要求需要压光时，采用铁抹子压光。

① 铁抹子压第一遍：木抹子抹平后，立即用铁抹子压第一遍，直到出浆为止，把脚印压平。如果砂浆过稀表面有泌水现象时，可均匀撒一遍水泥和砂（1∶1）的拌合料（砂子要过 3mm 筛），再用木抹子用力抹压，使干拌料与砂紧密结合一体，吸水后用铁抹子压平。

② 第二遍抹压：当面层开始凝结，地面面层上有脚印但不下陷时，用铁抹子进行第二遍抹压，注意不得漏压，并将面层的凹坑、砂眼和脚印压平。

③ 第三遍抹压：当面层上人稍有脚印，而抹压无抹子纹时，用铁抹子进行第三遍抹压，第三遍抹压要用力稍大，将抹子纹抹平压光，压光的时间应控制在初凝前完成。

4. 施工总结

① 砂浆铺缝应按由远到近、由高到低的程序进行，最好在分格缝内一次连续铺成，严

格掌握坡度。

② 待砂浆稍收水后，用抹子压实抹平；终凝前，轻轻取出嵌缝条。

③ 一般在气温0℃以下时或终凝前要下雨时，不宜施工。否则应有一定的技术措施作为保证。

1. 示意图和现场照片

沥青砂浆找平层施工示意图和现场照片分别见图6-7和图6-8。

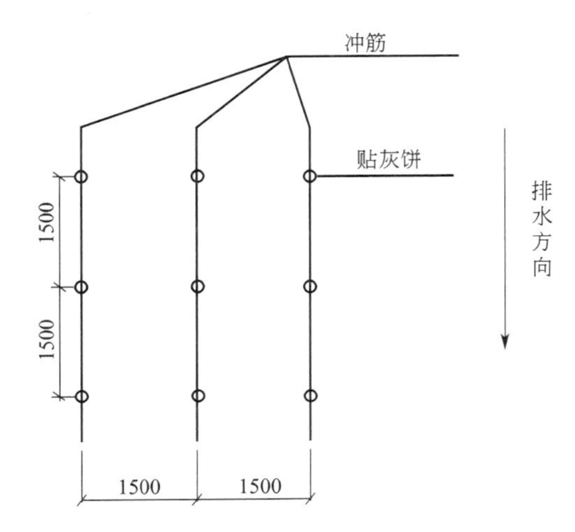

图6-7 沥青砂浆找平层施工示意图

图6-8 沥青砂浆找平层施工现场照片

2. 注意事项

① 倒泛水：保温层施工时须保证找坡泛水，抹找平层应检查保温层坡度泛水是否符合要求，铺抹找平层应掌握坡向及厚度。

② 抹好的找平层上，推小车运输时，应先铺脚手板车道，以防止破坏找平层表面。

③ 找平层施工完毕，未达到一定强度时不得上人踩踏。

④ 雨水口、内排雨口施工过程中，应采取临时措施封口，防止杂物进入造成堵塞。

3. 施工做法详解

施工工艺流程：基层处理→根管封堵→抹水泥砂浆找平层→沥青砂浆找平层。

(1) 基层处理

将结构层、保温层上表面的松散杂物清扫干净，凸出基层表面的灰渣等黏结杂物要铲平，不得影响找平层的有效厚度。

(2) 根管封堵

大面积做找平层前，应先将出屋面的根管、变形缝、屋面暖沟墙根部处理好。

(3) 抹水泥砂浆找平层

① 洒水湿润：抹找平层水泥砂浆前，应适当洒水湿润基层表面，主要是利于基层与找平层的结合，但不可洒水过量，以免影响找平层表面的干燥，防水层施工后窝住水气，使防水层产生空鼓，所以洒水达到基层和找平层能牢固结合为宜。

② 贴点标高、冲筋。根据坡度要求，拉线找坡，一般按1～2m贴点标高（贴灰饼），铺抹找平砂浆时，先按流水方向以间距1～2m冲筋，并设置找平层分隔缝，宽度一般为

20mm，并且将缝与保温层连通，分隔缝最大间距为6m。

③ 铺装水泥砂浆：按分格块装灰、铺平，用刮杠靠冲筋条刮平，找坡后用木抹子搓平，铁抹子压光。待浮水沉失后，人踏上去有脚印但不下陷为度，再用铁抹子压第二遍即可交活。找平层水泥砂浆一般配合比为1∶3，拌和稠度控制在7cm。

④ 养护：找平层抹平、压实以后24h可浇水养护，一般养护期为7d，经干燥后铺设防水层。

（4）沥青砂浆找平层

① 喷刷冷底子油：基层清理干净喷涂两道均匀的冷底子油，作为沥青砂浆找平层的结合层。

② 配置沥青砂浆：先将沥青熔化脱水，预热至120～140℃；中砂和粉料拌和均匀，加入预热熔化的沥青拌和，并继续加热至要求温度，但不应使升温过高，防止沥青炭化变质。

③ 铺找平、找坡饼，间距为1～1.5m。

④ 沥青砂浆铺设，按找坡、找平线拉线铺平后，铺装沥青砂浆，用长把刮板刮平，经火辊滚压，边角处可用烙铁烫平，压实达到表面平整、密实、无蜂窝、看不出压痕为好。

4. 施工总结

① 等冷底子油干燥后，可铺设沥青砂浆，其虚铺厚度约为压实后厚度的1.3～1.4倍。

② 施工时沥青砂浆的温度应为：室外气温在5℃以上时，拌制温度在140～170℃，铺设温度在90～120℃；室外气温在5℃以下时拌制温度在160～180℃，铺设温度在100～130℃。

③ 施工缝应留成斜槎。继续施工时，接槎处应处理干净，并刷热沥青一遍，然后铺沥青砂浆，用火辊或烙铁烫平。

④ 雨、雪天不能施工，且在0℃以下施工时，应有一定的技术措施。沥青砂浆铺设后，最好及时铺设第一层卷材。

第二节　屋面保温层施工

1. 示意图和现场照片

保温层基层施工示意图和现场照片分别见图6-9和图6-10。

2. 注意事项

基层表面应坚实且具有一定的强度，清洁干净，表面无浮土、砂粒等杂物，残留的砂浆块或突起物应以铲刀铲平；伸出屋面的管道及连接件应安装牢固、接缝严密，若有铁锈、油污应用钢丝刷、砂纸、溶剂等清理干净。

3. 施工做法详解

施工工艺流程：确定参数→进行施工。

找平层应以水泥砂浆抹平压光，基层与突出屋面的结构（如女儿墙、天窗、变形缝、烟囱、管道、旗杆等）相连的阳角；基层与檐口、天沟、排水口、沟脊的边缘相连的转角处应抹成光滑的圆弧形，其半径一般为50mm。

4. 施工总结

铺设保温层前，将预埋的钢筋、架子管、吊钩、套拉绳等切割清除，残留在基层表面的痕迹要磨平，抹入砂浆层内；穿过屋面和墙体等结构层的管根部位要用细石混凝土填塞密实，将管根固定，并将基层的尘土、杂物等清理干净，保证基层干净、干燥。

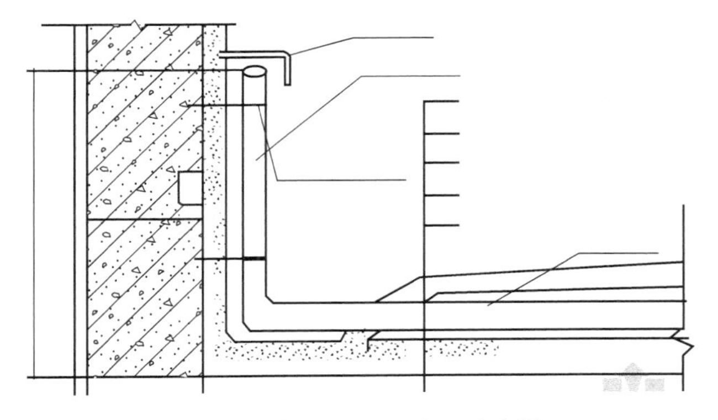

图 6-9　保温层基层施工示意图

图 6-10　保温层基层现场照片

1. 示意图和现场照片

板状保温层铺设示意图和现场照片分别见图 6-11 和图 6-12。

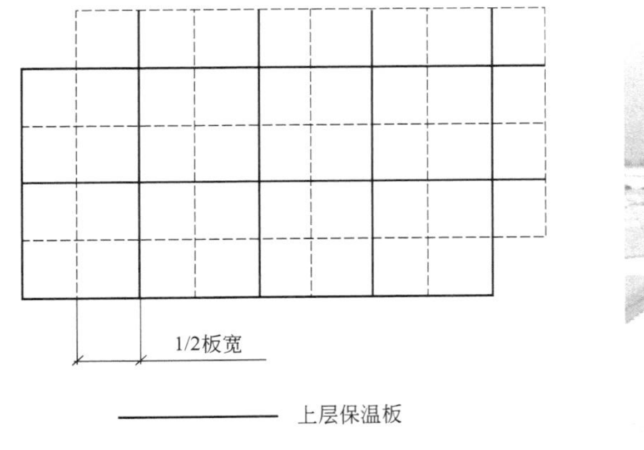

图 6-11　板状保温层铺设示意图

图 6-12　板状保温层铺设现场照片

2. 注意事项

① 在已铺好的保温层上不得施工，应采取必要措施，保证保温层不受损坏。

② 保温层施工完成后，应及时铺抹水泥砂浆找平层，以保证保温效果。

3. 施工做法详解

施工工艺流程；基层处理→弹线找坡→管根固定→隔气层施工→保温层铺设。

(1) 基层清理

应将现浇混凝土结构层表面的杂物、灰尘等清理干净。

(2) 弹线找坡

按设计坡度及流水方向，找出屋面坡度走向，确定保温层的厚度范围。

(3) 管根固定

穿结构的管根在保温层施工前，应用细石混凝土塞堵密实。

（4）隔气层施工

2～4道工序完成后，设计有隔气层要求的屋面，应按设计做隔气层，涂刷均匀无漏刷。

（5）保温层铺设

① 干铺板块状保温层：直接铺设在结构层或隔气层上，分层铺设时上下两块板块应错开，表面两块相邻的板边厚度应一致。一般在块状保温层上用松散料石做找坡。

② 黏结铺设板块状保温层：板块状保温材料用黏结材料平粘在屋面基层上，一般聚苯板材料应用沥青胶结料粘贴。

4. 施工总结

① 保温层不良。影响保温效果的有：保温材料热导率、粒径级配、含水量、铺实密度等原因；施工选用的材料要达到技术标准，并控制密度，保证保温的功能效果。

② 铺设厚度不均匀：铺设时不认真操作。应拉线找坡，铺顺平整，操作中应避免材料在屋面上二次堆积倒运。应保证均质铺设。

③ 保温层边角处质量问题：边线不直，边槎不整齐，影响找坡、找平和排水。

④ 保温材料铺贴不实：影响保温、防水效果，造成找平层裂缝。应严格达到规范和验评标准的质量标准，严格验收管理。

1. 示意图和现场照片

倒置式保温层铺设示意图和现场照片分别见图6-13和图6-14。

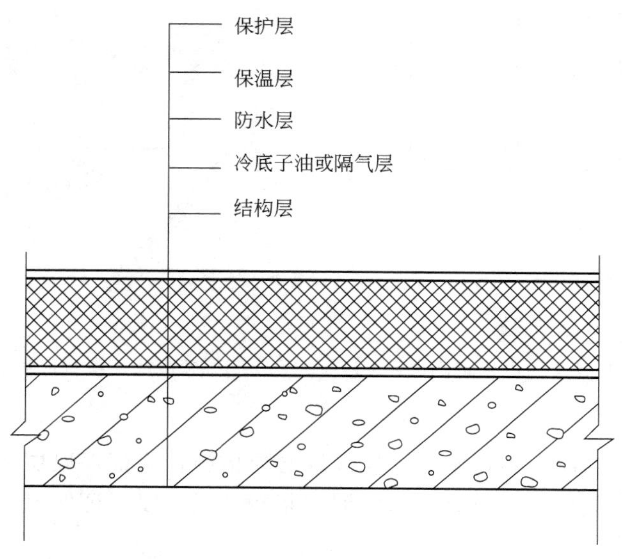

图6-13　倒置式保温层铺设示意图

2. 注意事项

① 倒置式屋面保温材料应采用吸水率小、长期浸水不腐烂的材料，找坡坡度不应小于2%。保温材料上应用混凝土等块材、水泥砂浆或卵石做保护层。其防水层要平整，不得有积水现象。

② 屋面施工人员必须穿软底鞋，防止刺破防水卷材和碰损保温板。

③ 吊罐、料斗等应避免冲击保温板或防水卷材。

图 6-14 倒置式保温层铺设现场照片

④ 在坡屋面上施工时，应采取可靠的安全防护措施。

3. 施工做法详解

施工工艺流程：选择施工做法→进行施工。

(1) 胶粘法施工

将屋面基层清扫干净，按设计配合比制水泥胶，并将水泥胶抹在防水层面及挤塑保温板上，随机涂抹在水泥胶的防水层面上，并用橡胶锤轻轻捶打保温板或用压辊稍用力滚压保温板，使保温板与防水层粘贴密实、平稳。保温层施工完毕应立即施工找平层砂浆，砂浆摊铺要均匀，滚压密实平整。最后按设计要求做屋面保护层。若保温板施工完毕不立即做找平层，应在保温板上做压重处理，防止保温与防水层松滑、空落。

(2) 干铺法施工

干铺法一般只在平屋面保温层施工时采用。其施工工艺较胶粘法更为简单，可直接将挤塑保温板与防水层干铺连接，并只需按建筑物的屋顶风荷载要求而加以简单的压重固定，通常采用预制混凝土板块或卵石，也可在挤塑保温板上直接浇筑混凝土，使之与基层成一刚性整体。

4. 施工总结

① 对胶粘法施工的挤塑保温板保温层，考虑到防水卷材搭接厚度的影响，水泥胶结层厚度应不小于 5mm。

② 用胶粘法施工挤塑保温板时，保温层施工完毕不立即施工找平层，必须在保温板上铺设压重材料，以防止保温板与基层松滑、起拱。黏结水泥胶固化前，应禁止施工人员在板上行走。

③ 当气温低于 5℃时不宜采用胶粘法施工。

④ 无论干铺法施工还是胶粘法施工，对挤塑保温板均宜按屋面形状线性试铺并裁切板材，以减少板材的浪费。

⑤ 相邻两幅板接缝应相错开半幅或 50mm 以上；若分层铺设，其上下层接缝也应相互错开。

⑥ 要求粘贴密实、平稳无滑移，拼缝严实，相邻板的板缝上下层板缝应按要求错开。对干铺法施工的板缝宜采用50mm宽的胶带纸封缝。

⑦ 施工挤塑保温板时一般宜铺设至女儿墙边；若遇天沟，板材宜铺至天沟边约50mm。

⑧ 采用干铺法施工时，必须严格控制找平层的平整度。

第三节　屋面防水层施工

1. 示意图和现场照片

刚性防水层施工示意图和现场照片分别见图6-15和图6-16。

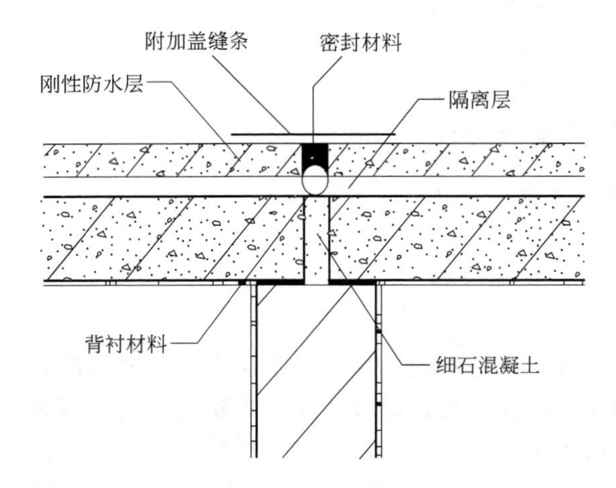

图6-15　刚性防水层施工示意图

图6-16　刚性防水层施工现场照片

2. 注意事项

① 隔离层成品保护：

a. 隔离层施工完成后，不能随意上人践踏或码放材料物品；

b. 必须通过隔离层区域的地方应铺设脚手板，避免将隔离层破坏；

c. 绑扎钢筋网片时，钢筋应轻拿轻放，不得将底下的隔离层损坏。

② 钢筋网片的成品保护：

a. 钢筋网片成型后，应认真进行保护，不得污染钢筋或随意拖挂；

b. 不能在钢筋网片上随意行走践踏、推车或堆放物品，如必须作为运输通道时应铺设脚手板。

③ 刚性防水层的成品保护：

刚性防水层完成后，应按规定派专人进行养护，养护期不少于7d，使混凝土表面经常保持湿润。养护期间不得随意上人踩踏、推车或堆放重物。

④ 分格缝修整时，不得用锤钎剔凿。嵌填完毕的密封材料应保护，不得碰损及污染，固化前不得踩踏，可采用卷材或木板保护。

3. 施工做法详解

施工工艺流程：基层处理→做隔离层→弹线、支模板→绑扎防水层钢筋网片→浇筑细石混凝土防水层→分隔缝密封材料嵌填→细部构造施工。

（1）基层处理、做找平层、找坡

① 基层为整体现浇钢筋混凝土板或找平层时，应为结构找坡。屋面的坡度应符合设计要求，一般为2%～3%。

② 基层为装配式钢筋混凝土板时，板端缝应嵌填密封材料处理。

③ 基层应清理干净，表面应平整，局部缺陷应进行修补。

（2）做隔离层

① 刚性防水屋面基层为保温层时，保温层可兼做隔离层，但保温层必须干燥。

② 隔离层可用石灰黏土砂浆、纸筋灰、麻刀灰、卷材等。

③ 石灰黏土砂浆铺设时，基层清扫干净，洒水湿润后，将石灰膏：砂：黏土配合比为1：2.4：3.6，铺抹厚度为15～20mm，表面压实平整，抹光干燥后再进行下道工序的施工。

④ 纸筋灰与麻刀灰做刚性防水层的隔离层时，纸筋灰与麻刀灰所用灰膏要彻底熟化，防止灰膏中未熟化颗粒将来发生膨胀，影响工程质量。铺设厚度为10～15mm，表面压光，待干燥后，上铺塑料布一层再绑扎钢筋，浇筑细石混凝土。

⑤ 卷材做隔离层时，可在找平层上直接铺一层卷材，即可在其上浇筑细石混凝土刚性防水层。

（3）弹分格缝线、安装分格缝木条、支边模板

① 弹分格缝线。分格缝弹线分块应按设计要求进行，如设计无明确要求时，应设在屋面板的支承端、屋面转折处、防水层与突出屋面结构的交接处，纵横分格不应大于6m。

② 分格缝木条宜做成上口宽为30mm，下口宽为20mm，其厚度不应小于混凝土厚度的2/3，应提前制作好并泡在水中湿润24h以上。

③ 分格缝木条应采用水泥素灰或水泥砂浆固定于弹线位置，要求尺寸和位置准确。

④ 为便于拆除，分格条也可采用聚苯板或定型聚氯乙烯塑料分格条，底部用砂装固定于弹线位置。

（4）绑扎防水层钢筋网片

① 把隔离层清扫干净，弹出分格缝墨线，将钢筋满铺在隔离层上，钢筋网片必须置于细石混凝土中部偏上的位置，但保护层厚度不应小于10mm。绑扎成型后，按照分格缝墨线处剪开并弯钩。

② 采用绑扎接头时应有弯钩，其搭接长度不得小于250mm。绑扎铜丝收口应向下弯，不得露出防水层表面。

③ 混凝土浇筑时，应有专人负责钢筋的成品保护，根据混凝土的浇筑速度进行修整，确保混凝土中的钢筋网片符合要求。

（5）浇筑细石混凝土防水层

① 细石混凝土浇筑前，应将隔离层表面杂物清除干净，钢筋网片和分格缝木条放置好并固定牢固。

② 浇筑混凝土按块进行，一个分格板块范围内的混凝土必须一次浇捣完成，不得留置施工缝。浇筑时先远后近，先高后低，先用平板锹和木杠基本找平，再用平板振捣器进行振捣，用木杠二次刮平。

③ 用木抹子或电动抹平机基本压平，收出水光，有一定强度后，用铁抹子或电动抹光机进行二次抹光，并修补表面缺陷。

④ 终凝前进行人工三次收光，取出分格条，再次修补表面的平整度及光洁度在2m范

围内不大于 5mm。

⑤ 细石混凝土终凝（12～24h）后，有一定强度以后进行养护，养护时间不少于 7d。养护方法可采用淋水湿润，也可采用喷涂养护剂、覆盖塑料薄膜或锯末等方法，必须保证细石混凝土处于充分的湿润状态。养护初期屋面不允许上人。

⑥ 细石混凝土养护期过后，将分格缝中杂物清理干净，干燥后用密封材料嵌填密实。

（6）分隔缝密封材料嵌填

① 嵌填密封材料前，基层应干净、干燥、表面平整、密实，不得有蜂窝麻面、起皮起砂现象。

② 基层处理剂应配比准确，搅拌均匀，采用多组分基层处理剂时，应根据有效时间确定使用量。

③ 基层处理剂涂刷应均匀，不得漏涂，待基层处理剂表干后，应立即嵌填密封材料。

④ 采用热灌法施工时，应由下向上进行，纵横交叉处沿平行于屋脊的板缝宜先浇灌，同时在纵横交叉处沿平行于屋脊的两侧板缝各延伸浇灌 150mm，并留成斜槎。

⑤ 当采用冷嵌法施工时，应先将少量密封材料批刮在缝槽两侧，再分次将密封材料填嵌在缝内，应用力压嵌密实，并与缝壁黏结牢固。嵌填时，密封材料与缝壁不得留有空隙，并防止裹入空气。接头应采用斜槎。

⑥ 当采用合成高分子密封材料嵌缝时，单组分密封材料可直接使用。多组分密封材料应根据规定的比例准确计量，拌和均匀，其拌和量、拌和时间和拌和温度应按该材料要求严格控制。

⑦ 高分子密封材料嵌缝方法可用挤出枪和腻子刀进行，嵌缝应饱满，由底部逐渐充满整个缝槽，严禁气泡和孔洞发生。

⑧ 一次嵌填或分次嵌填应根据密封材料的性质确定。

（7）细部构造施工

① 刚性防水层与屋面女儿墙、出屋面的结构外墙、设备基础、管道等所有突出屋面的结构交接处均应断开，留出 30mm 宽的缝隙，并用密封材料嵌填，泛水处应加设卷材或涂膜附加层，收头处应固定密封。

② 水落口防水构造宜采用铸铁和 PVC 制品。水落口埋设标高应考虑该处防水设防时增加的附加层和柔性密封层的厚度及排水坡度加大时的尺寸。

③ 过水孔可采用防水涂料、密封材料防水，两端周围与混凝土接触处应留设凹槽，用密封材料封闭严密。

4. 施工总结

① 混凝土必须振捣密实，不得漏振，养护期内不能随意上人踩踏，更不能堆放材料器具。

② 拼装式屋面板缝清理干净，吊模后洒水湿润，浇筑膨胀细石混凝土，并捣固密实。

③ 分格缝的嵌填认真地进行检查，柔性防水部分与刚性防水部分相接处必须确保工程质量。

1. 示意图和现场照片

卷材铺贴方向示意图和卷材铺贴现场照片分别见图 6-17 和图 6-18。

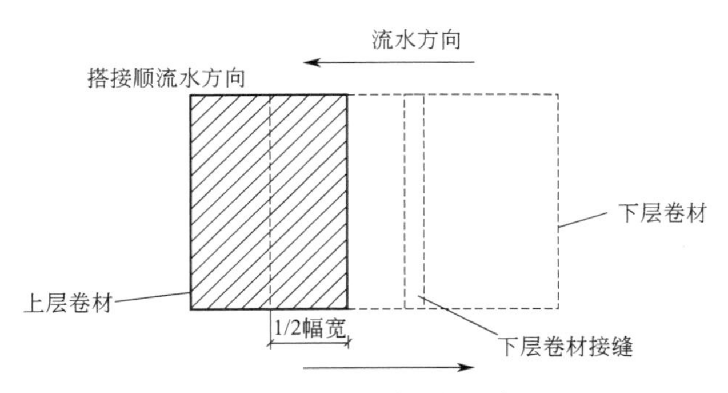

图 6-17　卷材铺贴方向示意图

图 6-18　卷材铺贴现场照片

2. 注意事项

① 已铺贴好的卷材防水层，应及时采取保护措施，不得损坏，以免造成隐患。

② 穿过屋面的管根，不得损伤定位。

③ 变形缝、水落口等处施工中临时堵塞的废纸、麻绳、塑料布等，完工后应及时清理干净，以保持排水畅通。

④ 防水层施工完成后，应及时做好保护层。

⑤ 施工时不得污染墙面等部位。

3. 施工做法详解

施工工艺流程：清理基层→涂刷基层处理剂→附加层施工→热熔铺贴卷材→屋面防水保护层。

（1）清理基层

施工前将验收合格的基层表面的尘土、杂物清理干净。

（2）涂刷基层处理剂

高聚物改性沥青防水卷材可选用与其配套的基层处理剂。使用前在清理好的基层表面，用长把滚刷均匀涂布于基层上，常温经过 4h 后，开始铺贴卷材。

（3）附加层施工

女儿墙、水落口、管根、檐口、阴阳角等细部先做附加层，一般用热熔法使用改性沥青卷材施工，必须粘贴牢固。

（4）热熔铺贴卷材

按弹好标准线的位置，在卷材的一端用火焰加热器将卷材涂盖层熔融，随即固定在基层表面，用火焰加热器对准卷材和基层表面的夹角，喷嘴距离交界处300mm左右，边熔融涂盖层边跟随熔融范围缓慢地滚铺改性沥青卷材，卷材下面的空气应排尽，并辊压黏结牢固，不得空鼓；卷材的搭接应符合《屋面工程技术规范》(GB 50345) 的规定。接缝处要用热风焊枪沿缝焊接牢固，或采用焊枪、喷灯的火焰熔焊粘牢，边缘部位必须溢出热熔的改性沥青胶，随即刮封接口，防止出现张嘴和翘边。

(5) 卷材铺贴方向应符合的规定

① 屋面坡度小于3%时，卷材宜平行屋脊铺贴。

② 屋面坡度在3%以上或屋面受震动时，卷材可平行或垂直屋脊铺贴。

③ 上下层卷材不得相互垂直铺贴。

④ 热熔铺贴卷材时，焊枪或喷灯嘴应处在成卷卷材与基层夹角中心线上，距粘贴面300mm左右处。

⑤ 如采用双层铺贴防水层，第二层铺贴的卷材，必须与第一层卷材错开1/2幅宽，其操作方法与第一层方法相同。

⑥ 接缝熔焊黏结后再用火焰及抹子在接缝边缘上均匀地加热抹压一遍，然后用防水涂料进行涂刷封边处理。面部卷材铺完经蓄水试验验收合格后，应按设计要求，做好保护层。不上人屋面一般直接铺贴背面带片石或石渣的防水卷材，或在防水层表面涂刷银色反光涂料。

⑦ 卷材末端收头：在卷材铺贴完后，应采用橡胶沥青胶黏剂或专用密封材料将末端黏结封严，防止张嘴翘边，造成渗漏隐患。

⑧ 屋面防水层完工后，应做蓄水或淋水试验。有女儿墙的平屋面做蓄水试验，蓄水24h无渗漏为合格。坡屋面可做淋水试验，一般淋水24h无渗漏为合格。

(6) 屋面防水保护层

屋面防水保护层分为着色剂涂料、地砖铺贴、浇筑细石混凝土，或用带有矿物粒（片）料，细砂等保护层的卷材。

① 着色剂涂刷：此种做法适用于非上人屋面。首先将防水层表面清擦干净，并保证表面干燥，均匀涂刷粘接剂，将用水冲洗过且晒干后的矿物片均匀撒在防水层表面，并进行适当压实，待矿物片清扫干净，有露出防水层处进行补粘。要求施工完毕后，保护层表面黏结牢固，厚度均匀一致，无透底、漏粘。

② 地砖铺贴：此种做法适用于上人屋面。在防水层表面设隔离层后，再铺摊水泥砂浆进行地砖铺贴，铺贴过程中应注意屋面的排水坡向及坡度，水落口处不得积水；也可采用干砂卧砖铺贴地砖，其效果较好。

③ 在卷材防水层上铺设隔离层后，可浇筑细石混凝土保护层，并留设分隔缝，其纵横间距不宜大于6m。

④ 防水保护层施工过程中，应加强对防水层的成品保护工作。

4. 施工总结

① 屋面不平整：找平层不平顺，造成积水，找平层施工时应拉线找坡。做到坡度符合要求，平整无积水。

② 空鼓：卷材防水层空鼓，发生在找平层与卷材之间，且多在卷材的接缝处，其原因是找平层的含水率过大；空气排除不彻底，卷材没有粘贴牢固。施工中应控制基层含水率，并应把住各道工序的操作关。

③ 渗漏：渗水、漏水发生在穿过屋面管根、水落口、伸缩缝和卷材搭接处等部位。伸

缩缝未断开，产生防水层撕裂；其他部位由于粘贴不牢、卷材松动或衬垫材料不严、有空隙等；接槎处漏水原因是甩出的卷材未保护好，出现损伤和撕裂或基层清理不干净，卷材搭接长度不够等。施工中应加强检查，严格执行工艺规程认真操作。

④ 屋面防水施工中应严格按照《建筑工程施工安全操作规程》中的有关规定做好安全防护，避免发生安全事故。

⑤ 屋面防水施工中用于溶解基层处理剂的有机溶剂属易燃品，应有专人妥善保管，特别是有机溶剂应采取有效措施防止中毒并应做好施工现场各工种间的协调及消防安全工作。

1. 示意图和现场照片

卷材搭接示意图和合成高分子防水卷材施工现场照片分别见图 6-19 和图 6-20。

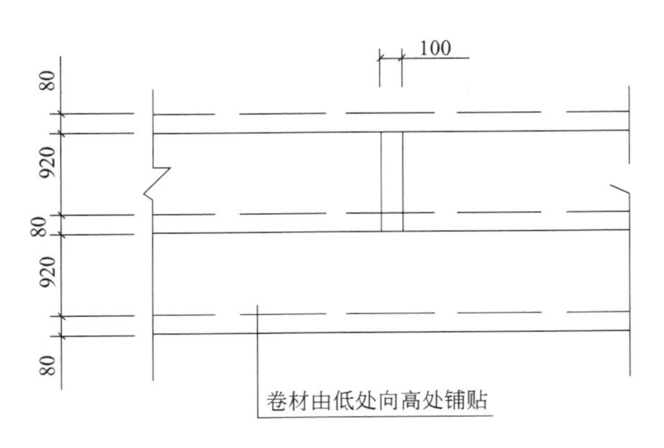

图 6-19　卷材搭接示意图

图 6-20　合成高分子防水卷材施工现场照片

2. 注意事项

① 已铺贴好的卷材防水层，应及时采取保护措施，不得损坏，以免造成隐患。

② 穿过屋面的管根，不得损伤变位。

③ 变形缝、水落口等处施工中临时堵塞的废纸、麻绳、塑料布等，完工后应及时清理干净，以确保排水畅通。

④ 防水层施工完成后，应及时做好保护层。

⑤ 施工时不得污染墙面等部位。

3. 施工做法详解

施工工艺流程：基层清理→涂刷基层处理剂→复杂部位附加层施工→铺贴卷材防水层→接缝处理→卷材末端收头→蓄水试验→保护层施工。

（1）基层清理

做施工防水层前将已验收合格的基层表面清扫干净，不得有灰尘、杂物等影响防水层质量的缺陷。

（2）涂刷基层处理剂

① 配制底胶：将聚氨酯材料按甲：乙＝1：1.5 的比例（质量比）配合搅拌均匀；配制成底胶后，即可进行涂刷。

② 涂刷底胶（相当于冷底子油。将配制好的底胶用长把滚刷均匀涂刷在大面积基层上，厚薄要一致，不得有漏刷和白点现象；阴阳角、管根等部位可用毛刷涂刷；在常温情况下，

干燥 4h 以上，手感不粘时，即可进行下道工序。

（3）复杂部位附加层施工

① 增补剂配制：将聚氨酯材料按甲：乙组分以 1∶1.5 的比例（质量比）配合搅拌均匀，即可进行涂刷。配制量视需要确定，不宜一次配制过多，防止多余部分固化。

② 按上述方法配制后，用毛刷在阴角、水落口、排气孔根部等部位，涂刷均匀，作为细部附加层，厚度以 1.5mm 为宜，待其固化 24h 后，即可进行下道工序。

（4）铺贴卷材防水层

① 铺贴前在未涂胶的基层表面排好尺寸，弹出基准线，为铺卷材创造条件。卷材铺贴方向应符合下列规定：屋面坡度小于 3%时，卷材宜平行屋脊铺贴；屋面坡度在 3%以上，卷材可平行或垂直屋脊铺贴；上下层卷材不得相互垂直铺贴。

② 铺贴卷材时，先将卷材摊开在平整、干净的基层上，用长把滚刷蘸合成高分子胶黏剂均匀地涂刷在卷材表面，在卷材接头部位应空出 100mm 不涂胶，涂胶厚度要均匀，不得有漏底或凝聚块存在。当胶黏剂静置 10～20min，干燥至指触不粘手时，用原来卷卷材的纸筒再卷起来，卷时要求端头平整，不得卷成竹笋状，并要防止进入砂粒、尘土和杂物。

③ 基层涂布胶黏剂：已涂的基层底胶干燥后，在其表面涂刷合成高分子胶黏剂，涂刷要用力适当，不要在一处反复涂刷，防止粘起底胶，形成凝聚块，影响铺贴质量。复杂部位可用毛刷均匀涂刷，用力要均匀，涂胶后指触不粘时，开始铺贴卷材。

④ 铺贴时从流水坡度的下坡开始，按先远后近的顺序进行，使卷材长向与流水坡度垂直，搭接顺流水方向。将已涂刷好胶黏剂预先卷好的卷材，穿入 ϕ30、长 1.5m 的铁管，由两人抬起，将卷材一端粘接固定，然后沿弹好的基准线向另一端铺贴。操作时卷材不要拉得太紧，每隔 1m 左右向基准线靠贴一下，依次顺序对准线边铺贴。但是无论采取哪种方法均不得拉伸卷材，也要防止出现皱褶。铺贴卷材时要减少阴阳角的接头，铺贴平面与立面相连接的卷材，应由下向上进行，使卷材紧贴阴阳角，不得有空鼓等现象。

⑤ 排出空气，每铺完一张卷材，应立即用干净的长把滚刷从卷材的一端开始在卷材的横方向顺序用力滚压一遍，以便将空气彻底排出。

⑥ 为使卷材粘贴牢固，用 30kg 重、30mm 长的外包橡皮的铁辊滚压一遍，滚压粘牢。

（5）接缝处理

① 在未涂刷的长、短边 100mm 处，每隔 1m 左右用合成高分子胶黏剂涂一下，待其基本干燥后，将接缝翻开临时固定。

② 卷材接缝用丁基胶剂黏结，先将 A、B 两份按 1∶1 的比例（质量比）配合搅拌均匀，用毛刷均匀涂刷在翻开接缝的接缝表面，待其干燥 30min 后（常温 15min 左右），即可进行黏合，从一端开始用手一遍压合一边挤出空气。粘好的搭接处，不允许有皱褶、气泡等缺陷，然后用手辊滚压一遍，然后沿卷材边缘用专用密封膏封闭。

（6）卷材末端收头

① 为使卷材末端收头黏结牢固，防止翘边和渗水漏水，应将卷材收头裁整齐后塞入预留凹槽，钉压固定后用聚氨酯密封膏等密封材料封闭严密，再涂刷一层聚氨酯涂膜防水材料。

② 防水层铺贴不得在雨天、雪天、大风天施工。

（7）做蓄水试验

屋面防水层完工后，应做蓄水试验。有女儿墙的平屋面做蓄水试验，蓄水 24h 无渗漏为合格。坡屋面可做淋水试验，一般淋水 2h 无渗漏为合格。

（8）保护层施工

做法参照高聚物改性沥青防水卷材屋面保护层做法。

4. 施工总结

① 空鼓：卷材防水层空鼓，发生在找平层与卷材之间，且多在卷材的接缝处，其原因是找平层含水率过大；空气排除不彻底，卷材没有粘贴牢固。施工中应控制基层含水率，并应把住各道工序的操作关。

② 渗漏：渗水、漏水发生在穿过屋面管根、水落口、伸缩缝和卷材搭接等部位。伸缩缝未断开，产生防水层撕裂；其他部位由于粘贴不牢、卷材松动或衬垫材料不严、有空隙等；接槎处漏水原因是甩出的卷材未保护好，出现损伤和撕裂，或基层清理不干净，卷材搭接长度不够等。施工中应加强检查，严格执行工艺规程认真操作。

③ 积水：屋面、檐沟泛水坡度做得不顺，坡度不够，屋面平整度差。施工时找平层的泛水坡度应符合设计要求。

④ 屋面防水施工中应严格按照《建筑工程施工安全操作规程》中的有关规定做好安全防护，避免发生安全事故。

⑤ 屋面防水施工中用于溶解基层处理剂的有机溶剂应有专人妥善保管，并应采取有效措施防止中毒。

1. 示意图和现场照片

涂膜防水层施工示意图和现场照片分别见图 6-21 和图 6-22。

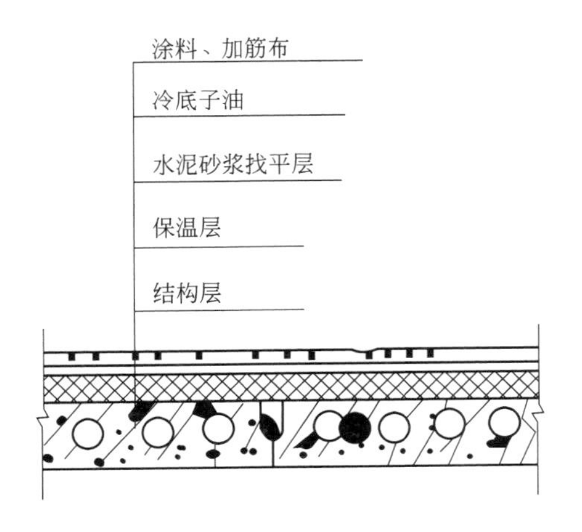

图 6-21　涂膜防水层施工示意图

图 6-22　涂膜防水层施工现场照片

2. 注意事项

① 已涂刷好的防水层，应及时采取保护措施，不得损坏，以免造成隐患。

② 穿过屋面的管根，不得损伤变位。

③ 变形缝、水落口等处施工中临时堵塞的废纸、麻绳、塑料布等，完工后应及时清理干净，保证其排水畅通。

④ 防水层施工完成后，应及时做好保护层。

⑤ 施工时不得污染墙面等部位。

3. 施工做法详解

施工工艺流程：清理基层→涂料的调配→涂膜施工。

(1) 清理基层

先以铲刀扫帚等工具将基层表面的突出物、砂浆疙瘩等异物铲除，并将尘土杂物彻底清扫干净。对凹凸不平处，应用高强度等级水泥砂浆修补顺平。对阴阳角、管根、地漏和水落口等部位更应认真清理。

(2) 涂料的调配

涂膜防水材料的配制：按照生产厂家指定的比例分别称取适量的液料和粉料，配料时把粉料慢慢倒入液料中并充分搅拌，搅拌时间不少于10min至无气泡为止。搅拌时不得加水或混入上次搅拌的残液及其他杂质。配好的涂料必须在厂家规定的时间内用完。

(3) 涂膜施工

① 涂刷底层涂料，将已搅拌好的底层涂料，用长板刷或圆形滚刷滚动涂刷，涂刷要横竖交叉进行，达到均匀、厚度一致，不漏底，待涂层干燥后，再进行下道工序。

② 细部附加层增强处理，对预制天沟、檐沟与屋面交界处，应增加一层涂有聚合物水泥防水涂料的胎体增强材料作为附加层，宽度不小于300mm。檐口处、压顶下收头处应多遍涂刷封严，或用密封材料封严。泛水处的防水层，可直接刷至女儿墙的压顶下，收头处应多遍涂刷封严。水落口周围范围内，坡度不应小于5%，并应用该涂料或密封材料密封，其厚度不应小于2mm，水落口周围与基层接触处，应留宽20mm、深20mm凹槽，并嵌填密封材料。伸出屋面管道与找平层间应留凹槽，槽内应嵌填密封材料，防水层收头应用密封材料封严。

③ 涂刷下层涂料须待底层涂料干燥后方可涂刷。

④ 涂刷中层涂料须待下层涂料干燥后方可涂刷。

⑤ 涂刷面层涂料，待中层涂料干燥后，用滚刷均匀涂刷。可多刷一遍或几遍直至达到设计规定的涂膜厚度。

⑥ 每层涂刷完约4h后涂料可固结成膜，此后可进行下一层涂刷。为消除屋面因温度变化产生胀缩，应在涂刷第二层涂膜后铺无纺布同时涂刷第三层涂膜。无纺布的搭接宽度应不小于100mm。屋面防水涂料的涂刷不得少于五遍，涂膜厚度不应小于1.5mm。

⑦ 聚合物水泥防水涂料与卷材复合使用时，涂膜防水层宜放在下面；涂膜与刚性防水材料复合使用时，刚性防水层放在上面，涂膜放在下面。

⑧ 防水层完工后应做蓄水试验，蓄水24h无渗漏为合格。坡屋面可做淋水试验，淋水2h无渗漏为合格。

⑨ 保护层：涂膜防水作为屋面面层时，不宜采用着色剂保护层。一般应铺面砖等刚性保护层。

4. 施工总结

① 涂膜防水层与基层应黏结牢固，表面平整，涂刷均匀，无流淌、皱褶、脱皮、起鼓、裂缝、鼓泡、露胎体和翘边等缺陷。

② 每层涂刷必须定量取料。配好的料应在2h内用完。

③ 屋面防水施工中应严格按照《建筑工程施工安全操作规程》中的有关规定做好安全防护，避免发生安全事故。

第四节　其他屋面工程做法

1. 示意图和现场照片

瓦屋面施工示意图和现场照片分别见图 6-23 和图 6-24。

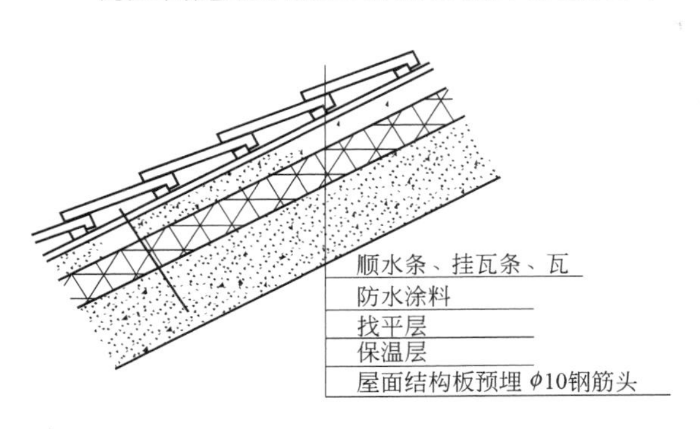

图 6-23　瓦屋面施工示意图

图 6-24　瓦屋面施工现场照片

2. 注意事项

① 各种瓦运输堆放应避免多次倒运，运输时应轻拿轻放，不得抛扔、碰撞，进入施工现场后应堆放整齐。

② 油毡瓦应在环境温度不高于 45℃的条件下保管，应避免雨淋、日晒、受潮，并应注意通风和避免接近火源。

③ 在施工过程中各专业工种应紧密配合，合理安排工序，尤其是安装屋面瓦的施工队伍应与做避雷和出屋面管道的施工队伍及时沟通。

④ 应禁止无关人员随意上施工完的瓦屋面。

⑤ 严禁将油漆、涂料或水泥砂浆等洒落在屋面上，并防止重物撞击屋面。

3. 施工做法详解

施工工艺流程：基层处理→分中号垄→调正脊→调垂脊→调戗脊→铺边垄→冲垄→铺底瓦→盖筒瓦→勾抹瓦接缝。

（1）平瓦屋面

① 施工放线：放线不仅要弹出屋脊线及檐口线、水沟线，还要根据屋面瓦的特点和屋面的实际尺寸，通过计算，得出屋面瓦所需的实际用量，并弹出每行瓦及每列瓦的位置线，便于瓦片的铺设。

② 为保证屋面达到三线标齐（水平、垂直、对角线），应在屋脊第一排瓦和屋脊处最后一排瓦施工前进行预铺瓦，大面积利用平瓦扣接的 3mm 调整范围来调节瓦片。

（2）坡屋面

① 坡度大于 50%的屋面铺设瓦片时，需用铜丝穿过瓦孔系于钢钉或加强连接筋上，钢钉或加强连接筋在浇筑屋面混凝土时预留；或用相当长度的钢钉直接固定于屋面混凝土中。对于普通屋面檐口第一排瓦、山墙处瓦片以及屋脊处的瓦片必须全部固定，其余可间隔梅花状固定，当坡度大于 50%时，必须全部固定，檐口及屋脊处砂浆必须饱满。

② 挂（铺）瓦层。钢板网 1∶3 水泥砂浆或 C25 防水混凝土（P6）垫层，平均厚度为

35mm，随抹压实、找平，用双股18号镀锌钢丝将钢板网绑住，形成整网与预埋件在屋顶结构板上的$\phi30$透气管，还须用涂料将连接筋和网筋根部涂刷严密以防腐防渗。挂瓦时，先挂脊瓦两侧的第一排瓦、变坡折线两侧的第一排瓦及檐部的第一排瓦，均须用双股18号镀锌钢丝绑扎在瓦条上或（水泥卧瓦）上。脊部用麻刀灰或玻璃灰卧脊瓦。

③ 排水沟部位的瓦片用手提切割机裁切，应切割整齐，底部空隙用砂浆封堵密实、抹平，水沟瓦可外露，也可用彩色的聚合水泥砂浆找补、封实。平瓦伸入天沟、檐沟的长度不应小于50mm。排水沟应预先在地面上制作，铺入后应包住挂瓦条，并用钢钉固定，屋檐处铝板（或其他板材）应向下折叠，以防止雨水倒灌。

（3）油毡瓦屋面

① 油毡瓦屋面坡度宜为10%～85%。

② 油毡瓦的基层必须平整。铺设时在基层上应先铺一层沥青防水垫毡，从檐口往上用油毡钉铺钉，垫毡搭接宽度不应小于50mm。

③ 油毡瓦铺设：油毡瓦应自檐口向上铺设，第一层瓦应与檐口平行，切槽应向上指向屋脊，用油毡钉固定。第二层油毡瓦应与第一层叠合，但切槽应向下指向檐口。第三层油毡瓦应压在第二层上，并露出切槽100mm。油毡瓦之间的对缝上下不应重合。

④ 铺设脊瓦时，应将油毡瓦沿槽切开，分成四块作为脊瓦，并用两个油毡钉固定。脊瓦应顺主导风向搭接，并应搭盖住两坡面的油毡瓦接缝的1/3。脊瓦与脊瓦的压盖面不小于脊瓦面积的1/2，并不应小于100mm。

⑤ 屋面与突出屋面结构的连接处，油毡瓦应铺设在立面上，其高度不应小于250mm。在屋面与突出屋面的烟囱、管道等连接处，应先做垫层，待铺瓦后，再用聚合物改性沥青防水卷材做单层防水。在女儿墙泛水处，油毡瓦可沿基层与女儿墙的八字坡铺贴，并用镀锌薄钢板覆盖，钉入墙内；泛水口与墙间的缝隙应用密封材料封严。

（4）琉璃瓦屋面

① 基层处理：基层面扫刷干净后抹25mm厚1∶2.5水泥砂浆找平层，中间夹铺耐碱玻璃纤维网格布，压实抹平，并在每间檩条端头设置伸缩缝，缝宽20mm。找平层保湿养护7d后扫刷干净，表面涂刷基层处理剂，干燥后用柔性密封膏等材料嵌填伸缩缝，再对找平层用聚氨酯防水涂料涂刷，厚度不小于2mm。在涂膜未凝固前，对其表面撒上中砂1层，拍压1次，待涂膜固化后扫除没有粘牢的砂粒。必要时可淋水或在雨后对基层面检查排水，确保基层排水畅通、无凹坑和无渗漏等现象。

② 分中号垄：测量檐口长度的中点和屋脊长度的中点，从屋脊中拉线到檐口中弹出横向中线，为中垄底瓦的中线。根据瓦的大小，从中垄向两端之间赶排瓦当，底瓦瓦垄为单数。因琉璃瓦不宜砍截，排好的瓦当要认真复核，防止差错，并将各垄盖瓦的中点用红笔画到屋脊的扎肩灰脊上。

③ 调正脊：根据排好瓦当的位置砌好各垄的底瓦，砌正吻座，并画好垂脊当沟。垂脊要卡住兽座，安装正吻，吻中要用吻锯，中间灌足灰浆；背兽套在横插的防锈铁钎上，铁钎应与兽桩十字相交绑牢，然后拉通线铺砌正脊瓦件。正脊是屋面的主要部位，各项尺寸都要准确。在划好的中垄线上放第一块正中脊瓦，再向两端铺盖脊瓦。脊瓦为单数，车脊瓦端头中穿通长钢筋连接起来，两端固定。脊瓦、瓦件、正吻等色泽要一致。

④ 调垂脊：垂脊分兽前和兽后两部分，兽前占坡长的1/3。垂兽放在分界处，安装翘角撺头，挑出的尺寸必须符合规定。翘角之上放方眼勾头，勾孔中钉铁钎，安放仙人之后装小兽，小兽的数目符合设计要求，一般顺序为龙、凤、狮子、天马、海马、狻猊等。

⑤ 调戗脊：戗脊位于歇山屋面的四角，其做法和垂脊基本相同，不同的是戗脊的斜当

沟、压当条必须与垂脊交圈。戗脊与垂脊交接处要严实，防止出现裂缝。各脊的线条要柔和、匀称，轴线和垂直度的偏差均不大于 5mm。

⑥ 铺边垄：在坡面的两边垄铺一块割角的滴水瓦和底瓦、盖瓦，两端边垄的弧度要一致、要平行。边垄的弧曲线是整个坡瓦面的标准，其质量的优劣会直接影响全部屋面外观质量。

⑦ 冲垄：将线拉在两端边垄的盖瓦背上，靠正脊拉一道齐头线，中腰拉一道楞线，檐口拉一条檐线，作为整个盖瓦的高度标准，铺砌檐头滴水底瓦和花檐盖瓦。盖瓦和线齐平，凹凸偏差不大于 4mm，盖瓦下面要放一块遮心瓦。用钉子从盖瓦头上的孔中钉牢，是防止盖瓦下滑的措施，钉上用麻刀灰塞严，再盖上钉帽。

⑧ 铺底瓦：根据排好的檐口瓦当和画在脊上的红线拉直线，凡出现破损、裂缝的底瓦不得使用，从而杜绝底瓦出现渗漏。铺灰排底瓦时，用灰浆填塞饱满粘牢，要掌握底瓦的排列搭接长度，一般为底瓦的 1/3，并均匀一致。

⑨ 盖筒瓦：瓦的接头朝上，由下往上依次安放，上面的瓦头要压住下面瓦的接口，接头面要抹足灰浆，挤压严实；各接缝宽度要均匀，缝宽不宜大于 5mm，这是防止盖瓦榫缝不渗水的关键措施。

⑩ 勾抹瓦接缝：清扫干净瓦垄，用掺有同盖瓦相同颜色的麻刀灰等在侧面相接的地方勾抹紧密；上口与瓦的外边平，下面应与上口垂直。要及时将瓦面擦抹洁净，防止灰浆污染釉面。

4. 施工总结

① 瓦片的安装必须达到水平、垂直、对角线三方面对齐。

② 瓦片的安装必须牢固，挂瓦条与基层的连接必须牢固。

③ 屋面不得有渗漏现象，对天沟、檐沟、泛水及出屋面的构造物交接处，必须采取可靠的构造措施，确保封闭严密。

1. 示意图和现场照片

金属压型板檩条安装示意图和金属压型夹芯板屋面现场照片分别见图 6-25 和图 6-26。

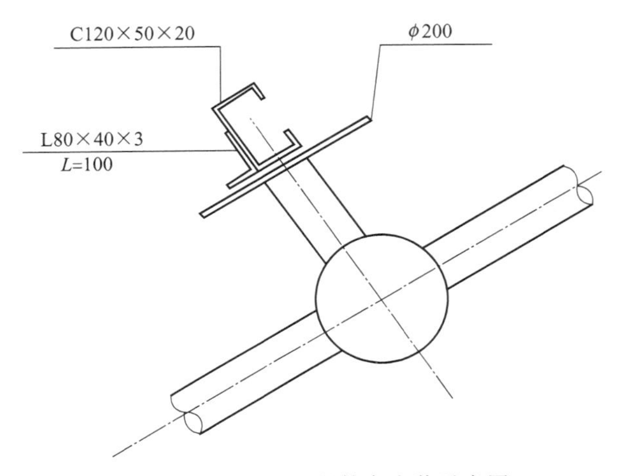

图 6-25　金属压型板檩条安装示意图

图 6-26 金属压型夹芯板屋面现场照片

2. 注意事项

① 屋面材料吊运应先用尼龙带兜紧，然后用钢丝绳吊挂尼龙带或用吊具起吊。不允许钢丝绳直接捆扎而勒坏金属板材。对于较长的金属板材、檐沟板宜用铁扁担多点吊运，吊点的最大间距不得大于 5m。

② 屋面施工中尽量避免利器碰伤金属板材表面涂层，一旦划伤有锈斑时，应采用相应系列涂料修补好。

③ 屋面施工完毕，应将残留在屋面及檐沟、天沟内的金属切屑、碎片、螺栓等杂物清理干净。

④ 在已铺好的屋面上行走必须穿软底鞋，不得直接在屋面上进行捶打和加工工作。

⑤ 屋面上应避免集中上人、堆料，以免局部变形过大，撕裂密封材料而造成渗漏。

3. 施工做法详解

施工工艺流程：测量放线→安装檩条→配板→铺钉金属板材→细部构造施工。

(1) 测量放线

首先放出屋面轴线控制线，根据控制线在每个柱间钢梁上弹出用于焊接屋面檩托的控制线。认真校核主体结构偏差，确认对屋面此结构的安装有无影响。

(2) 安装檩条

① 檩条的规格和间距应根据结构计算确定，每块屋面板端应设置檩条支承外，中间也应设置一根或一根以上檩条。

② 檩条安装时，使用吊装设备按柱间同一坡向，分次吊装。每次成捆吊至相应屋面梁上，水平平移檩条至安装位置，檩托板与另一根檩条采用套插螺栓连接。

(3) 配板

① 屋面坡度不应小于 1/20，亦不应大于 1/6；在腐蚀环境中屋面坡度不应小于 1/12。

② 铺板可采用切边铺法和不切边铺法。切边铺法应先根据板的排列切割板块搭接处金属板，并将夹芯泡沫清除干净。屋角板、包角板、泛水板均应先切割好。

(4) 铺钉金属板材

① 金属板材应用专用吊具吊装，吊装时不得损伤金属板材。

② 屋面板采取切边铺法时，上下两块板的板缝应对齐；不切边铺法时，上下两块板的板缝应错开一波。铺板应挂线铺设，使纵横对齐，长向（侧向）搭接，应顺年最大频率方向

搭接，端部搭接应顺流水方向搭接，搭接长度不应小于 200mm。屋面板铺设从一端开始，往另一端同时向屋脊方向进行。

③ 每块屋面板两端的支承处的板缝均应用 M6.3 自攻螺钉与檩条固定，中间支承处应每隔一个板缝用 M6.3 自攻螺钉与檩条固定。钻孔时，应垂直不偏斜将板与檩条一起钻穿，螺栓固定时，先垫好密封带，套上橡胶垫板和不锈钢压盖一起拧紧。

④ 铺板时两板长向搭接间应放置一条通长密封条，端头应放置两条密封条（包括屋脊板、泛水板、包角板等），密封条应连续不得间断。螺栓拧紧后，两板的搭接口处还应用丙烯酸或聚硅氧烷密封膏封严。

⑤ 两板铺设后，两板的侧向搭接处应用拉铆钉连接，所用铆钉均应用丙烯酸或聚硅氧烷密封膏封严，并用金属或塑料杯盖保护。

（5）细部构造施工

① 金属板屋面与立墙及突出屋面结构等交接处，均应做泛水处理。

② 天沟用金属板材制作时，伸入屋面板的金属板材不应小于 100mm；当有檐沟时屋面板的金属板材应伸入檐沟内，其长度不应小于 50mm；檐口应用异型金属板材做堵头封檐板；山墙应用异型金属板材的包角板和固定支架封严。

③ 每块泛水板的长度不宜大于 2m，泛水板的安装应顺直；泛水板与金属板的搭接宽度应符合不同板型的要求。

4. 施工总结

① 屋面不得有渗漏水。

② 钢板的彩色涂层要完整，不得有划伤或锈斑。

③ 螺栓或拉铆钉应拧紧，不得松弛。

④ 板间密封条应连续，螺栓、拉铆钉和搭接口均应用密封材料封严。

1. 示意图和现场照片

板材搭接示意图和金属板屋面现场施工照片分别见图 6-27 和图 6-28。

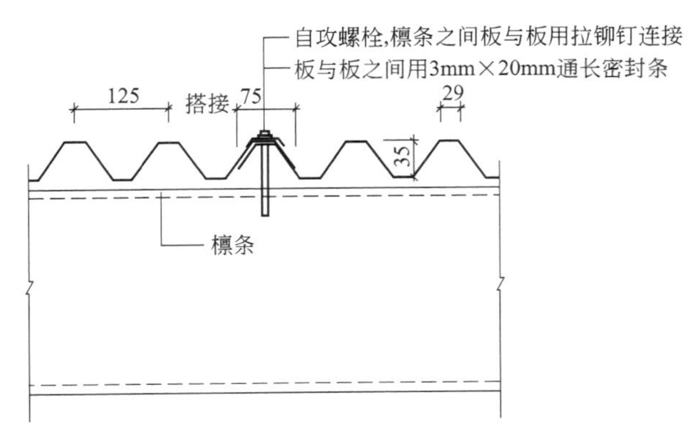

图 6-27 板材搭接示意图

2. 注意事项

① 金属板垂直、水平运输时，所有的工具应捆绑丝棉，安放牢固，严禁拖滑。堆放场地应平坦、坚实，且便于排除地面水。

图 6-28 金属板屋面现场施工照片

② 严禁往屋面上堆放物料等重物，或抛掷砖头、水泥块等杂物，以防因碰撞、冲击引起屋面板产生较大变形而影响屋面质量。

③ 在屋面面板上必须及时清理杂物，避免工具、配件坠地，造成彩板漆膜破坏。

3. 施工做法详解

施工工艺流程：测量放线→檩托安装→主檩条安装→屋面衬板的安装→支架檩条的安装→保温棉的安装→金属屋面面板的铺设。

（1）测量放线

使用紧线器拉钢丝线测放出屋面轴线控制线的位置，依据轴线控制线在主体结构上弹出用于焊接檩托的控制线。

（2）檩托安装

① 根据设计图纸要求，在主体结构上焊接钢檩托，如是混凝土结构应有预埋件。

② 钢檩托预制成型，并经防腐、防锈处理后严格按设计要求的位置摆放就位，保证构件中心线在同一水平面上，其误差不得超过±10mm。

③ 在焊接安装钢檩托时，必须保证焊缝成型良好，焊缝长度、焊脚高度应符合设计要求和施工规范的规定。焊缝处除渣、不平滑处打磨后进行涂刷各道防腐、防锈涂层处理。

（3）主檩条安装

① 主檩条按照设计规格型号加工，檩条轧制成型后，进行喷砂除锈，涂刷防腐、防锈漆。

② 将成型的主檩条吊装到安装作业面，水平平移到安装位置，用木垫块垫好，保证檩条上表面在同一水平面上，其误差不应超过±10mm，上下水平，不平整的需用角铁等填充物垫平，其偏差不应超过±6mm。

③ 在焊接安装钢檩托时，必须保证焊缝成型良好，焊缝长度、焊脚高度应符合设计要求和施工规范的规定。焊缝处除渣、不平滑处打磨后进行涂刷各道防腐、防锈涂层处理。

（4）屋面衬板的安装

① 衬板安装前，预先在板面上弹出拉铆钉的位置控制线及相邻衬板搭接位置线。衬板的横向搭接不小于一个波距，纵向搭接不小于150mm。如板与板相互接触发生较大缝隙时需用和铝拉铆钉适当紧固。

② 用自攻螺钉固定铺设好的衬板，连接固定应锚固可靠，自攻螺钉应在一个水平线上，用1m靠尺检验，凡超过4mm误差均应重新修整固定，使外露螺钉直线时自然成为直线，曲线时自然成为曲线，圆滑过度。

（5）支架檩条的安装

① 支架檩条按照设计规格型号加工，檩条轧制成型后，进行喷砂除锈，涂刷防腐、防锈漆。

② 安装支架檩条配件：按设计间距，采用自攻螺钉将配件与主檩条连接，位置必须准确，固定牢固。

③ 将成型的支架檩条吊装到安装作业面，水平平移到安装位置，准确定位摆放在安装好的支架檩条配件上，保证构件中心线在同一水平面上，其误差不应超过±10mm，上下水平，不平整的需用角铁等填充物垫平，其偏差不应超过±6mm。

④ 将支架檩条与配件焊接，保证焊缝成型良好，焊缝长度、焊脚高度应符合设计要求和施工规范的规定。对焊缝处需除渣打磨光亮平滑后按要求补涂防锈漆。

（6）保温棉的安装

将保温棉依照排板图铺设，如分层铺设，上下层应错缝，错缝的宽度应≥100mm，边角部位应铺设严密，不得少铺、漏铺或不铺。

（7）金属屋面面板的铺设

① 根据测量所得屋面板长度，在压型机电脑控制盘上输入各部位面板加工长度数据并压制面板。采用直立锁边式连接技术，使屋面上无螺钉外露、防水、防腐蚀性能好。

② 为防止屋面板在起吊过程中的变形，一般采用人工方式搬运。在每6～8m处设一人接板，通过搭设的坡道运送至屋面，存放在适宜屋面板安装时取用的位置。按屋面面板卷边大小，堆在屋面工作面上，以加快安装进度。遇有面板折损处做好标记，以便调整。

③ 根据设计图纸，依屋面面板排板设计，安装时每6m距离设一人，按立壁小卷边朝安装方向一侧，依次排列，安装在固定的支架和支架檩条之上，大小卷边扣在一起，设专人观察扣上支架的情况，以保证固定点设置的准确、固定牢固。

④ 屋面板面板铺设完毕，应及时采用专用锁边机将板咬合在一起，接口咬合紧密，板面无裂缝或孔洞，以获得必要的组合效果。

⑤ 屋面板接口的咬合方向需符合设计要求，即相邻两块板接口咬合的方向，应顺最大频率风向。在多维曲面的屋面上雨水可能翻越屋面板的肋高横流时，咬合接口应顺水流方向。

⑥ 屋面板纵向通长一块板安装，无纵向搭接缝，使屋面系统完整，防水性能可靠。

⑦ 屋面板安装完毕，应仔细检查其各部位的咬合质量，如发现有局部拉裂或损坏，应及时做出标记，以便焊接修补完好，以防有任何漏水现象发生。

⑧ 屋面板安装完毕，檐口收边工作应尽快完成，防止遇特大风吹起屋面板发生事故，收边要求泛水板、封檐板安装牢固。包封严密，棱角顺直，成型良好。

4. 施工总结

① 在安装了几块屋面板后要用仪器检查屋面板的平整度，以防止屋面凹凸不平，出现波浪。

② 注意屋顶风机风口处及水落管处的密封和紧固问题。

③ 天沟氩弧焊接不可有断点、透点。

④ 屋面施工材料必须随时捆绑固定，做好防风工作。

第五节 屋面细部构造

1. 示意图和现场照片

檐口施工示意图和现场施工照片分别见图 6-29 和图 6-30。

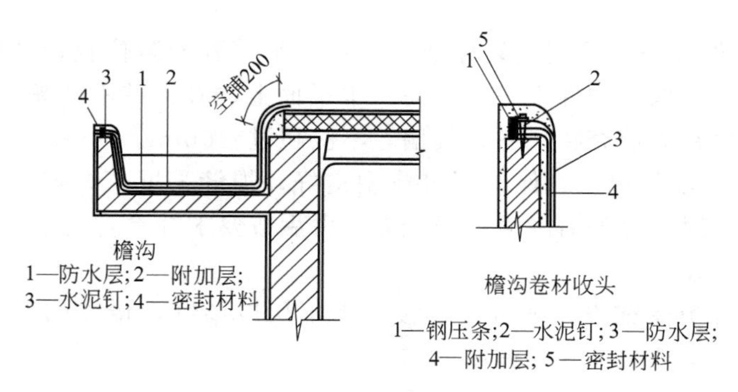

图 6-29 檐口施工示意图

2. 注意事项

① 天沟、檐口应增铺附加层。当采用沥青防水卷材时应增铺一层卷材；当采用高聚物改性沥青防水卷材或合成高分子防水卷材时用防水涂膜增强层。

② 天沟、檐沟与屋面交接处的附加层宜空铺，空铺宽度为 200mm。

图 6-30 檐口现场施工照片

3. 施工做法详解

施工工艺流程：天沟施工→檐口施工→檐沟施工。

① 天沟铺设沥青瓦的方法有三种：敞开式、编织式、搭接式（切割式），其中以搭接式较为常用。

② 在铺贴完防水卷材后，先沿一坡屋面铺设沥青瓦伸过天沟并延伸到相邻屋面 300mm 处，用钢钉固定，钢钉应固定在排水天沟中心线外侧 250mm 处，并用密封胶黏结牢固。用同样方法继续铺设另一坡沥青瓦，延伸到相邻的坡屋面上。距天沟中心线 50mm 处弹线，将多余的沥青瓦沿线裁剪掉，用密封膏固定好，并嵌封严密。

③ 檐沟：檐口油毡瓦与卷材之间，应采用粘贴法铺贴。

4. 施工总结

① 卷材防水层应由沟底翻上至沟上至沟外檐顶部，天沟檐沟卷材收头应留凹槽并用密封塑料嵌填密实。

② 高低跨内排水天沟与立墙交接处应采取适当变形的密封处理。

③ 檐口防水构造具体做法：无组织排水檐口 800mm 范围内卷材应采取满粘法；卷材收

头应压入凹槽并用金属压条固定，密封材料封口；涂膜收头应用防水涂料多遍涂刷或用密封材料封严；檐口下端应抹出鹰嘴或滴水槽。

1. 示意图和现场照片

水落口施工示意图和水落管现场照片分别见图 6-31 和图 6-32。

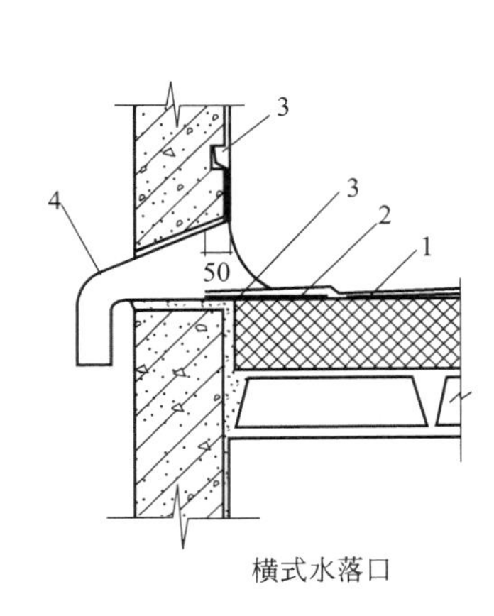

图 6-31 水落口施工示意图

1—防水层；2—附加层；
3—密封材料；4—水落口

图 6-32 水落管现场照片

2. 注意事项

① 制品搬运应轻拿轻放，堆放应分品种，水落管存放地面应平整，横、竖分层码放。严禁损坏变形。

② 已涂刷的防锈层、油漆层应注意保护，防止划掉防锈层，污染油漆面。

③ 水落管安装前，对水落口应采取措施，不使水口的排水浇墙，造成墙面污染。

3. 施工做法详解

施工工艺流程：水落管制作与安装→找准安装位置→水落管安装。

（1）水落管制作与安装

① 画线：依照图纸尺寸，材料品种、规格进行放样画线，经复核与图纸无误，进行裁剪。为节约材料宜合理进行套裁，先画大料，后画小料，画料形式和尺寸应准确，用料品种、规格无误。

② 画线后，先裁剪出一套样板，裁剪尺寸准确，裁口垂直平整。

③ 成型：将裁好的块料采用电焊对口焊接，焊接之后经校正符合要求。

④ 刷防锈漆：加工制作好的水落斗（包括铸铁雨水斗），应刷防锈层。铸铁雨水口应刷防锈漆，用钢丝刷刷掉锈斑，均匀涂刷防锈漆一道；镀锌白铁雨水斗，应涂刷磷化底漆。

（2）找准安装位置

① 挑檐板水落口应按设计要求，先剔出挑檐板钢筋，找好水落口位置，核对标高，装卧水落口，用 $\phi 6$ 钢筋加固，支好底托模板，用与挑檐同强度等级的混凝土浇筑密实。水落

口上表面，应与找平层平齐，不得突出找平层表面。水落口周边应留宽和深各 20mm 的凹槽，槽内应嵌填密封材料，并完成防水层后安装活动钢筋箅子。

② 横式水落口：按设计要求，在砌筑女儿墙时，预留水落口洞。将左右两侧及上口用砖和砂浆嵌固，清水砖墙缝应与大面积墙体一致，或在砌筑墙体时，弹出中线、标高，将水落口斗随墙砌入，用水泥砂浆或豆石混凝土封口，完成防水层施工后将箅子安装稳固。

③ 内排直式水落口宜采用铸铁或塑料制成，埋设标高应考虑水落口防水层增加的附加层、柔性密封、保护面层及排水坡度，水落口周围直径 500mm 范围内坡度不应小于 5%，并应用防水涂料或密封材料涂封，其厚度不应小于 2mm。

④ 刷油漆：水落口安装完毕，对其外露的表面按设计要求涂刷油漆。

（3）水落管安装

① 安装水落管随抹灰架子由上往下进行，先在水斗口处吊线坠弹直线，用钢錾子在墙上打眼，按线用水泥砂浆埋入卡子铁脚，卡子间距为 1.2m，卡子露出墙面 3cm 左右，外墙水落管距外墙饰面不小于 3cm，且不宜大于 4cm，待水泥砂浆达到强度后再安装水落管；严禁用木楔固定。有马腿弯时上口必须压进水斗嘴内并在弯管与直管接槎处加钉一个卡子。

② 安装下节水落管时，套入上节水落管的长度应不小与 4cm，另一半圆卡子用螺丝拧紧；最下面一节管子要待勒脚、散水做完后才能安装，主管距散水面 15～20cm。水落管下口设 135°弯头，呈马蹄形。水落管经过带形线脚、檐口等墙面突出部位处宜用直管，线脚、檐口线等处以应预留缺口或孔洞；如必须采用弯管绕过时，弯管的弯折角度应为钝角。

③ 雨水管不宜排在采光井上面，也不应使水落管穿过采光井罩后再排向地面，如遇采光井应将水落管接出直接排到地面散水处。弯头处设双卡固定，水落管正面及侧面应通顺无弯曲。

4. 施工总结

① 水落管不直：安装卡子时没有吊线找垂直，产生正、侧视不顺直，应弹线或拉线控制与墙的距离和垂直度。

② 水落口高于找平层：安装水落口没有剔除砂浆找平层，形成单摆浮搁，应严格控制水落口标高、位置。

③ 水落管卡子安装不牢：主要是在基层下木塞用圆钉或木螺钉固定而造成，固定点严禁下木塞，卡子孔直径应正确，填塞水泥砂浆应密实。

1. 示意图和现场照片

变形缝防水构造示意图和变形缝防水现场施工照片分别见图 6-33 和图 6-34。

2. 注意事项

变形缝的泛水高度不应小于 250mm，防水层应铺贴到变形缝两侧砌体的上部；变形缝内填充泡沫塑料或沥青麻丝，上部填放衬垫材料，并用卷材封盖；变形缝顶部加盖混凝土或金属盖板，混凝土盖板的接缝嵌填密封材料。

3. 施工做法详解

施工工艺流程：划线下料→变形缝钢板除锈、刷漆。

（1）划线下料

缝口上盖板一般用 24～26 号白铁皮制作，或按设计要求选用。依据图纸下料，根据变形缝实际长度加出搭接尺寸，做出样板，如实际需要的形状多时，应分类制作样板；需要焊接的部位应在安装后量好尺寸再行焊接。

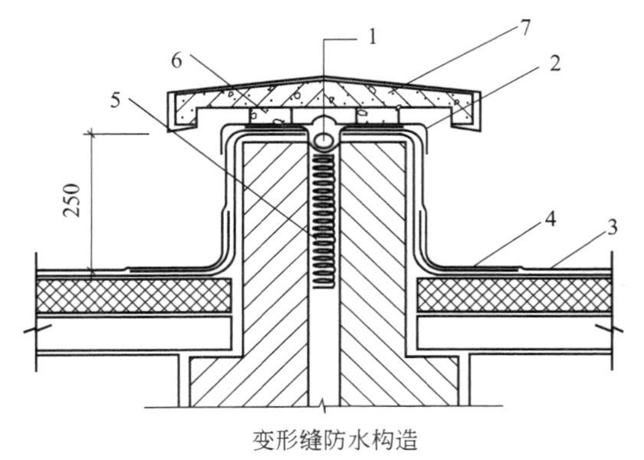

变形缝防水构造

图 6-33　变形缝防水构造示意图

1—衬垫材料；2—卷材封盖；3—防水层；4—附加层；5—沥青麻丝；6—水泥砂浆；7—混凝土盖板

图 6-34　变形缝防水现场施工照片

（2）变形缝钢板除锈、刷漆

① 变形缝钢板罩制成后，先将表面铁锈等清理干净，里外满刷防锈漆一道，用镀锌薄铁板制作成罩，涂刷调和漆前应先涂刷锌黄类或磷化底漆；交活后应再涂刷铅油两道。

② 变形缝铁板罩安装前，应检查缝口伸缩片、缝内填充的沥青麻丝、油膏嵌缝等工序完成情况，经检查无漏项后，再进行安装。变形缝与外墙、变形缝与挑檐等交接处，先用 50mm 圆钉钉牢，用锡焊填充钉头，经检查合格后，刷罩面漆一道。

4. 施工总结

屋面变形缝处附加墙与屋面交接处的泛水部位，应做好附加增强层，接缝两侧的卷材防水层铺贴至缝边，然后在缝边填嵌直径略大于缝宽的衬垫材料，如聚苯乙烯泡沫塑料板（直径略大于缝宽）、聚苯乙烯泡沫板等。为了使其不掉落，在附加墙砌筑前，缝口用可伸缩卷材或金属板覆盖。附加墙砌好后，将衬垫材料填入缝内。嵌填完衬垫材料后，再在变形缝上铺贴盖缝卷材，并延伸至附加墙里面。卷材在立面上应采用满粘法，铺贴宽度不小于 100mm。卷材施工完后，在变形缝顶部加盖预制钢筋混凝土盖板或 0.55mm 厚镀锌钢板。预制钢筋混凝土盖板采用 20mm 厚 1∶3水泥砂浆坐垫，镀锌钢板在侧面采用水泥钉固定。为提高卷材适应变形的能力，卷材与附加墙顶面宜黏结。

第七章　季节性施工

第一节　冬 季 施 工

1. 现场照片

土方工程冬季施工现场照片见图 7-1。

图 7-1　土方工程冬季施工现场照片

2. 注意事项

① 施工时，对定位标准桩、轴线控制桩、标准水准点及龙门板等，填运土方时不得碰撞，也不得在龙门板上休息，并应定期复测检查这些标准桩点是否准确。

② 夜间施工时，应合理安排施工顺序，要有足够的照明设施，防止铺填超厚，严禁用汽车直接将土倒入基坑（槽）内，但大型地坪不受此限制。

③ 基础或管沟的现浇混凝土应达到一定的强度，方可回填土方。

3. 施工做法详解

施工工艺流程：确定参数→采取相应的措施→进行施工。

① 在冬期土方开挖机械施工时，其施工方法应按防火冻结法进行。

② 采用防火冻结法开挖土方的，可在冻结以前，用保温材料覆盖或将表层土翻耕耙松，其翻耕深度应根据当地气温条件确定，一般不小于 30cm。

③ 开挖基坑（槽）或管沟时，必须防止基础下基土受冻，应在基地标高以上预留适当厚度的松土，或用其他保温材料覆盖。如遇开挖土方引起邻近建筑物或构筑物的地基和基础暴露时，应采取防冻措施，以防产生冻结破坏。

④ 填方工程在冬期施工时，其施工方法需经过技术、经济比较后确定。

⑤ 冬期填方前，应清除基底上的冰雪和保温材料；距离边坡表层 1m 以内不得用冻土填筑；填方上层应用未冻、不冻胀或透水性好的土料填筑，其厚度应符合设计要求。

⑥ 冬期施工室外平均气温在－5℃以上时，填方高度不受限制；平均气温在－5℃以下时，填方高度按照相关规范执行。但用石块和不含冰块的砂土（不包括粉砂）、碎石类土填筑时可不受相关规定的限制。

⑦ 冬期回填土方，每层铺筑厚度应比常温施工时减少 20%～25%，其中冻土块体积不得超过填方总体积，逐层压(夯)实。回填土方的工作应连续进行，防止基土或已填土方受冻，并且要及时采取防冻措施。

4. 施工总结

① 未按要求测定土的干土质量密度：回填土每层都应测定夯实后的干土质量密度，符合设计要求后才能铺摊上土层。试验报告要注明涂料种类、试验日期、试验结果及试验人员签字。未到达设计要求的部位，应有处理方法和复验结果。

② 回填土下沉：因虚铺土超过规定厚度或冬期施工时有较大的冻土块，或夯实不够遍数，甚至漏夯，基底有机物或树根、落土等杂物清理不彻底等原因，造成回填土下沉。为此，在施工中认真执行规范的有关规定，并要严格检查，发现问题及时纠正。

③ 回填土夯实不密实：应在夯压时对干土适当洒水加以湿润；如回填土太湿同样夯实不密实呈“橡皮土”现象，这时应将“橡皮土”挖出，重新换好土再予夯实。

④ 在地形、工程地质复杂地区内的填方，且对填方密实度要求较高时，应采取措施（如排水暗沟、护坡桩等），以防填方土粒流失，造成不均匀下沉和坍塌等事故。

⑤ 填方土为杂填土时，应按设计要求加固地基，并要妥善处理基底下的软硬点、空洞、旧基以及暗塘等。

⑥ 回填管沟时，为防止管道中心线位移或损坏管道，应用人工先在管子周围填土夯实，并应从管道两边同时进行，直至管顶 0.5m 以上，在不损坏管道的情况下，方可采取机械回填和压实。在抹带接口处，防腐绝缘层或电缆周围，应使用细粒土料回填。

⑦ 填方按设计要求预留沉降量，如设计无要求时，可根据工程性质、填方高度、填料种类密实要求和地基情况等，与建设单位和监理单位共同确定（沉降量一般不超过填方高度的 3%）。

1. 现场照片

钢筋工程冬季施工现场照片见图 7-2。

2. 注意事项

① 钢筋负温冷弯和冷拉，钢筋冷拉温度不宜低于－20℃。

② 钢筋负温冷拉方法采用控制应力方法或控制冷拉率方法，不能分炉批的热轧钢筋冷拉，不宜采用控制冷拉率的方法。

图 7-2　钢筋工程冬季施工现场照片

③ 在负温条件下，如采用控制应力法冷拉钢筋时，由于伸长率随温度的降低而减少，如控制应力不变，则伸长率不足，钢筋强度将达不到设计要求，因此负温下冷拉钢筋的应力应比常温时高。

④ 钢筋负温焊接，室外焊接温度不宜低于－20℃，风力超过 3 级时应有挡风措施，焊接后未冷却的接头严禁碰到冰雪。

3. 施工做法详解

施工工艺流程：钢筋冷拉→钢筋负温焊接→闪光对焊→电弧焊接→电渣压力焊接。

（1）钢筋冷拉

① 钢筋负温冷拉时，可采用控制应立法或控制冷拉效率法。对于不能分清炉批的热轧钢筋冷拉，不宜采用控制冷拉率的方法。

② 在负温条件下采用控制方法冷拉钢筋时，由于伸长率随温度降低而减少，如控制应力不变，则伸长率不足，钢筋强度将达不到设计要求，因此在负温下冷拉的控制应力较常温提高。

（2）钢筋负温焊接

① 从事钢筋焊接施工的施工人员必须持有焊工上岗证才可上岗操作。

② 负温下钢筋焊接施工，可采用闪光对焊、电弧焊（帮条、搭接、坡焊口）及电渣压力焊等焊接方法。

③ 焊接钢筋应尽量安排在室内进行，如必须在室外焊接，则环境温度不宜太低，在风雪天气时，还应有一定的遮蔽措施。焊接未冷却的接头，严禁碰到冰雪。

（3）闪光对焊

① 负温闪光对焊，宜采用预热闪光焊或闪光-预热-闪光焊工艺。钢筋端面比较平整时，宜采用预热闪光焊；端面不平整时，宜采用闪光-预热-闪光焊工艺。

② 与常温焊接相比，应采取相应的措施，如增加调伸度 10%～20%，提高预热时的接触压力，增长预热间歇时间。

③ 施焊时选用的参数可根据焊件的钢种、直径来选择。

（4）电弧焊接

① 焊接时必须防止产生过热、烧伤、咬肉和裂纹等缺陷，在构造上应防止在接头处产生偏心受力状态。

② 为防止接头热影响区的温度突然增大，进行帮条，搭接电弧焊，应采用分层控温施焊。帮焊条时帮条与主筋之间用四点定位焊固定。搭接焊时用两点固定，定点焊缝离帮条或搭接端部 20mm 以上。

③ 坡口焊时焊缝根部时，坡口端面以及钢筋与钢垫板之间均应熔合良好。

(5) 电渣压力焊接

① 焊接电流的大小，应根据钢筋直径和施焊时的环境温度而定。

② 接头药盒拆除的时间宜延长 2min 左右，接头的渣壳宜延长 5min，方可打渣。

4. 施工总结

① 负温闪光焊宜采用预热闪光焊或闪光-预热-闪光焊接工艺，当钢筋端面平整时宜采用预热闪光焊。

② 钢筋负温气压焊焊接，室外焊接温度不宜低于－20℃，风力超过 3 级时应有挡风措施，焊接后未冷却的接头严禁碰到冰雪。气焊夹距拆卸时间比正常环境温度下延迟3～5min。

③ 钢筋调直宜采用机械冷拉调直，冷拉率一级钢筋不得大于 1%。

④ 进场钢筋应加强质量验收，不得有表面裂纹和局部缩颈等质量问题。

1. 现场照片

地基处理工程冬季施工照片见图 7-3。

图 7-3　地基处理工程冬季施工照片

2. 注意事项

黏性土或粉土地基的强夯，宜在被夯土层表面铺设粗颗粒材料，并应及时清除黏结在锤底的涂料。

3. 施工做法详解

施工工艺流程：对冬季施工采取技术措施→地基处理→浅埋基础→桩基础。

(1) 对冬季施工采取技术措施

① 冬期进行地基与基础施工的工程，除应有建筑场地的工程地质勘察资料外，根据需

要尚应提出地基土的主要冻土性能指标。

② 建筑场地宜在冻结前清除地上和地下障碍物、地表积水，并应平整场地与道路。冬期及时清除积雪，春融期做好排水。

③ 对建（构）筑物的施工控制坐标点、水准点及轴线定位点的埋设应采取防止土壤冻胀、融沉变位和施工振动影响的措施，并应定期复测校正。

④ 在冻土上进行打桩和强夯等所产生的振动，对周围建筑物及各种设施有影响时，应采取隔震措施。

（2）地基处理

① 重锤夯实地基的施工，应在地基土不冻结的状态下进行，并可采取逐段开挖、逐段夯实方法施工。在开挖时宜预留土层厚度，待施夯前再挖除增留部分。对已冻结地基，施夯前应采用解冻方法，待地基土解冻后方可施夯。在砂土地基上施夯需要向基槽内加水时，宜掺入氯盐防冻剂，其浓度应根据气温条件通过试验确定。

② 不应将冻结基土或回填的冻土块夯入基础的持力层。

③ 在黏性土或粉土的地基上进行强夯，宜在被夯土层表面铺设粗颗粒材料，并应及时清除黏结在锤底上的土料。

④ 冬期施工应及时推填夯坑并平整场地，其推填料中不得有冰雪及其他杂物。

（3）浅埋基础

① 浅埋基础施工时，同一建筑物的基础应坐落在同一类冻胀性土层上，不得坐落在一部分有冻土层另一部分无冻土层的土层上。

② 残留冻土层厚度应符合设计要求。

③ 各部位基础施工时应同时进行，不得在同一建筑中一部分基础进行施工，另一部分未施工而使地基遭到晾晒。基础施工完毕，应及时回填基侧土。

④ 在基础施工中，不得被水或融化雪水浸泡基土。

（4）桩基础

在已冻结的地基土上施工挤土桩时，当冻土层厚度超过 0.5mm 时，冻土层宜采用钻孔引桩(沉管)工艺，钻孔直径应小于桩径 50mm。也可采用挖出冻土或局部融化冻土等措施进行桩基础施工。

4. 施工总结

① 强夯技术参数应根据加固要求与地址条件在场地内经试夯确定，试夯应按现行行业标准《建筑地基处理地基规范》（JG 79—2002）的规定进行。

② 强夯施工时，不应将冻结基土或回填的冻土块夯入地基的持力层，回填土的质量应符合《建筑工程冬期施工规程》（JGJ/T 104—2001）的有关规定。

③ 强夯加固后的地基越冬维护，应按《建筑工程冬期施工规程》（JGJ/T 104—2001）的有关规定进行。

1. 现场照片

桩基础工程冬季施工现场照片见图 7-4。

2. 注意事项

① 混凝土材料的加热、搅拌、运输应按《建筑工程冬期施工工程》（JGJ/T 104—2001）的有关规定进行，混凝土浇筑温度应根据热工计算确定且不得低于 5℃。

图 7-4　桩基础工程冬季施工现场照片

② 地基土冻深范围内的和露出地面的桩身混凝土养护，应按《建筑工程冬期施工工程》(JGJ/T 104—2001) 的有关规定进行。

③ 在膨胀性地基土上施工时，应采取防止或减小桩身与冻土之间产生切向冻胀力的防护措施。

3. 施工做法详解

施工工艺流程：采取防寒措施→在施工过程中注意保温。

① 冻土地基可采用干作业钻孔桩、挖孔灌注桩等或沉管灌注桩、预制桩等施工。

② 桩基施工时，当冻土厚度超过 500mm，冻土层直接采用钻孔机引孔，引孔直径不宜大于桩径 20mm。

③ 钻孔机的钻头宜选用锥形钻头并镶焊合金刀片。钻进冻土时应加大钻杆对土层的压力，并应防止摆动和偏位。钻成的孔桩应及时覆盖保护。

④ 振动沉管成孔时，应制定保证相邻桩身混凝土质量的施工顺序。拔管时应及时清除管壁上的水泥浆和泥土。当成孔施工有间歇时，应将桩管埋入桩孔中进行保温。

⑤ 桩基静荷载试验前，应将试桩周围的冻土融化或铲除。试验期间，应对试桩周围地表土和锚桩横梁支座进行保温。

4. 施工总结

① 施工前，桩表面应保证干燥与清洁。

② 吊起前，钢丝绳索与桩基的夹具应采取防滑措施。

③ 沉桩施工应连续进行，施工完成后应采取保温材料覆盖于桩头上进行覆盖保温。

1. 现场照片

冬季施工混凝土运输、浇筑及养护照片见图 7-5～图 7-7。

2. 注意事项

① 为减少混凝土的热量损失，运输混凝土时间尽量缩短，并将罐车用保温套包裹。要

图 7-5　冬季混凝土运输

图 7-6　冬季施工混凝土浇筑

图 7-7　冬季混凝土养护

求混凝土入模温度不得低于50℃且宜大于10℃。

② 浇筑混凝土前，当环境气温偏低时，应用手持式暖风机对直径大于或等于25mm的钢筋加热至正温。混凝土灌注应分层进行，分层厚度不得小于20cm。梁面应根据混凝土灌入顺序及时进行覆盖。采用插入式振捣器时，特别注意钢筋密集的底层根部的振捣，避免波纹管道被破坏。

3. 施工做法详解

施工工艺流程：混凝土的运输→混凝土的浇筑→混凝土的保温和养护。

(1) 混凝土的运输

泵送混凝土的管道采取保温材料包裹，保证混凝土在运输中，不得有表层冻结、混凝土离析、水泥砂浆流失、坍落度损失等现象。运输中混凝土降温度速度不得超过5℃/h，保证混凝土的入模温度不得低于5℃。严禁使用有冻结现象的混凝土。

(2) 混凝土的浇筑

① 入模温度验算。在混凝土浇注前要对入模温度进行验算。

② 混凝土的现场浇筑。遇下雪天气绑扎钢筋，绑好钢筋的部分加盖塑料布，减少积雪清理难度。浇筑混凝土前及时将模板上的冰、雪清理干净。做好准备工作，提高混凝土的浇筑速度。在混凝土泵体料斗、泵管上包裹阻燃草帘被。

(3) 混凝土的养护

养护措施十分关键，正确的养护能避免混凝土产生不必要的温度收缩裂缝和受冻。在冬施条件下必须采取冬施测温，监测混凝土表面和内部温差不超过25℃。混凝土养护可以采取多种措施，如蓄热法养护和综合蓄热法养护等方法。可采用塑料薄膜加盖保温草帘养护，防止受冻并控制混凝土表面和内部温差。综合蓄热法即采用少量防冻剂与蓄热保温相结合，以下为供参考的综合蓄热法具体实施的办法。

① 柱混凝土养护：钢柱模板在模板背楞间用50mm厚聚苯板填塞，模板支设完成后用钢丝将阻燃毡帘固定在外侧，转角地方必须保证有搭接。

② 顶板、梁混凝土养护：顶板、梁混凝土上下部保温为在下层紧贴建筑物周围（整层高度）通过在脚手架上附加横杆满挂彩条布，楼梯口满铺跳板上绑草帘被。在新浇筑的混凝土表面先覆盖塑料布，再覆盖两层毡帘被。对于边角等薄弱部位或迎风面，应加盖毡帘被并做好搭接。

③ 养护时注意事项：测量放线必须掀开保温材料(5℃以上)时，放完线要立即覆盖；在新浇筑混凝土表面先铺一层塑料薄膜，再严密加盖阻燃毡帘被。对墙、柱上口保温最薄弱部位先覆盖一层塑料布，再加盖两层小块毡帘被压紧填实，周圈封好。拆模后混凝土采用刷养护液养护。混凝土初期养护温度，不得低于-15℃，不能满足该温度条件时，必须立即增加覆盖毡帘被保温。拆模后混凝土表面温度与外界温差大于15℃时，在混凝土表面，必须继续覆盖毡帘被；在边角等薄弱部位，必须加盖毡帘被并密封严实。

4. 施工总结

① 混凝土运输与输送机具应进行保温或有加热装置。泵送混凝土在浇筑前应对甭管进行保温，并应采用与混凝土同配比砂浆进行预热。

② 混凝土浇筑前，应清楚楼板和钢筋上的冰雪和污垢。

③ 大体积混凝土分层浇筑时，已浇筑层的混凝土在未被上一次混凝土覆盖前，温度不得低于2℃。采用热法养护混凝土时，养护前的混凝土温度也不得低于2℃。

第二节 雨季施工

1. 现场照片

雨季施工的现场照片见图 7-8 和图 7-9。

图 7-8 雨季施工现场照片（一）

图 7-9 雨季施工现场照片（二）

2. 注意事项

① 雨季期间电器易潮湿，使用电器时必须带好绝缘手套、穿好绝缘鞋，防止触电。

② 高空作业必须有防滑和防护措施。遇上风雨天气，不得进行脚手架的搭设和拆除工作，也不得进行室外高空作业。

3. 施工做法详解

施工工艺流程：雨前准备工作→土方与基础工程→模板工程→钢筋工程→混凝土工程→砌筑工程→脚手架工程→屋面工程→装饰工程→钢结构制作及吊装工程→降水施工。

（1）雨前准备工作

① 进入雨季，应提前做好雨季施工中所需各种材料、设备的储备工作。

② 各工程队（项目部）要根据各自所承建工程项目的特点，编制有针对性的雨季施工措施，并定期检查执行情况。

③ 施工期间，施工调度要及时掌握气象情况，遇有恶劣天气，及时通知项目施工现场负责人员，以便及时采取应急措施。重大吊装、高空作业、大体积混凝土浇筑等更要事先了解天气预报，确保作业安全和保证混凝土质量。

④ 施工现场道路必须平整、坚实，两侧设置排水设施，纵向坡度不得小于 0.3%，主要路面铺设矿渣、砂砾等防滑材料，重要运输路线必须保证循环畅通。

⑤ 对不适宜雨季施工的工程要提前或暂缓安排，土方工程、基础工程、地下构筑物工程等雨季不能间断施工的，要调集人力组织快速施工，尽量缩短雨季施工时间。

⑥ 根据“晴外、雨内”的原则，雨天尽量缩短室外作业时间，加强劳动力调配，组织合理的工序穿插，利用各种有利条件减少防雨措施的资金消耗，保证工程质量，加快施工进度。

⑦ 现场临时用电线路要保证绝缘性良好，架空设置、电源开关箱要有防雨设施，施工用水管线要进入地下，不得有渗漏现象，阀门应有保护措施。

⑧ 配电箱、电缆线接头、电焊机等必须有防雨措施，防止水浸受潮造成漏电或设备事故。

⑨ 所有机械的操作运转，都必须严格遵守相应的安全技术操作规程，雨季施工期间应加强教育和监督检查。

⑩ 施工人员要注意防滑、防触电，加强自我保护，确保安全生产。

⑪ 各单项工程施工现场要组织防汛小组，遇有汛情及时、有组织地进行防汛。

（2）土方与基础工程

① 雨季进行土方与基础工程时，各施工单位要妥善编制切实可行的施工方案、技术质量措施和安全技术措施，土方开挖前备好水泵。

② 雨季施工，人工或机械挖土时，必须严格按规定放坡，坡度应比平常施工时适当放缓，多备塑料布覆盖，必要时采取边坡喷混凝土保护。地基验槽时节，基坑及边坡一起检验，基坑上口 3m 范围内不得有堆放物和弃土，基坑（槽）挖完后及时组织打混凝土垫层，基坑周围设排水沟和集水井，随时保护排水畅通。

③ 施工道路距基坑口不得小于 5m。

④ 坑内施工随时注意边坡的稳定情况，发现裂缝和塌方及时组织撤离，采取加固措施并确认后，方可继续施工。

⑤ 基坑开挖时，应沿基坑边做小土堤，并在基坑四周设集水坑或排水沟，防止地面水灌入基坑。受水浸基坑打垫层前应将稀泥除净方可进行施工。

⑥ 回填时基坑集水要及时排掉，回填土要分层夯实，干容重符合设计及规范要求。

⑦ 施工中，取土、运土、铺填、压实等各道工序应连续进行，雨前应及时压完已填土层，并做成一定坡势，以利排除雨水。

⑧ 混凝土基础施工时考虑随时准备遮盖挡雨和排出积水，防止雨水浸泡、冲刷，影响质量。

⑨ 桩基施工前，除整平场地外，还需碾压密实，四周做好排水沟，防止下雨时造成地表松软，致使打桩机械倾斜影响桩垂直度。钻孔桩基础要随钻、随盖、随灌混凝土。每天下班前不得留有桩孔，防止灌水塌孔。重型土方机械、挖土机械、运输机械要防止场地下面有暗沟、暗洞造成施工机械沉陷。

（3）模板工程

① 各施工现场模板堆放要下设垫木，上部采取防雨措施，周围不得有积水。

② 模板支撑处地基应坚实或加好垫板，雨后及时检查支撑是否牢固。

③ 拆模后，模板要及时修理并涂刷隔离剂。

（4）钢筋工程

① 钢筋应堆放在垫木或石子隔离层上，周围不得有积水，防止钢筋污染锈蚀。

② 锈蚀严重的钢筋使用前要进行除锈，并试验确定是否降级处理。

（5）混凝土工程

① 混凝土浇筑前必须清除模板内的积水。

② 混凝土浇筑前不得在中雨以上进行，遇雨停工时应采取防雨措施。待继续浇灌前应清除表面松散的石子，施工缝应按规定要求进行处理。

③ 混凝土初凝前，应采取防雨措施，用塑料薄膜保护。

④ 浇灌混凝土时，如突然遇雨，要做好临时施工缝，方可收工。雨后继续施工时，先对接合部位进行技术处理后，再进行浇筑。

(6) 砌筑工程

① 水泥要堆放在地势较高的地点，必须有防雨防潮措施，筑炉用耐火材料也应有防雨、防潮措施。

② 遇中、大雨时应停止施工，砌筑表面应采取防雨措施。

(7) 脚手架工程

① 各工程队雨季施工用的脚手架、龙门架、缆风绳等定期进行安全检查，对施工脚手架周围的排水设施要进行认真的清理和修复，确保排水有效，不冲不淹，不陷不沉，发现问题要及时处理。

② 脚手架、龙门架地基应坚实，立杆下应设垫木或垫块。

③ 在每次大风或雨后，必须组织人员对脚手架、龙门架及基础进行复查，有松动要及时处理。

④ 屋面施工必须设置防护栏杆。

(8) 屋面工程

① 屋面工程施工时，应掌握近期天气预报，抢晴天施工，严禁在雨中进行防水施工作业。

② 屋面保温材料在运输存放过程中，严禁雨淋并防止受潮。

③ 穿越保温层、找平层的孔洞以及预留锚钩等细部节点，应随时做好临时封闭遮盖，防止雨水侵入。

(9) 装饰工程

① 室内装修最好应在屋面楼地面工程完成后再做，或采取先做地面，堵严各种孔洞、板缝，防止上层向下漏水。

② 室外抹灰应及时注意遮盖，防止突然降雨冲刷，降雨时严禁进行外墙面装修作业。

③ 安装好的门窗，应有人负责管理，降雨时应及时关闭并应插销，以防止风雨损坏。

(10) 钢结构制作及吊装工程

① 施工所用的电焊机、氧气瓶、乙炔瓶应有防雨、防晒棚。

② 雨期塔吊使用前必须检查避雷及接地接零保护是否有效，雨后必须及时检查塔吊路基有无下沉现象，发现问题要及时处理。

③ 预制构件及钢结构的材料、构件应放置在地势较高的地方，周围排水应畅通，以防积水锈蚀。

④ 吊装构件应先试吊，确认无误后方可进行正式吊装作业。

⑤ 吊装作业突然遇雨时，必须对已就位的构件做好临时支撑加固。

⑥ 雨天焊接作业必须在防雨棚内进行，严禁露天冒雨作业。

⑦ 雨季结构制作应除锈后及时刷防锈漆，刷漆前确认基层干透后方可进行。

(11) 降水施工

① 降水施工及地下连续墙施工期间，应将抽出的地下水及泥浆有组织排放，排放含泥量按有关规定进行，不允许随意排放。

② 降水施工及基坑开挖空期间注意观察周围建（构）筑物沉降情况。

4. 施工总结

① 架子的拆装应避开阴雨天气；基础的排水系统应定期或在风雨过后进行检查，发现问题立即整改。

② 现场要配备水泵以应对紧急情况发生。

③ 现场下水道、排水沟等排水系统应定期检查、定期整理，防止排水系统堵塞，保证畅通。

1. 现场照片

雨季施工现场照片见图 7-10。

图 7-10　雨季施工现场照片

2. 注意事项

① 提前准备足够的雨季施工用品，如雨衣、塑料布等防止混凝土施工中突然出现的雷雨天气。

② 冒雨施工时，混凝土在运输浇筑过程中，要妥善覆盖，防止增大水量影响强度。浇筑完的混凝土应覆盖。

③ 浇筑大面积混凝土时，应事先考虑施工缝的留置，并向操作班组交代清楚，以便在施工中遇到临时间断施工时，雨后再继续施工。

3. 施工做法详解

施工做法同雨季施工的技术措施。

4. 施工总结

① 冒雨施工人员必须配备必要的雨具。

② 施工人员上下施工应设盘道，栏杆要牢固，应拉网封严，踏步应设防滑条。

③ 雷雨天不宜在室外施工，大雨时应切断电源，防止雷击。

④ 高层建筑应设避雷设施，塔吊及井架应检查接地电阻，雷雨天应停止使用。

第三节　高温季节施工

1. 现场照片

高温季节的建筑现场施工照片见图 7-11。

图 7-11　高温季节的建筑现场施工照片

2. 注意事项

① 调度车辆必须做到合理，做到调配及时准确。

② 施工单位必须做到科学施工，及时养护楼板路面。在混凝土初凝时用麻袋、棉毡盖住混凝土体表面。

③ 切记不可在混凝土中任意加水，若遇到特殊情况须告知试验后合理添加外加剂。

3. 施工做法详解

施工工艺流程：砌体施工→混凝土施工。

（1）砌体施工

① 高温季节砌砖，要特别强调砖块的加水，除利用清晨或夜间提前将堆放的砖块充分浇水湿透外，还应在临砌前适当的浇水，使砖块、片石保持湿润，防止砂浆失水过快影响砂浆强度和黏结性。

② 砌筑砂浆的稠度要适当地加大，使砂浆有较大的流动性，灰缝容易饱满，亦可在砂浆中加入塑化剂，以提高砂浆的保水性、和易性。

③ 砂浆应随拌随用，对关键部位砌体，要进行必要的遮盖、养护。

（2）混凝土施工

① 混凝土配合比设计应考虑坍落度损失。

② 混凝土宜选用水化热较低的水泥。当掺有缓凝型减水剂时，可根据气温适当增加坍落度。

③ 混凝土浇筑宜选在一天温度较低的时间内进行。

④ 混凝土浇筑前应将模板或基地喷水湿润，浇筑宜连续进行。

⑤ 应加快混凝土的修整速度。修整时，可用喷雾器喷少量水防止表面裂纹，但不准直接往混凝土表面洒水。

4. 施工总结

① 宜选用低化热水泥，合理掺用 S95 矿粉，特别是针对大体积连续墙，配合比中必须掺用矿粉。

② 宜将外加剂掺量提高 1.0%～1.5%，即每立方混凝土增加约 0.4～0.6kg 的用量，以便降低坍落度损失，确保施工进度。

1. 现场照片

高温季节现场施工照片见图 7-12。

图 7-12 高温季节现场施工照片

2. 注意事项

当室外温度达到 34～37℃时，所有室外工作的单位必须及时供应茶水等防暑降温措施。外出人员应事先做好准备工作，及时调整好自己的心态，做好防护措施，避免中暑现象的发生。

3. 施工做法详解

具体的施工工艺流程和做法与高温季节的施工做法。

4. 施工总结

① 严格加强易燃、易爆物的管理，合理配置消防器材，防范火灾、爆炸事故的发生。

② 现场设安全员、电工负责检查电机械设备及露天架设的线路，防止由于曝晒引起过热、自燃等安全隐患。

③ 高温时段发现有身体感觉不适应的人员，及时按防暑降温知识急救方法处理或请医生诊治。

参 考 文 献

［1］ 国家标准．GB 50300—2013 建筑工程施工质量验收统一标准［S］．北京：中国建筑工业出版社，2013.

［2］ 国家标准．GB 50202—2002 建筑地基基础工程施工质量验收规范［S］．北京：中国计划出版社，2010.

［3］ 国家标准．GB 50203—2011 砌体工程施工质量验收规范［S］．北京：中国建筑工业出版社，2011.

［4］ 国家标准．GB 50204—2002 混凝土结构工程施工质量验收规范［S］．北京：中国建筑工业出版社，2011.

［5］ 国家标准．GB 50207—2012 屋面工程施工质量验收规范［S］．北京：中国建筑工业出版社，2012.

［6］ 国家标准．GB 50208—2011 地下防水工程施工质量验收规范［S］．北京：中国建筑工业出版社，2011.

［7］ 北京建工集团有限责任公司．建筑分项工程施工工艺标准（上、下册）第 3 版．［M］．北京：中国建筑工业出版社，2008.